ものと人間の文化史
155

イルカ
（海豚）

田辺 悟

法政大学出版局

イルカの漁（捕）獲状況．中央下部にはカンダラ（106頁参照）の様子が描かれている．天明４年（1784）『肥前国産物図考』第六帖「江猪漁事」より（佐賀県立博物館・美術館蔵）．

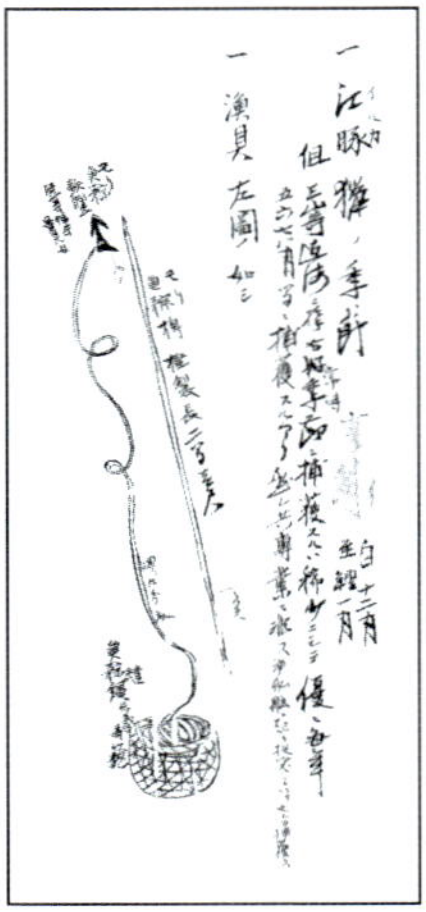
一 江豚猟ノ季節
一 漁具 左圖ノ如シ

明治17年の三浦三崎郡役所の報告記録に「江豚猟ノ季節（寒中）自十二月至翌年一月」とみえる．

漁（捕）獲したイルカの身肉を船や馬で運ぶ様子（同前）．

世界最古のイルカの壁画（クレタ島クノッソスのミノス宮殿跡．123頁参照）．

イルカのタピストリー（ギリシア・ロードス島にて）．

シラクサ（シラクサイ）のイルカのコイン（紀元前480–479年，145頁参照）．

M. カーネル画「イルカに乗ったアリオン」（J. C. F. von Zedlitz: *Der arme Sänger*, 1841 挿画．132頁参照）．

チーロ・フェラーラ作「二頭のイルカと戯れるマーメイド」(1989年, 175頁参照).

イルカの歯貨(財貨)で正装したソロモン諸島国の娘さん(竹川大介氏提供, 247頁参照).

地中海の雰囲気をかもしだすイルカの噴水(東京ディズニーシー・ホテル前).

福岡県の博多に近い新宮町「磯崎神社」に奉納されたイルカ漁の絵馬(部分).「天保五甲午年十一月吉日・当浦鰯網中」とみえる.

＊目 次＊

VI イルカをめぐるエピソード

沖縄みやげの手染めの手拭い「月夜のイルカ」。説明に、「星が写る海面から満月の美しさに引き寄せられたイルカがジャンプ！　ここはイルカの住む海」とある。

プロローグ——イルカの世界

魚類や海獣の中には、水中から空中に飛んだり跳ねたりする「もの」がいる。その行為は餌を求める、天敵に追われているなど、それなりの理由があるのだろう。なかでも、よく知られているのはイルカのジャンプである。ヒトと無邪気に戯れているようにみえるイルカは老若男女をとわず人気者。世界中の水族館でショーの主役の座をつとめている。だが、はたしてイルカは遊んでいるのだろうか。

古代、地中海世界の人々は、イルカが海中から空中に跳ねる様子をみて、イルカが泳ぐ海中という現世から、水面（結界）をこえて、空中という来世へ往来《いきき》できる動物とみて、自分たちの世界にその姿を投影した。そして、両界（この世とあの世）を往来できる動物として尊び、敬愛し、自分たちの世界にすりあわせ、大切にした。

また、イルカは水中で最もはやく泳ぐことができるとされたことから、霊魂を冥界に運ぶ使者として、あるいは常世《とこよ》への乗り物として可愛がられてきたのである。

さらに、ギリシア神話では海神ポセイドン（ネプチューン）の忠実な使いとして、よく知られる。

ポセイドンは、舞踏中のアムピトリテに一目惚れ。しかし、彼女に逃げられてしまった。それでも諦めきれないポセイドンは、海の召使いの動物たちに彼女の行方を探させた。結果、イルカがアムピトリテをさがし出した功績により、星座に加えてもらうまでになったとされる。

このように、古代からヒト（人間）やカミ（神）とかかわってきたイルカであるが、他方において忌みきらわれたり、恐れられたり、豊漁になるはずの魚群を追い散らして、漁民に嫌がられてきたこともある。

本書は、イルカをめぐる史的背景、伝承をはじめ、イルカに関るモノ（もの）や事実を多種多様に集めたエンサイクロペディア（百科全書）であり、文化史（誌）である。

以下、イルカと人間の交流をじっくりと探り、巷間の俗説もまじえて、イルカの世界へ読者諸賢を誘《いざな》いたい。

I　先史時代のヒトとイルカ

古代人とイルカ

筆者の住んでいる神奈川県は縄文文化時代の遺跡が多いことで知られている。貝塚遺跡は特に多い。今日、わかっている県内の貝塚は九〇カ所にのぼる。

このうち、貝塚などの三六カ所からイルカ等の骨をはじめ、マグロ、クジラの遺物が今日までに発掘されている。

神奈川県立歴史博物館が平成二〇年三月にまとめた県内の「貝塚地名表」の中からイルカの骨が発掘された遺跡をまとめると六〜七頁の表のようになる。

すなわち、九〇カ所ある貝塚のうち、三一カ所からイルカ類の骨などが見つかり、マグロ類一〇カ所、クジラ類一カ所という内訳である。貝塚全体の三分の一からイルカの骨が出土していることに注目したい。

クジラの骨が一カ所（猿島洞穴）から出土していることは、直接、捕鯨に結びつかないとしても、イルカやマグロが上述したように多く貝塚中に残ったのは、古代人が積極的に食料として捕獲していたことを裏付ける実証的な資料といえよう。

縄文文化時代の長い流れの中で、なかには、死んだイルカが流れよったり、傷ついたイルカが打ちよせられたりしたことも考えられるけれど、イルカを捕獲した方法は不明にせよ、縄文早期九事例、

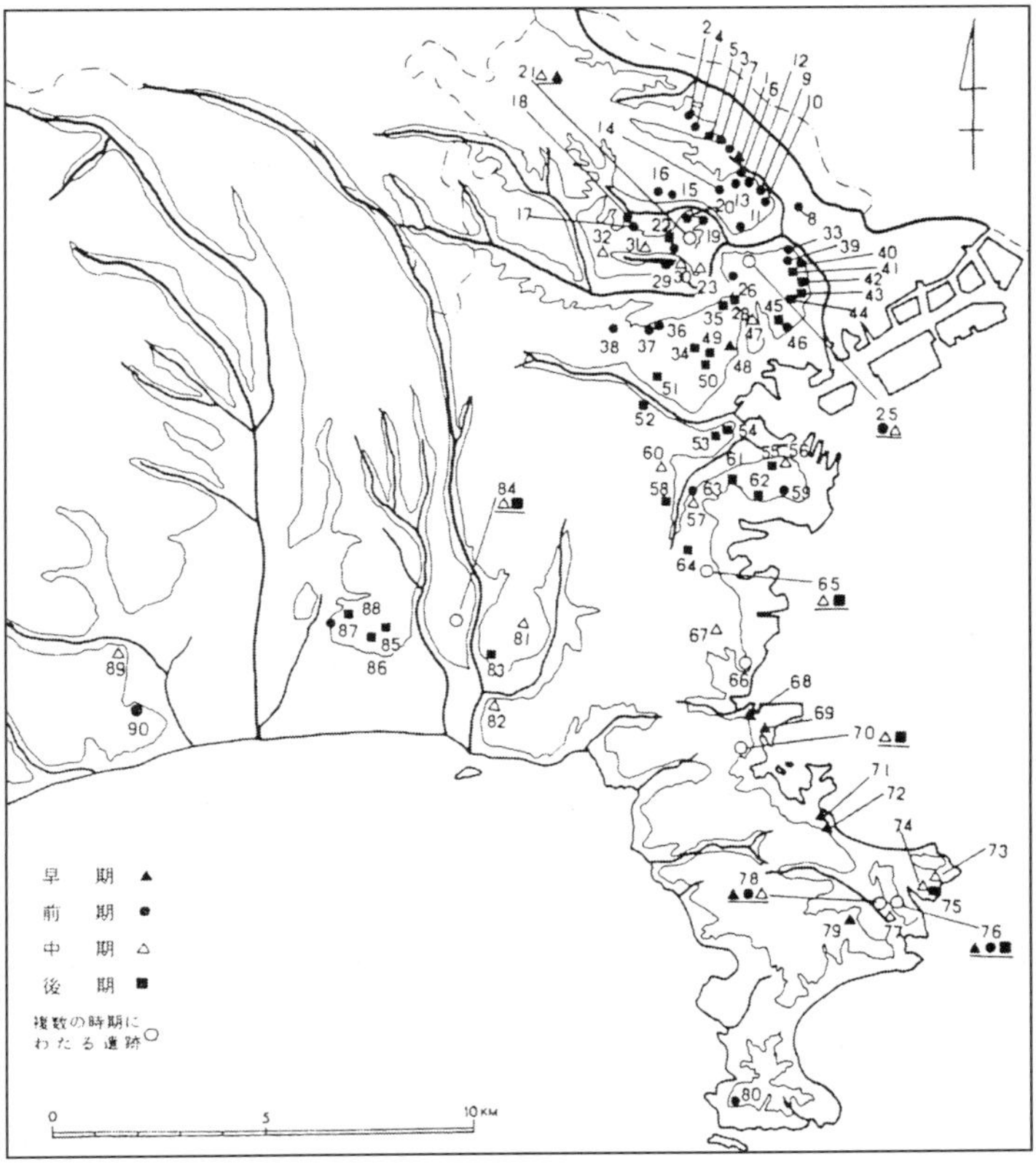

1．子母口　2．窪台　3．新作　4．大原　5．影向寺　6．井田　7．有山　8．南加瀬　9．矢上谷戸　10．箕輪　11．南綱島　12．下組（西・東）　13．下田（西・東）　14．高田　15．南堀　16．西ノ谷　17．茅ヶ崎　18．境田　19．峯谷　20．北川　21．宮の原　22．神隠丸山　23．中の窪　24．新羽（北新羽）　25．師岡　26．菊名　27．表谷東　28．表谷西　29．折本　30．折本西原　31．源東院　32．ホー2　33．梶山　34．神大寺　35．利倉　36．下菅田　37．供養塔　38．笹　39．駒岡　40．上台　41．小仙塚　42．別所　43．北台　44．荒立　45．蕃神台　46．風早台　47．大口台　48．白幡西　49．史ケ丘　50．三ツ沢　51．帷子　52．仏向　53．池ノ端　54．伊勢山　55．山手　56．元町　57．三殿台　58．矢畑　59．清水ケ丘　60．山王台　61．平台　62．坂ノ台　63．稲荷山　64．森町　65．杉田　66．称名寺　67．青ケ台　68．野島　69．夏島　70．榎戸　71．平坂　72．平坂東　73．深田　74．中台北　75．中台南　76．高坂　77．江戸坂　78．吉井　79．茅山　80．諸磯　81．平戸山　82．向川名　83．西富　84．渋沢　85．遠藤　86．堤　87．西方　88．行谷　89．五領ケ台　90．万田　（金子浩昌1992「日本考古学における動物遺存体研究史」の分布図に加えました。地域区分は、酒詰仲男1959『日本貝塚地名表』に従い、遺跡の番号順は赤星直忠・岡本勇1979『神奈川県史』を優先しました。）

神奈川県下主要貝塚分布図（中村若枝「神奈川県下の縄文時代貝塚を概観して(序)」『考古論叢　神奈河』第8集，神奈川県考古学会，1994年より）

イルカ発掘事例

No.	発掘地名	所在地	年代	遺物等
18.	榎戸貝塚	横須賀市浦郷町 (A 貝塚)	縄文後期	カジキ マグロ
		(B 貝塚)	縄文後期	マイルカ
19.	平坂貝塚	横須賀市若松町	縄文早期	マイルカ (2ヶ所), マグロ (2ヶ所)
20.	深田台貝塚	横須賀市深田台	縄文中期	イルカ
21.	猿島洞穴	横須賀市猿島 (海蝕洞穴内)	弥生末期～古墳時代初頭	イルカ, マグロ, クジラ
22.	鴨居小学校内貝塚	横須賀市鴨居	縄文早期～前期	イルカ
23.	中台貝塚	横須賀市鴨居1丁目	縄文中期～後期	イルカ
24.	高坂貝塚	横須賀市西浦賀 (B 貝塚)	縄文早期～前期	イルカ
25.	茅山貝塚	横須賀市佐原	縄文早期～前期	イルカ
26.	吉井貝塚	横須賀市吉井	縄文中期	イルカ
27.	毘沙門洞穴	三浦市南下浦町毘沙門 (B 洞穴)	古墳時代中期	イルカ
28.	諸磯貝塚	三浦市三崎町諸磯	縄文前期	イルカ
29.	西富貝塚	藤沢市西富	縄文後期	マグロ
30.	向川名貝塚	藤沢市	縄文後期	マイルカの一種
31.	遠藤貝塚	茅ヶ崎市堤	縄文後期	マグロ
32.	堤貝塚	茅ヶ崎市堤	縄文後期	マイルカ
33.	万田貝塚	平塚市万田	縄文前期～後期	イルカ, マグロ
34.	平遺跡 (貝塚ではない)	中郡二宮町	縄文中期	マイルカの一種
35.	五領ヶ台貝塚	平塚市広川	縄文中期	イルカ
36.	羽根尾貝塚	小田原市羽根尾	縄文前期	イルカ

神奈川県内における

No.	発掘地名	所在地	年代	遺物等
1.	子母口貝塚	川崎市高津区子母口	縄文早期	イルカ
2.	新作八幡台貝塚	川崎市高津区新作	縄文前期	マグロ
3.	下田西貝塚	横浜市港北区下田町	縄文中期	イルカ, シャチ
4.	高田貝塚	横浜市港北区高田町	縄文前期	イルカ
5.	西ノ谷貝塚	横浜市都筑区南山田 2丁目J36住居址	縄文前期	イルカ
6.	宮の原貝塚	横浜市港北区 新吉田町（北貝塚）	縄文早期	イルカ類
7.	菊名貝塚	横浜市港北区菊名	縄文前期	マイルカ の一種
8.	小仙塚貝塚	横浜市下末吉字小仙 三ツ池上	縄文後期	マグロ
9.	風早台貝塚	横浜市鶴見区 （旧）生麦町	縄文前期	イルカ
10.	大口台貝塚	横浜市神奈川区 松見町1丁目	縄文中期	イルカ
11.	白幡西貝塚	横浜市白幡西町	縄文早期～前期	イルカ
12.	大谷戸貝塚	横浜市西区久保町	縄文後期	マグロ
13.	稲荷山貝塚	横浜市南区山谷 （貝塚三ヶ所）	縄文後期	マイルカ
14.	夏島貝塚	横須賀市夏島 （第二貝塚・E貝塚）	縄文早期	マイルカ, イルカ
15.	野島貝塚	横浜市金沢区野島 （南貝塚）	縄文早期	イルカ
16.	市立金沢高等 学校内貝塚	横浜市金沢区瀬戸	古墳時代前期	イルカ
17.	称名寺貝塚	横浜市金沢区称名寺 （A貝塚）	縄文中期～後期	イルカ
		（B貝塚）	縄文後期	イルカ
		（C貝塚）	縄文後期	イルカ
		（D貝塚・北側）	縄文後期	イルカ
		（E貝塚）	縄文後期	イルカ マグロ
		（I貝塚）	縄文中期～後期	マイルカ

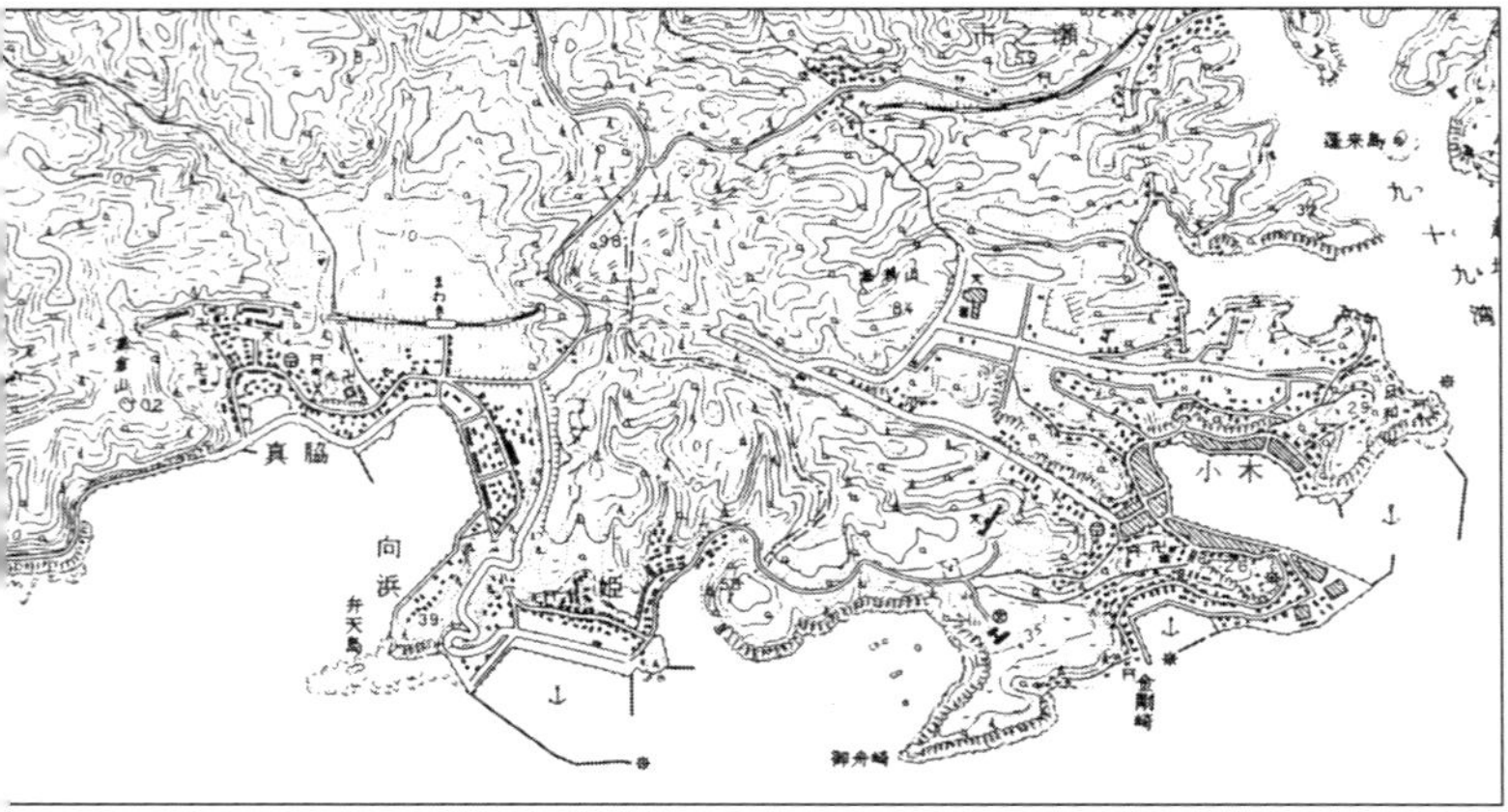

前期一二（早期との重なりを含めて）事例、中期九事例、後期一一（前期・中期との重なりを含めて）の各地の事例をみるにつけ、古代人の暮らしの中に、イルカとのかかわりの深さを知ることができる。これだけの数の事例が「流れイルカ」による結果とは考えにくい。

ちなみに、縄文時代の区分は、最近の考古学における研究成果として後述するように早期の前に草創期がはいるように仕分けされていることを特記しておく。

縄文時代の暮らしとイルカ

石川県鳳至郡《ふげし》（能登半島）に能都町《のと》がある。この町に「真脇《まわき》遺跡縄文館」とよばれる博物館があり、人気をよんでいる。

真脇遺跡は、昭和五七年（一九八二年）と翌五八年の二年間におよぶ発掘調査の結果、縄文文化の時代の前期初頭（約六〇〇〇年前）から晩期終末（約二〇〇〇

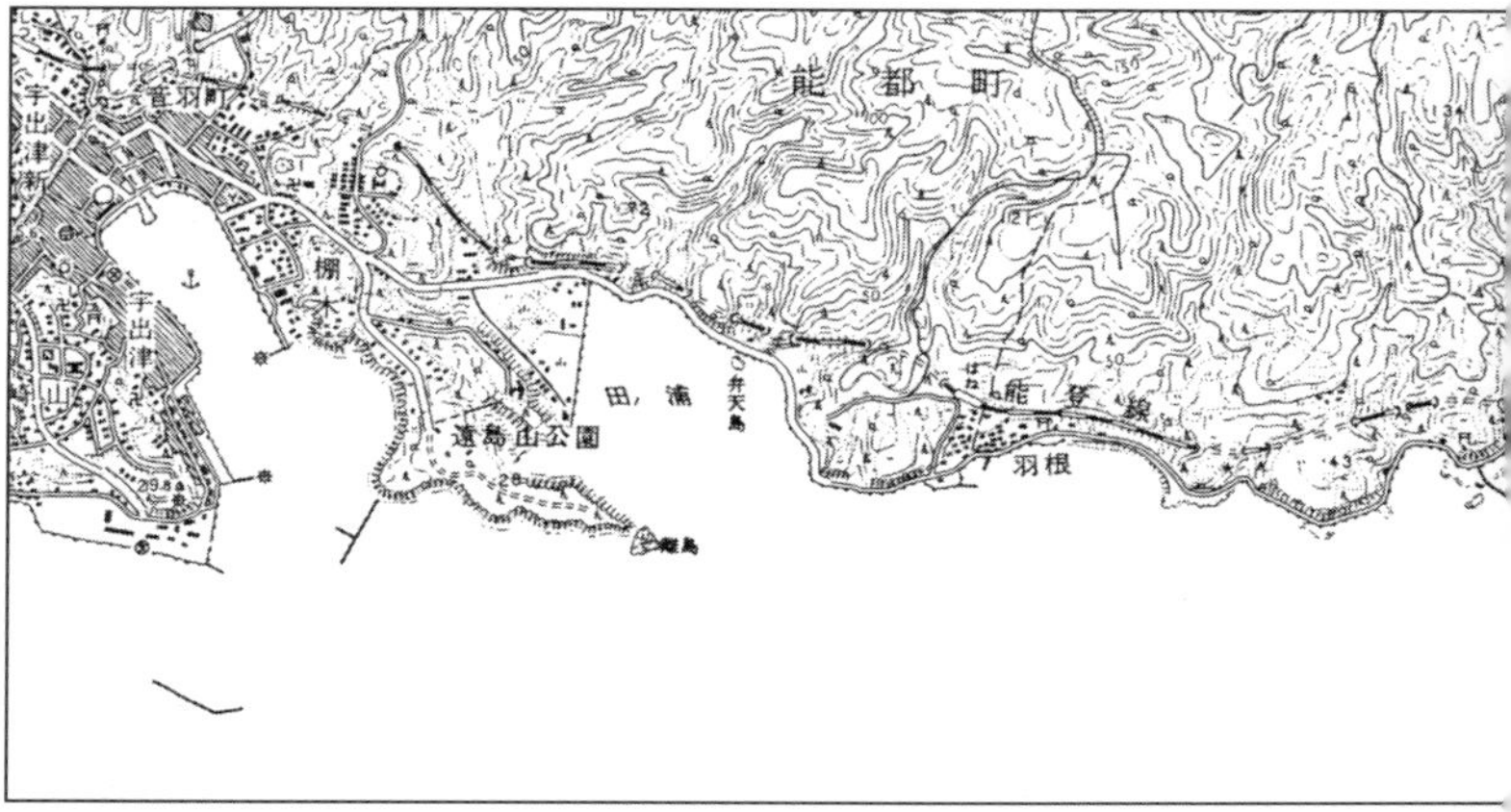

真脇付近の地図（国土地理院発行「宇出津」）

年前）までの、実に四〇〇〇年もの間、繁栄をつづけてきた集落遺跡であることが明らかになった。

このように、長い年月にわたっての定住型集落は、他に例をみない。それは、今日の時代（年代）が、キリスト生誕後、約二〇〇〇年しかたっていないことを思えば、その二倍の年月ということになるのだから、ご理解いただけよう。

そして、さらに驚くべきことは、発掘された土器・石器・木製品・装身具類・編物縄類等にまじって、大量のイルカの骨が出土したことであった。それは縄文前期（約五〇〇〇年前）の層からであった。ちなみに、縄文文化の時代は一般的に、草創期・早期・前期・中期・後期・晩期の六つに時代区分されている。

この調査の結果、確認されたイルカの頭数は、なんと、驚くなかれ、二八五頭（約三〇〇頭とも）におよんだ。

イルカの種類をみると、カマイルカがそのうちの五六パーセントをしめ、いちばん多かった（三六頁「わが国各地のイルカ漁」の項参照。能登ではカマイルカの捕獲はそれほど多くないとの記載がある）。

次に、マイルカの骨が三五パーセント、その他はバンドウイルカやゴンドウクジラの類であった。もちろん、こうした大量のイルカの捕獲は、集落をあげての組織的な協同労働の結果で、その目的は食料にするばかりではなく、脂肪などは貯えられ、灯油などに利用されたのであろう。

こうした調査の結果から、当時、真脇で暮らしていた縄文人たちは、かなり恵まれた、豊かな暮らしをしていたと考えられ、縄文文化の見直しに迫る、貴重な遺跡と位置づけられ、出土資料のうち、二一九点が平成三年六月三日に、国の重要文化財に指定された。

真脇遺跡のある能都町一帯は、近年までイルカ漁のさかんな地域で、地形からみてもわかるように、イルカの群れを湾内に追い込んで捕獲する方法は、『日本水産捕採誌』にも掲載されているほど伝統的であり、この地のイルカ漁は有名なのだが、縄文時代から約五〇〇〇年もつづいてきたことを知れば、その驚きはなおさら大きい（三六頁「わが国各地のイルカ漁」の項参照）。

このほかにも、わが国には、縄文文化の時代にイルカを捕獲していたことを実証できる事例がある。千葉県の房総半島南端に近い那古《なご》稲原貝塚から出土したイルカの骨には、黒曜石の銛先《もりさき》と思われるもの（剝片《はくへん》の石器）が骨に刺さったままの状態で発掘され、慶應義塾大学に保管されているという。

このイルカの骨は、同貝塚の他の遺物が縄文時代早期の後葉から末葉にかけてのものであることから、約七〇〇〇年ほど前のものであることがわかる。館山市の鉈切洞穴《なたぎりどうけつ》からもイルカの骨が。

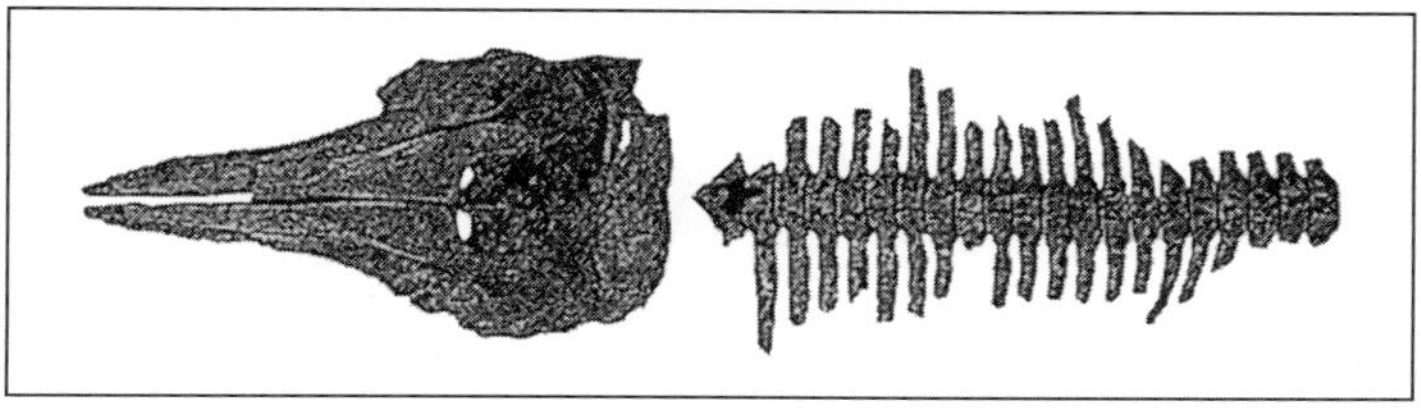

上／発掘されたイルカの骨（能都町教育委員会提供）

中／真脇遺跡縄文館の展示解説より

下／発掘の状況（能都町教育委員会提供）

黒曜石の剝片の刺さったイルカの骨・那古稲原貝塚・縄文時代・慶應義塾大学蔵(館山市立博物館「展示図録」1984年より)

また、愛知県の知多半島と渥美半島の両半島にはさまれるようにして浮かぶ條島にある神明社《しんめいしゃ》貝塚の発掘調査が昭和六〇年（一九八五年）におこなわれた際、縄文時代後期の貝塚の中からイルカ類の脊椎骨が発見された。イルカの骨のほかに、カツオ・サメ・ブリ・マダイ・スズキ・ヒラメ・カレイ・フグ・コチなどの魚骨も出土している。

同貝塚からはイルカ類の肋骨製品（一部分なので、何に使用したかは不明）も出土しているが、これは、古墳時代以降のものであるとの見方が強いらしい。

イルカを祀った縄文人

伊豆半島の東海岸（相模湾）に位置する静岡県伊東市の井戸川遺跡は、イルカの頭蓋骨を中心に、陸獣の骨も加えた祭りの場があったことで知られる縄文晩期の遺跡である。

この遺跡は海岸に近い場所から、二カ所ある貝塚からは、アワビ・サザエ・イシダタミ・クボガイなどの貝類、ウツボ類・ハタ類・ハリセンボン・カツオなどの魚類の骨のほか、爬虫類のウミガメ、ウミウやワシ類の

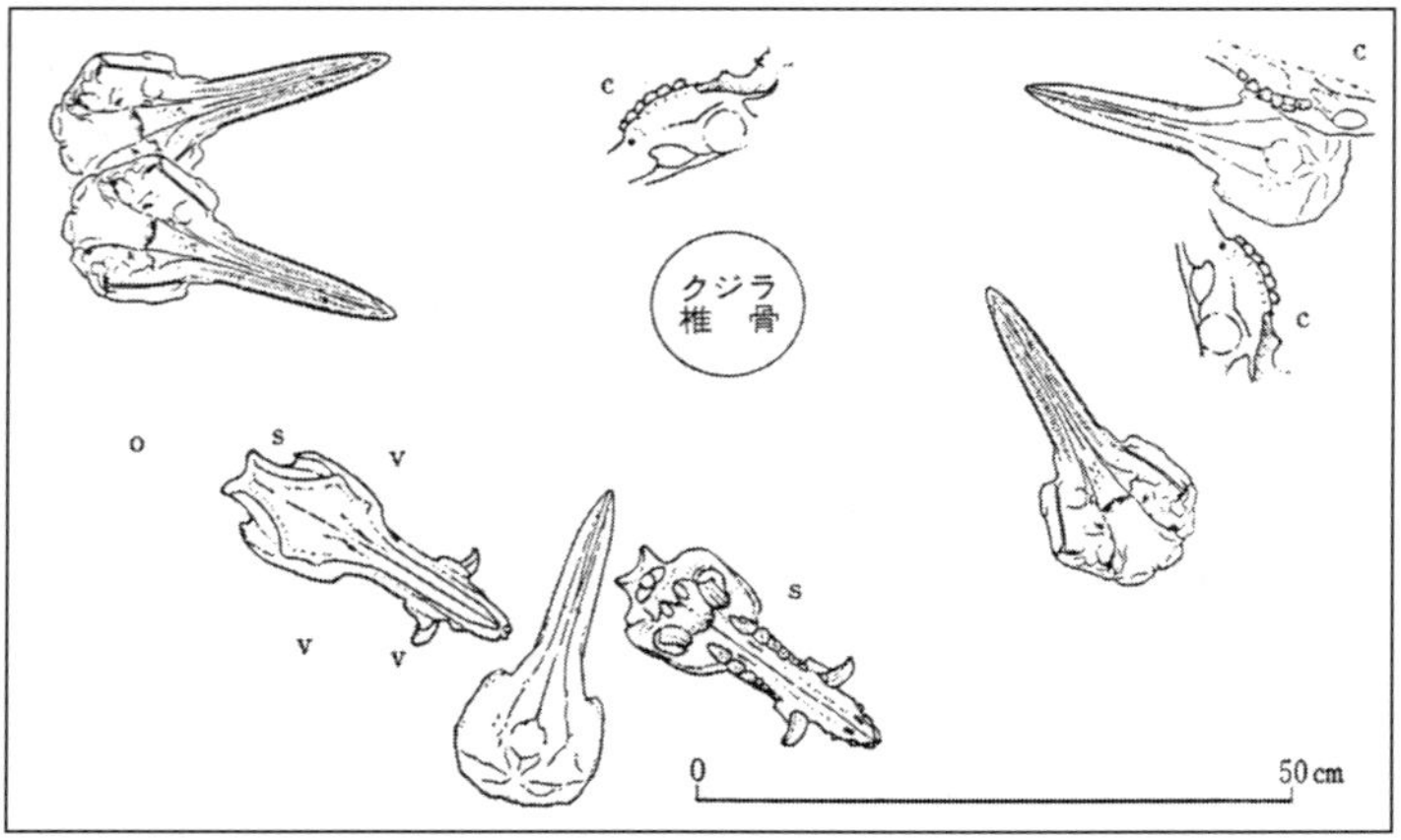

クジラの椎骨を中心として並べられたマイルカ，イノシシ，シカの頭蓋群・復原推定図（栗野克巳・永浜真理子「相模湾のイルカ猟——伊東市井戸川遺跡を中心に」『季刊考古学』第11号，1985年より）

鳥類と、なんでも発掘された。

あわせて、哺乳類は重要な動物群で、海に生息するイルカ・クジラ、陸に生息するニホンジカ・イノシシ・カモシカ・オオカミなど多彩であったという。

しかし、この遺跡を特徴づける遺物はイルカ・ニホンジカ・イノシシで、遺跡の北側にあった貝塚には、大きなクジラの椎体《ついたい》（脊椎《せきつい》を構成する円柱状の個々の骨で椎骨《ついこつ》ともいう）を中心に、マイルカの頭蓋骨五個体、ニホンジカの頭蓋骨三個体、イノシシの頭蓋骨二個体の合計一〇個体の頭蓋骨が発見された。

発掘された当時の、クジラの椎体を中心として並べられた各種の頭蓋骨群は復原推定図として報告されている（図参照）。

復原図によると、五個体あったイルカの頭蓋骨は、嘴《くちばし》にあたる部分（吻《ふん》端）をすべて、クジラの椎体のほうに向け、その間にニホンジカやイノシシの頭蓋骨が置かれていたという。また、その周辺には、多くの魚骨があったらしい。

上述した遺跡発掘の状況からして、クジラの椎体（一個体）は捕鯨によるものではないとしても、明らかに人為的・意図的なもので、いうまでもなく、漁撈・捕猟・狩猟の多彩な活動による豊かな成果をカミに感謝し、その結果、さらなる豊漁・大猟の継続を祈願する祭祀の場であったと考えられる。また、神聖な祈りの場においては捕獲した各種の動物の霊魂をこの世から、あの世のカミのもとへ送り返す「送りの場」として、さらに新しい動物の霊魂を迎えるための「迎えの場」としての重要な場であったと考えられる。

こうした事例は、北海道釧路市の東釧路貝塚にもみられる。この貝塚は縄文早期から晩期以降という大規模な遺跡で、多くのイルカの骨が発掘されたことで知られている。『釧路市立郷土博物館報』（一九六六年）によると、貝塚中の二カ所から、それぞれ五頭分のイルカの頭蓋骨につづく頸骨《けいこつ》（くびの骨）が放射状に並んだ状態で発見された。さらに、近くの別の場所から七頭のイルカの骨が同じような状態で発掘された。

このような遺跡の状態は明らかにイルカを祀った「祭祀場」の跡としての性格をもつと考えられ、今日、考古学や民俗学徒ならばだれでも動物霊魂の「送り」の場であり、「迎え」の場であると考えるのが一般的になっている。

縄文人がこうしてイルカを祀った事実は、アイヌが近年までおこなってきた熊祭（イヨマンテ）に共通する精神的な世界があるといえよう。

すなわち、捕獲したイルカを荘重《そうちょう》な儀式のもとに野宴にて共食し、歌舞・宴遊のあとにカミの世界に霊魂を送りかえし、再生してもどってもらいたいという願いがあったと思われる（一〇六頁「海豚祝・血祭とカンダラ」の項参照）。

II　歴史の中のイルカ

『古事記』にみえるイルカ

『古事記』(中巻) に「気比《けひ》の大神」――敦賀市の気比神宮の神の名の由来――という一項があり、その中に、イルカに関する記事がある。

武田祐吉譯註の『古事記』の解説によると、上中下の三巻からなる『古事記』は、その上巻に序文があり、どのようにしてこの書が成立したかを語っている。そして、『古事記』の成立に関する文献は、この序文以外には何も伝わっていないという。また、

「古事記成立の企画は、天武天皇 (在位六七二年～六八六年) にはじまる。天皇は、当時諸家に伝わっていた帝紀と本辞が誤謬《ごびゅう》が多くなり正しい伝えを失しているとされ、これを正して後世に伝えようとして、稗田《ひえだ》の阿禮《あれ》に命じてこれを誦《よ》み習わしめた。しかしまだ書巻となすに至らないで過ぎたのを、奈良時代はじめ、和銅四年 (七一一年) 九月十八日に、元明天皇が、太《おお》の安萬侶《やすまろ》(七二三年歿) に稗田の阿禮が誦《よ》む所のものの筆録を命じ、和銅五年 (七一二年) 正月二十日に、稿成って奏上した。これが古事記である。」

という。

したがって、わが国で最も古い八世紀はじめの書物である『古事記』の中に、イルカの記載があるということになる。

敦賀市の海岸に近い気比神宮鳥居前．観光客で賑わう（1966年撮影）

そして、上述のイルカに関する内容は以下のごとくである。

「かくてタケシウチの宿禰がその太子をおつれ申し上げて禊《みそぎ》をしようとして近江また若狭《わかさ》の國を経た時に、越前の敦賀《つるが》に假宮を造ってお住ませ申し上げました。その時にその土地においでになるイザサワケの大神が夜の夢にあらわれて〈わたしの名を御子の名と取りかえたいと思う〉と仰せられました。

そこで、〈それは恐れ多いことですから、仰せの通りおかえ致しましょう〉と申しました。またその神が仰せられるには〈明日の朝、濱においでになるがよい。名をかえた贈物を献上致しましょう〉と仰せられました。

依って翌朝濱においでになった時に、鼻の毀《やぶ》れたイルカが或る浦に寄っておりました。そこで、御子が神に申されますには、〈わたくしに御食膳の魚を下さいました〉と申さしめました。それでこの神の御名を稱《たた》えて御食《みけ》つ大神と申し上げます。その神は今でも気比の大神と申し上げます。またそのイルカの鼻の血が臭うございました。それでその浦を血浦《ちうら》と言いましたが、今では敦賀と言います。」

とみえる。

前述したように、この『古事記』に記述されている「イルカ」に関する記載は、拙著を手にされた読者諸賢を含めた、われわれ「イルカ・ファン」にとって、まことに重要な、しかも嬉しい伝説的な史料なのである。

それ故、原典にはイルカがどのような文字（漢字）で表記されているかも含め、読み下しをつけ、重複は重々承知のうえで、以下、丁寧に記しておきたい。

『古事記』（中巻）に、

「故、建内宿禰命、率二其太子一、爲レ將レ禊而、経二歴淡海及若狹國一之時、於二高志前之角鹿一、造二假宮一而坐。爾坐二其地一伊奢沙和気大神之命、見レ於二夜夢一云、以二吾名一欲レ易二御子之御名一。爾言禱白之、恐、隨レ命易奉、亦其神詔、明日之旦、應レ幸レ於濱。獻二易レ名之幣一。故、其旦幸二行于一レ濱之時、毀レ鼻入鹿魚、既依二一浦一。於レ是御子、令白レ于レ神云、於レ我給二御食之魚一。故、亦稱二其御名一、號二御食津大神一。故、於レ今謂二氣比大神一也。亦其入鹿魚之鼻血臰。號二其浦一謂二血浦一。今謂二都奴賀一也。」

とみえる（傍点は筆者による）。

『古事記』（中巻）読み下しでは、

「故、建内《の》宿禰《の》命、其の太子を率《ゐ》て禊《みそぎ》せむと為《し》て、淡海《あふみ》及《また》若狭《わかさ》國を經歴《へ》し時、高志《こし》の前《みちのくち》の角鹿《つぬが》に假宮《かりみや》を造りて坐さしめき。爾に其地《そこ》に坐す伊奢沙和氣《いささわけの》大神の命《みこと》、夜の夢《いめ》に見えて云りたまひしく、〈吾が名を御子の御名に易《か》へまく欲し。〉とのりたまひき。爾に言禱《ことほ》きて白ししく、〈恐《かしこ》し、命《みこと》の随《まにま》に易《か》へ奉らむ。〉とまをせば、亦其の神詔りたまひしく、〈明日《あす》の旦《あした》、濱に幸《い》でますべし。名を易《か》へし幣《まひ》獻《たてまつ》らむ。〉とのりたまひき。故、其の旦《あした》濱に幸行《い》でましし時、鼻(注)毀《やぶ》りし入鹿《いる》魚《か》既に一浦に依れり。是に御子、神に白さしめて云《の》りたまひしく、〈我に御食の魚給へり。〉とのたまひき。故、亦其の御名を稱《たた》へて、御食津《みけつ》大神と號《なづ》けき。故、今に氣比《けひの》大神と謂ふ。亦其の入鹿《いる》魚《か》の鼻の血臰《くさ》かりき。故、其の浦を號けて血浦《ちうら》と謂ひき。今は都奴賀《つぬが》と謂ふ。」

とみえる。

『古事記』の文中にみえる「幣」を「贈り物」と解釈し、「注」が付された「鼻毀《やぶ》りし入鹿魚」（傍点は筆者による）については、「注」で「鼻を傷つけた海豚。海豚を取るには鼻を傷つけて捕えるのでここは捕獲した海豚の意。入鹿魚の魚の字は表意的に添えた文字。ただし入鹿は魚類ではなく海獣である。」と解説している。

『風土記』の中のイルカ

『出雲國風土記』にもイルカに関する記述がある。

『風土記』は元明天皇の和銅六年（七一三年）、詔を畿内七道に下して、地名の起源・産物・伝説口碑などを各国の国司に命じて記録献上させたものである。今日でいう郷土誌にあたる。しかし、六十余国のうち、今日に伝えられているのは出雲・播磨・常陸・肥前・豊後の五カ国にすぎない。その他の国のもので残存するのは、古書に引用された断片逸文《いつぶん》のみである。

このような現存状態にある中で『出雲國風土記』のみは完本であるとされている。

以下にその内容を掲げると、

「栗江埼相二向夜見嶋一促戸渡二百一十六歩　埼之西　入海堺也　凡南入海所レ在雜物　入鹿　和爾　鯔　須受枳　近志呂　鎭仁　白魚　海鼠　鰝鰕　海松等之類　至多　不レ可レ盡レ名」

とみえる（傍点は筆者による）。

この記述は、現在の島根県美保関町森山にあてられる。森山は、美保湾から中海に入る場所に位置し、中江ノ瀬戸に面しており、島根半島の地と夜見が浜の地とが最も接近しており、水路が狭くなった箇所（促戸《せと》）の渡し場である。

以下に、読み下すと、

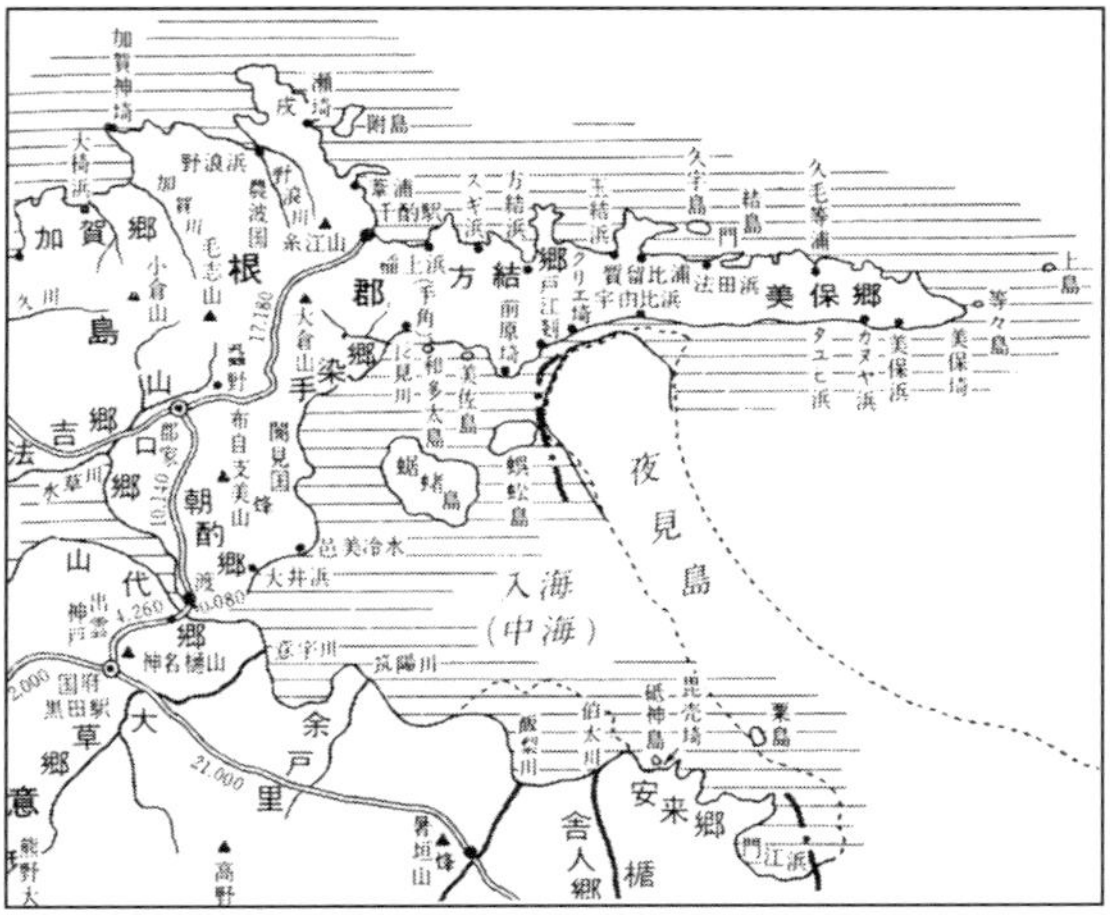

『出雲國風土記』地図（『風土記』岩波書店，1958年より）

「栗江《くりえ》の埼《さき》　夜見《よみ》の嶋に相向《あひむ》かふ。促戸《せと》の渡《わたり》、二百一十六歩《あし》なり。（注・渡航の距離）　埼の西は、入海《いりうみ》の堺《さかひ》なり。　凡《すべ》て、（注・以下中海の産物名の列記）　南の入海に在るところの雑《くさぐさ》の物は、入鹿《いるか》（注・海豚　江豚とも書く。海獣の名。）・和爾《わに》（注・鮫《さめ》またはワニザメという鱶《ふか》の一種。）・鯔《なよし》（注・イナボラ。）・須受枳《すずき》（注・鱸。）・近志呂《このしろ》（注・鰶。）・鎮《ち》仁《に》（注・黒鯛　チヌ　海鯽とも書く。）・白魚・海鼠《こ》・鰝鰕《えび》（注・鰝は大鰕　海老とも書く。）・海松《みる》等《ども》の類《たぐひ》、至《きはま》りて多《さは》にして、（注・至極多くて。）名を盡《つく》すべからず」

とある。

『風土記』で関心がもてることは、各地（各国）において多くの海産物の種類が列記されているが、上掲のイルカに関しては『出雲國風土記』中の「栗江埼」の項のみであることである。

またあわせて、島根から現在の鳥取県、京都府、福井県と日本海側を北上していくと、若狭湾に面した敦賀に至ることで、敦賀は上述した『古事記』にみえるイルカ伝説にかかわる古典の地である。

「古文書」に記されたイルカ

イルカ漁について、実際に漁網を用いて捕獲された古い記録は、後円融《ごえんゆう》天皇（一三七一～八二年）頃の、足利義満時代、永和三年（一三七七年）三月十七日の史料中にみられる。その内容は、

「かつをあみ《（鰹網）》　しびあみ《（鮪網）》　ゆるかあみ《（海豚網）》　ちからあらば、せうせうは人をもかり候いて、しいたし《（精出）》
てちぎう《（知行）》すべし
ゑいわ《（永和）》三年三月十七日」

というものである。

この文書は青方（筆者注・五島列島の青方。四九頁の地図参照）・重が固に与えたもので、内容的には、漁業・漁場と知行主との知行関係を示すものとして注目される。ようするに漁場の個人による単独領有（所有）あるいは共有による入会漁などの様子を示す文書でもある。

このイルカ網が使用されていた場所は、西北九州の五島列島有川村であり、当地におけるイルカ漁は、この史料にみられるごとく、中世から近世・近代・現在にひきつがれてきた伝統漁（イルカ・海獣捕獲）であることがわかる（青方文書・（　）内は筆者による）。

また、美津島の自然と文化を守る会編の「対馬の村々の海豚捕り記」（『日本民俗文化資料集成』第一

八巻・三一書房・一九九七年所収）中に、対馬の「小田家文書」の引用があり、それによると、

「いるかそのものの事　十けん五けんハくそう《（供贈）》物たるべく候　かたくさいそく候（以下略）　応永十一

十二月二十日　　正永（花押）

大山宮内入道殿」

とみえる。このことから、応永一一年（一四〇四年）の頃、対馬の浅《あ》茅湾《そうわん》の浦々でイルカが捕れ、供贈物として、その収益を上納させていたのだとされる。

さらに、時代はくだるが、この地で興味のもてる史料（同書による）は、寛永一八年（一六四一年）三月二九日の「宗家表日記」である。同日記には、

「伊奈郷いるか奉行ニ被仰付候小林勘右《（衛）》門罷帰ル　いるか弐十六喉《（ママ）》代銀百五十六匁売手形請取登ル」

と記載されていることである。

このことから、対馬の海沿いの村々ではイルカ漁がさかんにおこなわれ、その収益が大きいことに領主が注目し、「海豚奉行」なる役人を任命し、運上金を上納させていたことがわかる（傍点、（　）内ルビは筆者による）。

中世（室町時代）のイルカ漁

わが国における中世社会の漁業に関する史実は、あまり知られていない。その理由は、史料がごく限られていることや、研究者が少ないためである。

さらに、「イルカ」に関する漁業関係史料の研究ともなれば、なおさらのことである。

こうした数少ない史料の中で注目すべき研究成果の中に、佐伯弘次氏による「中世対馬海民の動向」があり、その論考に、わずかではあるが中世におけるイルカ漁のことがみえる。内容は史料「大《お》山《やま》小田文書」を引用して、中世対馬における漁業および漁業支配の実態を検討しているものだ。以下にその一部分を引用させていただくと、

「大山小田氏（はじめは大山氏、のち小田氏）は、浅茅湾《あそうわん》の東端に位置する与良郡大山を根拠地として、その周辺の土地を領有した在地領であり、対馬の海の領主を代表する存在である。（中略）

海の領主である大山氏は、漁業にたいする税の徴収も命じられている。大山宮内入道宛の一四〇四（応永一一）年一二月二〇日宗正永（貞茂）書状に、〈八かい《(海)》の大もの〻たち候する時、いかにもふさた《(不沙汰)》なくとりさた《(取沙汰)》あるへく候〉〈おなしくいるかの物の事、十こん《(喉)》ニ五こんハくはうものたるへく候〉とある。

〈八海〉とは、対馬八郡の海すなわち対馬全島の海域という意味である。〈大もの〉とは、鮪な

どの大型魚と考えられる。
イルカは十唉《ママ》に五唉《ママ》は〈くはうもの（公方物）〉としている。公方物とは島主への上納物と解釈しておきたい。つまり、イルカの漁獲高の五割は島主に上納することになっていた。イルカについて〈おなしく〉という表現をしているところから、〈大もの〉の取沙汰とは〈大もの〉の漁獲高の一部の徴収・上納を意味するものと考えられる。

大山氏は、みずから漁業経営をおこなう一方で、対馬海域における〈大もの〉・イルカの上納の徴収をおこなったのである。宗氏の島内支配権の強化によって、大山氏が宗氏被官化した結果、こうした役割が付与されたのであろう。」

と述べている。

また、上掲論文では、

「一五八〇（天正八）年九月一一日のに、〈八海のうち海鹿たち候時、公領・私領によらず、にんふ免許之事、義純《宗》のはんきやう《判形》の旨にまかせ候〉とある。これは、海士が対馬全島の海域でイルカ漁をするときには、公領・私領によらず、人夫の徴発が認められていたと解釈されている。」

と記している（傍点は筆者による）。

以上のことから、領主宗氏の支配する対馬において、中世（室町時代）から近世初頭にかけてイルカ漁がおこなわれていたことがわかる。

史料（文中）にみえる「大もの丶たち候する時」の〈たち〉は、この地方ではイルカやマグロなどが浦へ押しよせることを「立物」というところから、イルカが立つことを「立ち」と表現したものと解釈できる。

また、「十こん《(喉・ママ)》ニ五こんハ」の〈こん〉は魚を数える語として使われる「喉《こん》」にあてた語彙とみてよいだろう。

当時は対馬八海において網漁業がさかんにおこなわれていたことは同論文中に、実証的に記されているので、上述のイルカ漁は「湾内にイルカが立つ」と、さらにイルカの群れを岸近くへ追い込み、さらに漁網で囲い込んでイルカの逃げ道をふさぎ、捕獲したのであろう。こうしたイルカ漁が集団的、組織的におこなわれたであろうことは、公領・私領にかかわらず「にんふ《(人夫)》」の徴発が認められていたことからもうかがえる。

あわせて対馬という地域性をみると、『魏志倭人傳』以来、大陸との交易による活動も考えられるし、軍事（水軍）との関係もみのがすわけにはいかない。軍事的な性格をもつ組織的なイルカ漁は一朝有事の際にも役立ったにちがいなかろう。

『平家物語』の中のイルカ

わが国における戦記物語の最高傑作として知られる『平家物語』は、また、多数の諸本（異本）があることでも知られている。

二位の尼（安徳天皇の祖母）は幼帝を抱いて入水し，死のうとする．『平家物語』明暦２＝1656年の元和版挿絵（市古貞次校注・訳『平家物語』小学館，1994年より）

平清盛が栄華をきわめてからのち、平氏滅亡後までの、およそ九〇年間をあつかった内容は、清盛をはじめ、木曽義仲、義経を中心に三つの部分に分かれているが、さらに、祇王《ぎおう》（京の白拍子で清盛の寵遇をうけた）や祇女《ぎにょ》（祇王の妹）、六代《ろくだい》（平維盛《これもり》の長子）らをまじえた抒情的場面を随所におりこむなどして、悲壮美により哀感をそそるものがある。滅びの美学といったところか……。

その全編をとおしてながれている精神は、諸行無常、盛者必衰の仏教的人生観であるが、「イルカ」も、この物語の中で一役かっているのだ。それは、この『平家物語』から派生したとされる『源平盛衰記』においても同じである。

まず、底本に、東京大学国語研究室所蔵の『平家物語』（旧高野辰之氏所蔵・通称「高野本」）によりその内容をみてみよう。

巻第十一「遠矢《とほや》」の項に、以下の「イルカ」に関する文面がみえるが、「注」に示してあるとおり、「屋代本」、

「熱田本」、「元和版」が参照されている。

「……又《また》源氏のかたより[注四]いるかという魚《うお》一二千[五]はうで、平家の方《かた》へむかひける。大臣殿《おほいどの》これを御覧じて、[六]小博士《こはかせ》 [七]晴信《はれのぶ》を召して、〈いるかは常におほけれども、いまだかやうの事なし。いかがあるべきとか[八]んがへ申せ〉と仰せられければ、〈このいるか、[九]はみかへり候はば、源氏ほろび候べし。はうでとほり候はば、みかたの御《おん》いくさ[一〇]あやふう候〉と申しもはてねば、平家の舟の下《した》をすぐにはうでとほりけり。〈[一一]世の中はいまはかう〉とぞ申したる。」

とみえる（傍点は筆者による）。

そして、「注」には、

「四、屋代本「鯆《イルカ》」、熱田本「鯑《イルカ》」、元和版「鯀《イルカ》」。海豚と書く。魚類ではないが水中にすむから魚といったもの。五、底本「はうて」。元和版「ハフデ」、熱田本「湌フテ」。屋代本「平家ノ船ニ向テ喰ケレハ」。「食はみて」の音便。「はむ」は魚が水面に浮び出て呼吸する意。ぱくぱく口をあけて息づくこと。六、明経道の博士を大博士というのに対して、陰陽道の博士をいったものか。屋代本「晴延ト云陰陽師ヲ召テ」。熱田本「小儒ハカセ」。七、陰陽道の安倍晴明の子孫であろう。よみは元和版「晴信ハレノブ」（熱田本「晴ㇾ信」）による。延慶本「晴基は晴明九代の孫、『安倍氏系図』に「大監物漏刻博士」とある。八、易占《えきせん》によって吉凶《きっきょう》を判断する。九、はみ（↓注五）ながら、口をあけ、息づきながら戻って行きましたら。一〇、底本「あやうゝ」。「あやふく」の音便。一一、もうこれまで。今は最後。」

と加えられている。

次に現代語訳として、

「……また源氏の方から、海豚《いるか》という魚が一、二千ほどぱくぱく口をあけて、平家の方へ向った。大臣殿はこれを御覧になって、小博士の晴信《はるのぶ》を召して、〈海豚はいつも多いが、まだこんなことはない。どういうことだろうか、易で占って申せ〉と仰せられたので、〈この海豚が、口をあけて呼吸しながら戻って行きましたら、源氏は滅びましょう。ぱくぱくしながら通り過ぎましたら、味方のご軍勢は危《あぶ》のうございます〉と申しも終らぬうちに、平家の船の下をすぐさまぱくぱくしながら通った。〈世の中は今はこれまでです〉と晴信は申した……。」

と、イルカが群れをなして遊泳する様子をみて、源平合戦の結末をイルカが予兆したとみえる。

『和漢三才図会』と『本草綱目』のイルカ

中国の明時代、王折《おうき》によって編纂された『三才図会』（三才は天・地・人の三元を意味し、宇宙間の万物という意味で、この世の中にある、あらゆることを図会にしたもの）にならい、わが国でも同じようなものがつくられた。

江戸時代（正徳二年・一七一二年）の頃、寺島良安によって編まれた、わが国初の図説百科辞典ともいえる『和漢三才図会』がそれで、その中にみえる「海豚魚」（和名　伊留可）の項目をみると、次

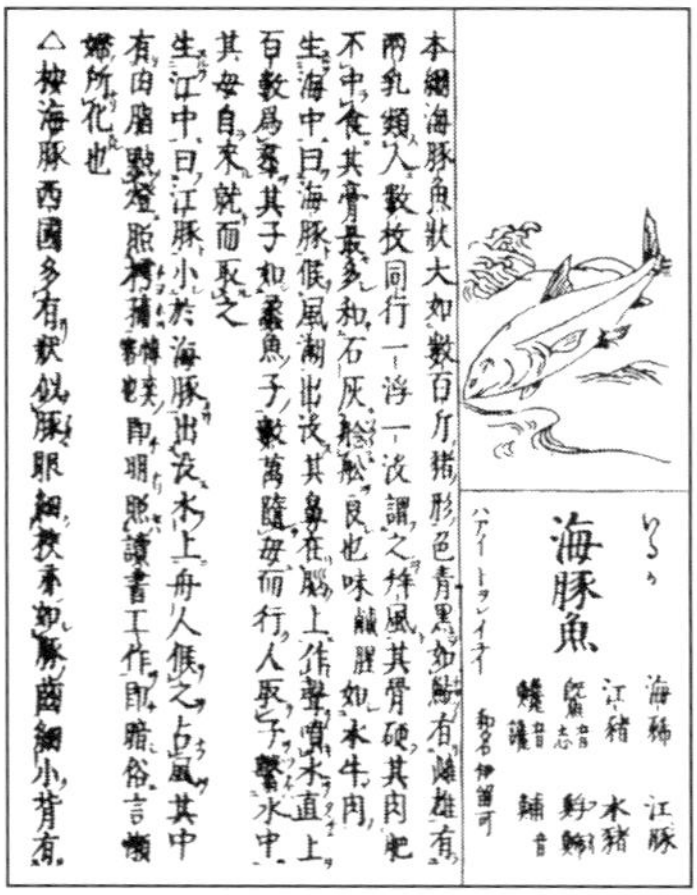
海豚魚
ハアイ　トヲンイユイ
海豨　江豚　江猪　水猪　鱀（音志）　鯙鯆　鱨　鯆
和名伊留可

本綱海豚魚狀大如數百斤豬形色青黑如鮎有兩乳雌雄類人數枚同行一浮一沒謂之拜風其骨硬其肉肥不中食其膏最多和石灰艌船良也味鹹腥如水牛肉
生海中曰海豚候風潮出沒其鼻在腦上作聲噴水直上百數爲羣其子如蠡魚子數萬隨母而行人取子繫水中其母自來就而取之
生江中曰江豚小於海豚出沒水上舟人候之占風其中有油脂點燈照樗蒲即明照讀書工作即暗俗言懶婦所化也
△按海豚西國多有狀似豚眼細口長如豚齒細小背有

寺島良安『和漢三才図会』の海豚魚
（和漢三才図会刊行委員会編集『和漢三才図会』東京美術，1970年より）

のように記されている（図参照）。

海豨《き》　江豚《とん》
江猪《ちょ》　水猪《ちょ》
鱀（音は志《シ》）　鯙《ふ》鯆《はい》
鱨《ざん》（音は鱨）　鯆《ほ》（音は欠字）
海《い》豚《る》魚《か》
ハアイ　トヲンイユイ（和名　伊留可）

しかし、図会といってもよく見ると、描かれているイルカは、まったくの魚で、尾鰭のつきぐあいを見ても気になる。当時、イルカは魚類と同じに思われていたのであろう。

それに顔つきもまったく似ていない。唯一、この図会には、前頭部に噴気孔（鼻の穴）らしきものが見えるところが救いともいえようか……。

もっとも、今日では、あらゆる映像をとおしてイルカの姿や形を見ることができるし、実物のイルカを水族館の水槽で観察することもできる。観察とまではいかなくても、水族館等でイルカのショーなどを見る機会も多い。

しかし、当時はイルカどころではなく、一生のうちに、海を一度も見ることなく他界した人たちが多かった時代だと思えば、これぐらいは、しかたがないのであろう。良安先生だけを責めるわけにはいかない。

『本草綱目』（鱗部、無鱗魚類、海豚魚）に次のようにいう。

「海豚魚の状は大きくて数百斤ある猪《ぶた》の形に似ている。色は青黒で鮎《なまず》のようで、雌雄があり両乳があって人に類似している。数尾《ひき》が同行して、浮いたり沈んだりして進む。これを拝風という。骨は硬く、その肉は肥え、食べてもあたらない。膏《あぶら》も大へん多い。石灰にまぜて船を繕《つくろ》うのに用いるとよい。味（鹹《しお》にした腥《なまにく》）は水牛の肉に似ている。

海中にいるのを海豚という。風潮をうかがって出没する。鼻は脳の上にあり、声をあげて水を直上に噴き、百数と群をなす。

子は蠡魚《れいぎょ》（鱧魚）の子のようで、数万と母についていく。人が子を取って水中に繋いでおくと、母がしぜんに近寄ってくるので、それを捕獲する。

江中にいるのを江豚という。海豚より小さくて水上に出没する。舟人はこれを観察して風を占う。体内に肉脂があり、この脂を燈に点じて樗蒲《ちょほ》（博奕《ばくち》の塞《ばしょ》）の照明とすると明るい。読書や工作する照明としては暗い。俗に江豚は懶婦《らんぷ》（なまけおんな）の化したものであるという、と。

△思うに、海豚は西国に多くいる。状は豚《ぶた》に似ていて、眼は細く狭くて豚の眼のようである。歯は細小で背に刺鬣《とげひれ》がある。両鰭《ひれ》は足のようで、尾には岐《また》があって硬い。漁人はすすんで採るよう

なことはしない。もし捕獲しても岸に投げ棄《す》てる。声を出すが、これは鼻を鳴らしているのであろうか。」

とみえる。

後述するように、『日本水産捕採誌』をはじめ、イルカは「娼て婦《ジロウ》の化生《バケ》」（能登国珠洲郡および鳳至郡）とか、イルカは「女郎の生まれかわり」（『伊東市史』・川奈のイルカ漁）など、各地の伝承中にみられるイルカに対する比喩は、前述の『和漢三才図会』にも、『本草綱目』と同じように記されている「俗ニ言懶婦《らんぷ》ノ所レ化スル也」がもとになっているであろうことがわかる。

Ⅲ　民俗の中のイルカ

わが国各地のイルカ漁

大正元年（一九一二年）、当時の農商務省水産局が編纂し、上・中・下の三巻をまとめて水産社（東京）から刊行した『日本水産捕採誌』（上巻）の第一編に「網罟《もうこ》」があり、その各論の曳網《ひきあみ》類の中に「海豚網」にかかわる記載がある。

以下、同書により、各地でおこなわれてきたイルカを捕獲するための漁網について、以下の四地域の「海豚網」を具体的にみていくことにしよう。

海豚網

「海豚を盛に捕獲するの地は、能登国・肥前国・伊豆国・相模国等にして、其他一二地方に於ても之を漁すれども未だ盛ならず。是一は、従来漁民は海豚を指して神物とし、捕れば則《すなわち》、祟《たたり》ありと称し、或は鰮《いわし》其他の漁獲あるは海豚之を逐《お》ふて海濱に至るものなれば、若し海豚を捕れば他魚岸に近づかざるものと妄信《もうしん》し敢て之が漁獲を試みざる等の陋習《ろうしゅう》ありて、然《しか》らしむるものゝ如し。然れども元来、海豚の漁法たる彼が性《しょう》 甚《はなは》だ網を恐るゝが故に、網を懸《か》け廻はし之を恐嚇《きょうかく》して湾曲中に逐入《おいい》れ捕獲するに利あり。其白砂一帯更に湾曲なき濱の如きは捕獲に便ならず。此の如く地勢に関係あるも亦此漁業の広く全国に行はれざるの一因ならん。而《そ》して其盛漁の地に於ける網

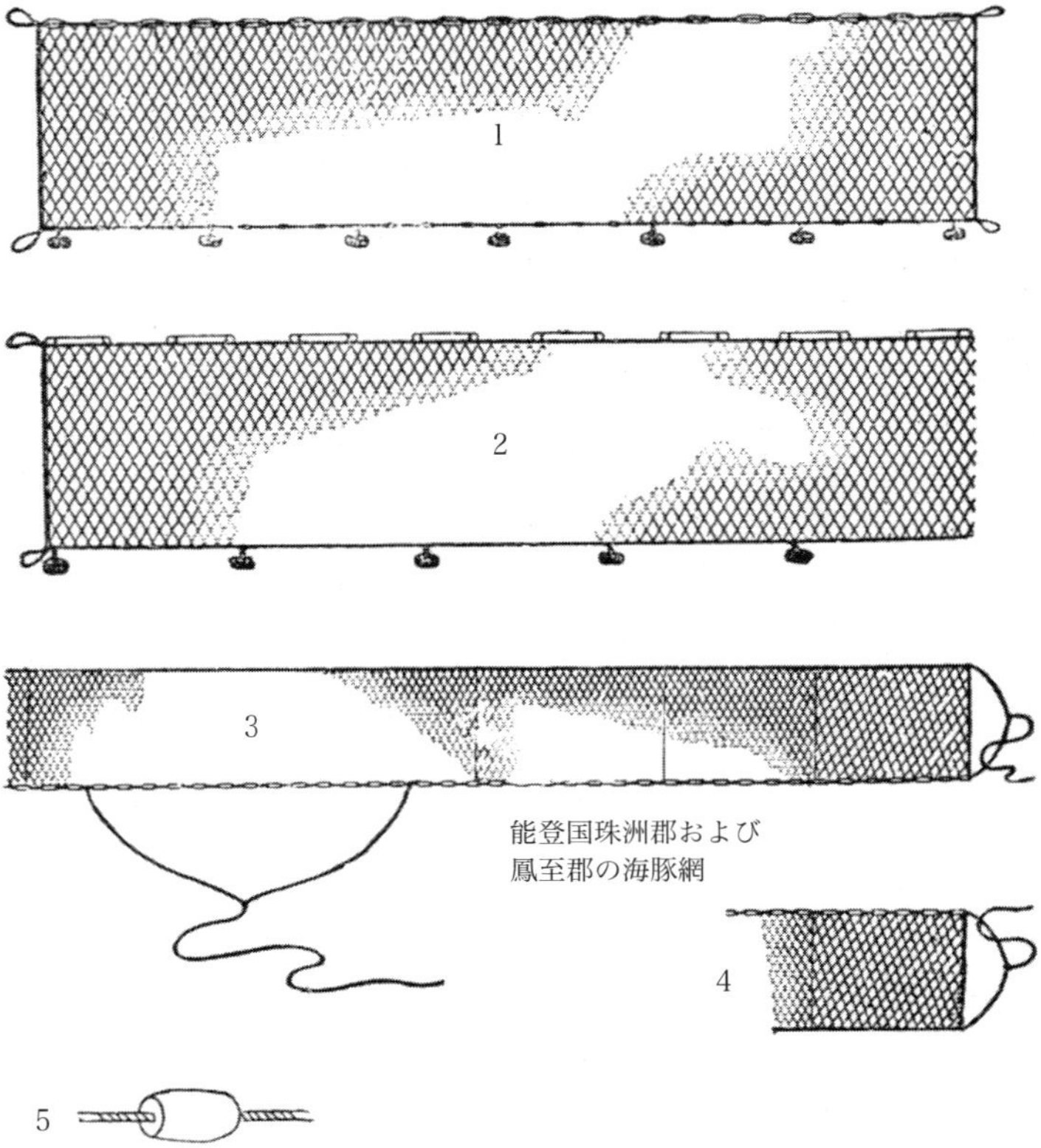

海豚網（1＝早打網，2＝留網，3＝寄せ網，4＝寄せ網の端，5＝沈子）

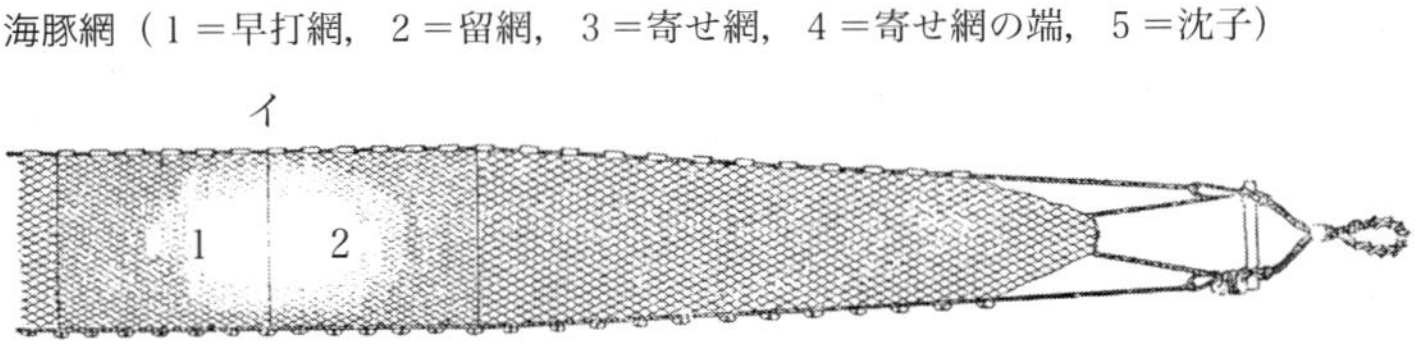

海豚曳網片側（イ＝中央，1＝魚捕，2＝魚捕）

現在の神奈川県平塚市で使用していた「イルカ地曳網」（いずれも『日本水産捕採誌』より）

は各種を併用するものにして、他の魚類の漁法の單純なるの比にあらず。然れども其主として効を奏する網は曳網《ひきあみ》に属するものなるを以て、今其漁法の全体を挙げて本類に掲ぐ。」とみえる（句読点・読み仮名・傍点は筆者による）。なお、漁網の構造等に関しては、拙著『網』〈ものと人間の文化史106〉を参照されたい。

能登国珠洲郡および鳳至郡の海豚網

「能登国に於て海豚を漁獲するの地は、珠洲《すず》郡高倉村の内、眞脇《まわき》を第一に推《すい》し、同郡小木村及び鳳至《ふげし》郡宇出津町之に次ぐ。（真脇《まわき》・宇出津《うしつ》は現在の能都《のとまち》町内、小木は内浦《うちうら》町内）

鳳至郡仲居村（仲居は現在の穴水《あなみず》町内）其他に於ても捕ることあれども其数少し。漁業の季節は三月下旬に始まり七月下旬に終る。就中《なかんずく》、盛漁なるは五月中旬より六月中旬までの間とす。元来、海豚は種類多きものなれども該地《がいち》にて多く捕獲するは眞海豚、入道海豚にして、往々鎌海豚「シスミ海豚」をも捕ることあり。

此漁に用ふる網は早打《はやうち》網、三百網、留《とめ》網、寄《よ》せ網の四種あり。（三七頁図参照）

其、早打網は藁心縄（藁稭《わらしべ》・稲の穂の芯）三つ打を以て製す。網目六寸にて六十目乃至《ないし》六十五目掛。網丈《た》け七、八尋、長さ三十間を以て一把《いちわ》と稱す。肩縄、足縄とも藁製。太さ径六、七分許《ばかり》。浮子《あば》（うき）は桐又は杉にて造る。長一尺二寸、幅三寸、厚さ八分位。之を一尋毎に三個づゝを附。沈子《いわ》（おもり）は陶製にして其数浮子の数より少しく減ず。船毎に此網一把づゝを載せ、之を使用するに當り、数十把を繋《つな》ぎ合せて海豚の群隊を囲む。但、此網は主として眞海豚を漁するに用ふ。

三百網は入道海豚を漁するとき、早打網に換用するものなり。

網目六寸五十五目乃至六十目掛にして長さ三百尋あるを以て此名あり。其他の構造及び用法は凡て早打網に同し。唯、網の長きが為め、早打網の如く、多く繋ぎ合すの煩《わずらい》なきのみ、入道海豚は眞海豚に比すれば其進退稍《や》や寛なるを以て此網を用ひ、取扱上、多少の手数を省《はぶ》くなり。

留網は、海豚の群隊を湾内に逐入《おいいれ》たる後、其、湾口を扼《やく(おさえる)》する為めに用ふる網にして、藁縄、太さ凡径四分許のものを以て製す。

網目六寸、横二十七目、丈けは六間許を通例とすれども、海の深浅に依て増減す。長さは海豚を逐入《おいいれ》るべき湾口の廣狹に従ひ適宜《てきぎ》に製す。此網は常に浮子、沈子とも備へず、之を湾口に張るには別に藁の大綱径二寸餘のもの二條を用ひ其一條に桐の丸材周囲一尺、長さ五、六尺のものを結ひ附くること浮子の如くし先づ湾口に張り渡し是に網の上縁を結附け、大綱の両端は湾口の左右適宜の處に繋く。又、一條の大綱には網の下縁を結ひ附け、網の中部には六、七間毎に重量一貫匁餘の石を附けて錘となし、以て網を壁立せしむ。此石は網の中部に附け、両端には必しも附くるを要せず。其然る所以外は、両端は水底浅く、海豚の逃逸《とういつ》せんとするものは先づ中央部の水底深き處より遁路《とんろ》(にげみち)を求めんとし、浅處には来らざるを以て、強て防禦の必要なければなり。

寄せ網は、湾内に逐入れたる海豚を更に岸近く曳寄る網にして、全長凡二百尋とし、其中央、即ち図中の(イ)六十尋は一寸五分目、其左右(ロ)は二十五尋づゝ各三寸目(ハ)も亦二十五

遠島山公園より宇出津方面を望む（8～9頁の地図に示した如く，能都町は入江が多い）

尋づゝ各六寸目両端（ニ）は二十尋づゝ各一尺目とし、網丈けは凡て六、七尋なり。（図中の説明にあたる網の（イ）から（ニ）に関する図は掲載されていない。本解説は、水産報告および佐野純高氏の報よりとあるので、図は引用の際に省略したのであろう。）

肩縄、足縄は径一寸四、五分のものを用ひ肩縄に浮子を附くるを要せず。是此網を使用するときは船を以て浮子の用を為さしむるを以てなり。沈子は珠洲郡小木村に産する石を以て普通陶製沈子の大なるが如き形に造り、之に足縄を貫く。其一個の重量凡一貫匁許とす。又、網の両端及び下縁の中部とに長さ七、八十尋の曳綱を附け、之を曳きて岸辺に操り寄するの用に供《そな》ふ。其下縁の中部にも曳綱を附くる所以のものは両端の曳綱のみにて曳くときは沈石の重量の為め、網は前方に俯し為めに海豚の網を超えて逃逸するの恐れあるに依り、中部の曳綱と両端の曳綱と同一に曳き以て網の俯すことなくして海豚を逃逸せざらしめんが為めなり。

漁法は、季節に至れば豫《あらかじ》め海濱の丘上に一小屋を設け、或は地形により之を二ヶ所を設くることあり。魚見二人を置き、望遠鏡を以て、海豚の来るを窺はしむ。其、眞海豚は、数百乃至数千、最も多きは萬を以て計ふべき群隊を為して到るものなれば、距離、遙かなる洋上と雖《いえど》も尚能く認め得べきも、入道海豚の如きは群小にして、一群八、九頭、若くは十七、八頭に過ぎざるを普通とし、其百有餘の群をなすことは稀なるを以て、遠隔のものは認め難し。故に、毎暁《まいぎょう(あかつき・明け方)》二十艘の逐廻船《おいまわしぶね》と云ふを発し、毎艘漁夫三人乗にて沖合を徘徊し、海豚を看認めたるときは檣上《しょうじょう(ほばしら)》に筵或は笠を掲げて丘上の魚見に報じ、魚見は直ちに竹筒を吹き鳴らし、又は大聲を発して之を村民に報ず。村民報を得れば早船と稱し通常小漁二、三人づゝ乗組み、各船、早打網を携へ相競ふて漕出す。其数定りなし。洋上を群行するものを驅《おっ》て湾内に逐入るゝときは多数を要し近く湾口に向ひ来れるものを逐入るゝには少数にて足れりとするも、大抵七十艘内外を通常とし多きときは百数十艘に及ぶ。

各自沖合に至り逐廻船と共に海豚の群隊に近づき、船より船に早打網を張り、群隊三面を圍《い》繞《じ(に)ょう》し、其一面を開く。元来海豚は、耳敏にして、音響に驚き易く、且其群行するや先導者ありて他は皆之に追随するものなるが故に、漁夫各、鬨聲《こうせい(ときの声)》を発し、舷を叩き、或は竹竿を以て、水面を撃ち、先づ其先導者をして湾内に向はしむれば、他は皆之に従ふて入る。既にして湾内に驅入《おいいれ》るれば、留網を下して湾口を遮断し、早打網を収め、更に寄せ網を下して海岸に曳寄せ、其網の海の深さ人の背丈けの立ち得る程の處にまで曳詰めたる頃を計り、漁夫皆裸體となりて海中に入り海豚を小脇に抱く。

元来、海豚は鈎《カギ》、籍《モリ》等を加ふれば狂奮して制し難きも、人體に觸るゝときは柔順、其為すに任す故に、俚俗、海豚を指し、娼《ジロ》て婦《ラウ》の化生《バケ》と稱するに至る。是れ赤手《せきしゅ(すで)》にして捕ふる所以なり。而して、汀にまで抱き来りて出刃包刀を以て、其唯《(ママ)》下を刺して殺すなり。

是を普通の法とす。然れども、若し日没に迫り寄せ網を下して捕獲するに暇なきときは、留網のみを懸け、数船にて網を監護し、翌朝まで留めて置くことあり。但た此場合に於て風浪劇しく起り、海底の砂泥を動搖し為めに海水の濁るときは、網目彼れか眼に觸れさるに由り、忽ち跋扈《ばっこ》して網を破り逃逸することあれは深く注意を要す。水産報告及び佐野純高氏の報。」

とみえる（句読点・読み仮名の一部分でカタカナを省く・（　）内等は筆者による）。

肥前国有川および魚目の海豚網

「肥前国南松浦郡有川魚目（五島列島・中通島）の西村湾内に於て海豚を漁するは、元禄年間以前（一六八八年以前）の起原にして、種類は、亦眞海豚（方言・ハセイルカ）、入道海豚（方言・バ《(ボ)》ウズイルカ）の二種なり。季節は定まりなし。多くは春、秋、冬とす。（四九頁図参照）
網は立廻し網、繋《つな》ぎ網、格子網にして、其立廻し網は、藁縄を以て製す。網目、五尺、縦四十、横二十五目立、一反の長さ二十二尋に編み立たるものを二十尋に仕立、之に八升入の小樽凡三個を附け浮子となし、総反数四十八反、総長さ九百六十尋とす。此立廻し網は特に海豚捕獲の為め製するにあらず。鮪漁業用の張切網を以て之に充用するものなり。

繋ぎ網も亦、藁製にして、網目八寸縦目六十三、横目三十、長さ十尋、幅四尋三尺、之を二反継ぎ合せたるもの五十反を総長さ二百五十尋に仕立、之を藁製の周囲五寸、長さ三十尋の網に結附け、長さ五尋、周囲五、六寸の竹三本つゝを束ねたるもの二十五個を附け浮子となす。

格子網は麻縄製、周囲一寸五分、網目四寸五分、縦目三十五、横目百十、長さ十尋、幅三尋餘のもの三十反を継ぎ合せ、小船凡十艘を以て浮子に代へて使用す。

漁法は別に魚見小屋を設くることなく、又前者の如き逐廻《おいまわ》し船《ぶね》を出すことをも為さず、漁者等が通常、鯛釣又網曳などに海上に出たるとき、偶然、海豚の群集を認むれば、直ちに其漁業を止め、衣服又は苫を竿頭に掲げて海豚を看認めたることを報す。斯く其目的たる漁業を止むる所以のものは、一番見付、二番見付、三番見付とて発見の前後に依りて等差を立て、其漁獲の分配に預り、其日漁業の収獲よりも遙に多額の賞與を為すの慣行あるを以てなり。而して各船此信号を認むれば、競ふて此に漕寄すること幾十百艘に及ぶ。

皆、海豚群隊の三方を圍繞《いじ(に)ょう(めぐらし・かこむ)》し、鼓噪《こそう》して之を湾隅に驅り込み、而して立廻し網を張り廻して之が遁逃《とんちょう》を防き、次に繋ぎ網を立廻し、網之内側に張り廻し、然る後、藁縄網の後部に格子網を添へて張下し、海豚を海濱に曳寄するなり。此他、前者、能登の漁法に異なることなし。

其捕獲の収益は湾内沿岸村落の利益とし、之を総戸数に配当するを習慣とす。長崎懸漁業誌料。」

とみえる（句読点・読み仮名・（ ）内等は筆者による）。

伊豆国那賀郡の海豚網

「伊豆国那賀郡宇久須村、田子村、賀茂郡伊豆村、稲取村、小室村、若沢郡西浦村、内浦村、戸田村等に於ても海豚を捕獲す。今其、那賀郡田子村の漁事を記さんに、其海豚の種類は、鎌《かま》海豚、巨頭《ごんどう》海豚、眞海豚《まいるか》にして、漁業に定まれる季節なし。其群を見れば輒《たちま》ち捕獲す。而して鎌海豚は眞海豚等に比すれば鋭敏且強猛にして捕り易からざるを以て、網の構造を異にす。卽ち左の如し。

鎌海豚を捕獲する網は片手長さ二百二十五尋にして、奥の百尋は麻網なり、目合六寸、横五十掛三枚継ぎ、網裾は一尺目とす。之に連続する手網は藁縄製にして、其麻網に接する所、長五十尋は八寸目。次の七十五尋は一尺目。網丈けは裾の海底に達するを度とし、二尋毎に長二尺、幅六寸、厚さ三寸の桐製の浮子を附け、沈子は重量凡二百匁内外の石を一尋乃至二尋毎に附く。網を肩足縄に結ふには、凡一割位を縫縮め、右二組を中央にて接続し一張となして使用す。

巨頭海豚及眞海豚を捕獲する網は全体藁縄製にして、片手長さ二百尋、目合一尺とす。其他は前に同じ。

又別に、抄網《すくい》を使用することあり。藁縄製にして、長さ百尋、中央幅最も広き處十五、六尋両端に至りては二、三尋に狭まる。目合五寸にして、之を四、五割も縫縮めて肩足縄に附くるなり。

此地に於ては往古より海豚漁業は合資株持組織にして、全村の住民は何れも多少、其株を所有するが故に、何時にても海豚を認めたりとの報あれば各自奮て先を争ひ船を出し、湾口を扼《やく(おさえる)》す。故に、特に漁夫を召集し、漁船を点検するの煩なく、衆船相集まれば、駢連《へんれん》して群の背後及び側面を迂回し、木槌を以て舷《ふなばた》を叩き、鬨聲《こうせい》を発し、又、長き竹竿を水中に投入して其本を推撃すれば、波間にては、頗る響をなすものなりとて、之を行ひ、或は船の帆を卸し之に錨を附け波間に投入して曳廻し、或は壮者は自ら海に投して其遁路《とんろ》を塞ぐ等、種々恐嚇《きょうかく》の手段を施し駆逐して漸次湾内に入らしめ、其好位置に至るを見て網を下して遠圍を為し、然る後、数十の漁船を其網の周圍に配置し、船舷より数條の小網を出し之に網端を繋ぎて船側に吊し上げ、以て海豚の網端上を跳躍して逃逸するを防ぎ尚ほ此他に数艇の船は其網圍中に入りて駆逐し其群多きときは、抄網を下し、網の周圍に数船を繋留し、之を進退して海豚の網に上るを数回に抄ひ捕り、群少ければ数百の壮丁は直ちに網の両端を取り、附近の小丘上に在て魚見を掌る者及び船上に在る指揮者の傳令とに由りて緩急《かんきゅう》其度を計り、漸々網圍の面積を縮小し、終に海濱に曳揚げ捕獲するなり。

此漁業の利益金は全額の中より百分の六を割き、其三を海豚の群を看認め報告せる一番船に、其二を二番船に、其一を三番船に與え、又其三十を網具調製費に貯蓄し、其の残額を株主及び漁船漁夫に分配するものとす。

漁具修繕の如きは、毎年一株より、藁縄二總《そう(たば)》つゝを出さしめ、閑暇の時に修理に従事して怠らさるを以て、一時に巨費を要することなし。

毎年、株主中より世話人十二名を撰出し、之に魚見漁業の指揮、漁具の管理、収獲物の販売及び諸勘定の事を依托し、株主は其意見に従ふものとせり、静岡縣水産誌及岸上正作氏報。」

とみえる（句読点・読み仮名・（　）内等は筆者による）。

相模国大住郡の海豚網

「相模国大住郡平塚新宿の海邊は、遠浅にして地形敢て湾曲せすと雖海濱近く海豚の寄来ること往々之あるを以て、地曳網を以て之を漁す。季節は陰暦十二月より三、四月頃までにして、漁場は海岸を距ること数町に過きす。深さ二十四、五尋以内なり。

固《もと》より、盛漁あるにあらざれども、前記数者の漁法と頗る異なるを以て玆《ここ》に掲ぐ。

網の構造は甚だ簡單にして、魚捕りと、藁網とを以て成る。其魚捕りは麻糸に線縒《せんし(よりいと)》径一分位のもの二寸五分。桁《こう(けた)》二百目掛、長さ十二尋半乃至十三尋二枚を横目に用ふ。藁網は二線縒径一分二、三厘のものを以て、魚捕りに際する處は二尺五寸、桁七十掛とし、末に至るに従ひ、次第に目を大にし、目数を落し、終に五尺桁二十掛に至る。片側の長さ百二十尋許、肩縄、足縄は凡て径六分位の藁縄にして、長さに同じ。浮子は桐又は椹《サワラ》にて製す。長一尺五寸、幅七、八寸、厚さ一寸二、三分之を魚捕りに三十枚許、藁網には片側に三十五、六枚を附け、沈子は石の重量四百匁位のものにして、魚捕に二十個位、藁網には浮子と同数に附く。曳綱は六十尋を一總《そう(たば)》とし、十三、四總を用ふ。

漁法は別に魚見小屋等の設けなく、村人、海豚の来れるを報ずれば、船を出す。其船は四艘にして、内二艘を網船とし、之に網を分載し、沖合に至り、網を継合せて張り廻しつゝ陸に向て進めば、他の二艘の船には網《（ママ）》を載せ海岸より進み来り綱を網先に繫ぎ、陸に漕ぎ返りて、陸上より曳寄せ、已《すで（おわり）》に汀に近づけば、漁夫数人裸体となりて打鈎を提げ、海に入り、海豚に引懸げ捕り揚ぐるなり。実地に就て調査す。」（三七頁の図参照）

とみえる（句読点・読み仮名の一部でカタカナを省く・（　）内等は筆者による）。

以上、『日本水産捕採誌』に掲載されている四地域のイルカ漁にかかわる事例を掲げた。

『日本水産捕採誌』は、不朽の名著であり、過去の漁具・漁法を知るうえで、貴重な文献である。それは、高著が編纂された明治期の官製にかかわるものがすべてそうであったように、政府（御上）の国家権力を背景とした役所（官庁）仕事としておこなわれたため、また、行政指導型の強い圧力を民間にかけ、権力主義にささえられた採集・調査資料になっているため、信憑性においては第一級であるといえるからだ。

それは、官尊民卑ということではなく、明治政府が襟をただしておこなった事業だけに、調査が充分にいきとどいているという意味である。

したがって、ここに掲げたイルカに関する資料をはじめ、他の漁具・漁法についても、これほどまとまったもので資料価値の高い文献は、全国的視野においてみても、唯一無二である。

しかし、この本の難点は、実に誤植が多いことである。筆者も、明らかに誤植だとわかる文字に関しては、手を加えたが、まだまだ怪しいと思われるところがあることを承知で引用させていただいたことをおことわりしておきたい。

五島有川湾のイルカ漁

「海豚のことを昔はトンとよんだ。いくつかの種類があり、あまり群をなさないが、もっとも大きくて、味も鯨肉によく似ているのがゴンドウ、一番追いこみやすく、肉も味のよいのがニュウドウ、油が多くて太いのがバンドウイルカ、頭の先の長い普通の海豚をハセという。イソイルカは音に反響しないので、めったにとれない。

海豚の寄る時季とてはないが、夏分が若干多い。沖に出て、テンマで釣りでもしていて、海豚を見ると、着物ジルシといい、着物を高くあげて合図をする。これを見ると陸の人は、〈海豚ぞ海豚ぞ〉とおらぶ。

昔はサイドン〈榎津に一人、似首に一人百戸様という役があり、その下で働く村の小使〉がふれた。

何の仕事をしていても、海豚漁にはかならず出るならわしである。

最初に発見した船がセンフネ（先船）で、もとはとれた海豚を後でよりどりして、もっとも太いのを一本とる権利があった。二番船・三番船までは、特権を有したという。

海豚の寄ることを立ツともいう。この群にはかならず嚮導《きょうどう》するのが一頭いるから、浜に導くにはこれに目をつければよい。親海豚は子を腋の下に抱き、子海豚はどこまでも親について行くという。

船縁をたたいてその音で追うのだが、昔は海豚の腋の下をくすぐったこともある。

魚ノ目ならば浦桑の浜、有川は茂串《もぐし》の浜へ追い込み、入江に入れれば、逃げないようにタテ廻シをする。海豚の中には、自分の力で陸へ跳ね上がるものもある。

陸へ上げると、長刀でノドビエを切って、すぐ血を出してしまう。そこには群衆が見物しており、中からちょいと出て、タテガラ〈イボともいい、背びれのこと〉を切って逃げる。これがカンダラである。見つけて、ちょっと追いかけても取りかえすことはなく、公許のような格好である習俗なのだ。

中通島（竹田旦『離島の民俗』岩崎美術社より）

昔から〈海豚の浜のごと〉という言葉があり、皆カンダラをする。仲のよいものが組んでカンダラをしたのを、仲買人が安く買ったりする場合もある。カンダラという言葉は鯨・海豚に使うだけで、シビのときはナイショモンといい、発見されるときつく罰せられた。イワシ揚繰《あぐり》網《あみ》をやっているような所でも盗み魚はカンダラで通用するが、多くは〈ビワヲ引ク〉などという。海豚の水揚げのうちから、セイゼイ料という追込みに要した費用と浜料とをまず引いて、その後は村々に分配する。（二〇六頁「海豚祝・血祭とカンダラ」の項参照）

浦桑・茂串には海豚の神さんとして、弁天さんをまつっている。浦桑のは市拝神《いちはい》といって、氏神の境内に合祀してあり、旧六月一日に、魚ノ目・北魚ノ目の人々が集まってお祭りする。海豚が立つのは、この市拝神を拝みにくるのだという。

茂串の弁天さんは、石造で地蔵さんの形に似ている。海豚が寄ってくるときは、心ある人がその顔を絵具で赤く塗るそうである。

五島西方にあったという高麗《こうらい》島の陥没伝説に祭神の顔を赤く塗ったために一夜にして海中に没し去ったという著名な話があるが、ここでは同じような習俗が最近まで生きて残っていた。恵比須などの漁神は赤色を好むということを各地でよく聞くが、それとの関連のある伝承と見てよいものであろう。」（竹田旦「五島有川湾の漁業組織」『離島の民俗』所収より）

伊豆半島のイルカ漁

伊豆西海岸のイルカ漁

「伊豆の海は大きな魚が多く、とる人の心を勇ましくする。たとえば、西海岸の安良里港のせまい入口へ、イルカの群がよく押しよせる。すると、浦の入口を網で仕切っておいて、人々が海にとびこみ、一匹一匹抱いて渚に上る。まことに古風な漁法である。」

この文章は、岩波写真文庫138『伊豆半島』（一九五五年）「海に生きる」の一節である。

この文面を拝読した当時、筆者はまだ大学生であったが、伊豆の西海岸で繰り広げられる、勇壮活発な「イルカとヒトとの格闘」を、ぜひ、この眼で直接見てみたいという衝動に駆り立てられたのを覚えている。

しかし、自身のこの思いは、その後、すっかり、忘却の彼方においやられてしまっていた。

ところが平成一八年になり、「日本における漁業・漁民・漁村の総合的研究」というテーマで研究者一〇人による四年継続共同研究が文部科学省の補助金で発足するにおよび、メンバーの一人である畏友の山口徹氏（神奈川大学名誉教授で、若い頃から伊豆半島各地の漁村の史的調査・研究をしてきた）に、イルカ漁に関することをうかがってみたところ、「現在は捕獲していなくても、実際にイルカ漁をしたことのある経験者は、まだいるのではないか……」という嬉しい返事をいただいた。

この言葉に力を得て、早速、安良里漁業協同組合（現支所）に電話をすると、漁協担当理事である近藤安《やすし》氏が電話の向こうから、「八十歳以上の故老の中には、まだ、実際にイルカ漁をした人がいるので体験談を聞くのは可能だろう……」という心強い返事をうけ、今回の聞き取り調査が実現するはこびとなったのである（なお、本共同研究の研究代表者は岩田みゆき氏・青山学院大学教授）。以下、話者による体験談を紹介しよう。

イルカを捕らえた

伊豆半島のイルカ漁は、わが国でよく知られているが、半島の中でも、西海岸の安良里《あらり》、宇久須《うぐす》・田子など、イルカを湾内へ追い込んで捕獲するのに都合のよい、奥深い入江をもつ地域では特にさかんであった。

町村合併をする以前は安良里と宇久須を含め、加茂村といったが、現在は西伊豆町。

昭和の三五、六年頃までは、村中総出でイルカの追い込み漁をおこなってきた安良里であるから、当時は村のだれもがイルカ漁を見たことがあり、漁の経験者も多かった。

しかし、その後、イルカの群れが姿をみせなくなったことや、国内外の自然保護団体から、「海洋哺乳動物の捕獲への批判が高まった」ことなどもあり、平成五年（一九九三年）以後、水産庁は、バンドウイルカ・スジイルカ・アラリイルカの三種に限って都道府県ごとに捕獲割り当てを決めることにした。このような結果、イルカ漁を見たり、経験したことのある人たちがぐんと減った。

話者の長谷川一《はじめ》さん（大正三年五月一二日生・屋号を天一《てんいち》という）は、調査当時、最長老のイルカ漁の経験者で満九四歳。

母親の実家がある土肥町の小下田《こしもだ》で生まれたが、父親が出生届を役場に出したのは六月一三日になってからで、当時はとても不便な地域であった。

話者は三歳頃から浜辺が遊び場であったために、その頃から、なんとなくイルカ漁を見たり、血潮の臭気がする海が身近にあったので、「これはよくないことだが」と前置きして、「大人になって、戦地におもむいた際、多量の血を見ることがあっても、なれていたので、なんとも思わず、平気でいられた」と語ってくれたことが、筆者には、まず、ずしんときて、心に残った。

話者が小学生の頃、安良里の漁業集落は二五〇軒ほどの家数であったという。

昭和初期、大型船が一八隻あり、カツオ漁、マグロ漁、棒受網漁などをおこなっていた。漁民は、四月から八月頃までのカツオ漁期は、カツオ船の水夫《かこ》（乗組員）としての仕事をしていた。

その他の漁民は、テンマ船とよばれた小さな船で、アジ釣り、イカ釣りをおこなうほかに、ツキンボ（見突き漁）で、ヒラメ、アンコウを突くぐらいがせいぜいの生業《なりわい》であった。したがって、どの家も暮らしむきは、らくではなかったし、不便な漁業集落であった。

なにしろ、小学校の卒業記念の写真を一枚撮るにしても、わざわざ松崎から写真屋さんに来てもらったというような海辺の村であった。それ故、当時のイルカ漁の写真などは、まったくないという。

こうした、貧しく、不便な暮らしは安良里だけに限ったことではなく、当時としては日本全国どこへ行っても五十歩百歩であった。

だが、こうした村にも毎年、「晴れの日」がめぐってきた。

一一月三日は素戔嗚尊《すさのおのみこと》（天照大神《あまてらすおおみかみ》の弟）を祀っている氏神の祭礼である。神主（宮司）が在住しない小さな社だが、地元の人々には重要な祭りだ。

また、年があけた一月二八日は不動明王のご開帳（初不動）。そのほかに、滝とよばれる「山ノ神さん」、湊の入口にある小島に祀られている「弁天さん」と、数々の神事、祭事がつづく。

こうした「晴れの日」の祭事に必要な経費を各家ごとに、それぞれ負担するのは大変なので、毎年、暮れ近くなると村人が協力してイルカの追い込み網漁をおこない、年中行事に必要な費用を調達してきたのであった。

安良里におけるイルカ漁は、漁業会の中にイルカ組合という組織があり、ムラ（村）の人々が皆、株を持っていた。史的には明らかでないが、もとは津元（網元）が八軒あったという口碑がある。

安良里は、明治期に二度の大火があり、古文書等の史料が焼けてしまったため、詳細は不明であるらしい。

その後、一七、八軒の家が集まり、イルカ捕獲のための網を持つようになったという。

また、「カネ」（株）といって、「金」（資本）だけを出資する株主もいて、イルカ組合が構成（組織）されていたと聞いた。

イルカの群れを見つけると、合図の旗（マネ・マネキとも）をあげる。マネは陸（山）であがる場合もあれば、船上にあがる場合もある。

安良里の湾口に集落全体を見おろすことができる大磯山がある。イルカ漁の季節になると、この中腹の見張り小屋に人が配され、その中腹にマネはあがる。これは昭和一七年以後になってからのことだ。白旗はマイルカ、赤はゴンドウ、大群は旗二枚。

それ以前は、漁船が海上でイルカの群れを見つけると、船上で棹にマネをあげる。大きな群れの場合は船のオモテ（舳先《へさき》・前方）にあげ、少ないときはトモ（船尾）に立てることになっている。マネ

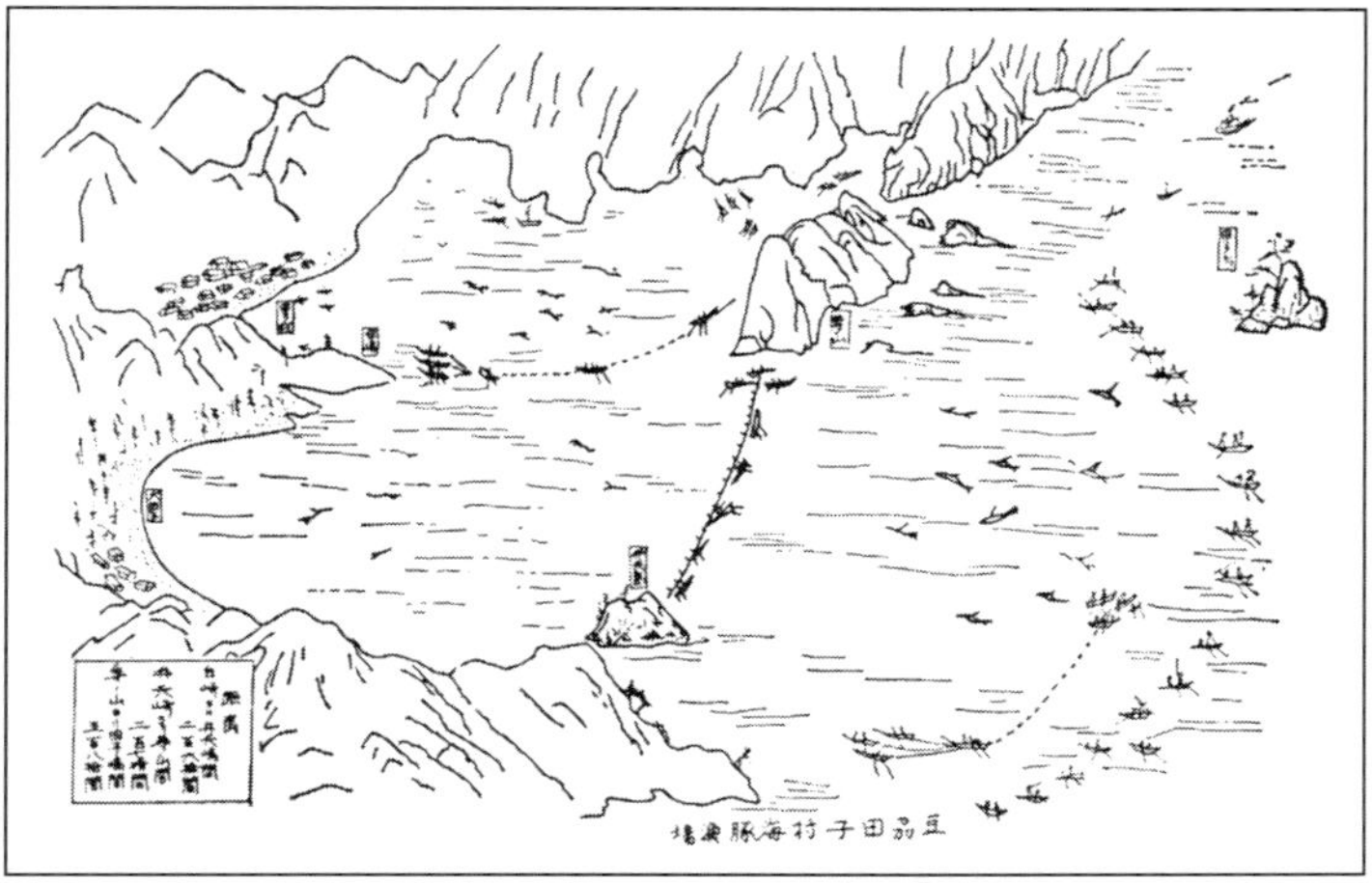

「豆州田子村海豚漁場」の図（『静岡縣水産誌』1894年より）

をあげる際、一本あげればマイルカ、二本はゴンドウというルールもあった。マイルカははやいが息は短く、ゴンドウは逆である。そのため、種類によって船の隊形をととのえるように囲む。

合図で群れが来たことを知り、船でイルカの群れを囲むように、港（湾）の中に追い入れる。このときは竹棹で舷《ふなばた》をたたいたりしてイルカを驚かせた。

イルカの種類により、群れの大きさもそれぞれだ。ゴンドウイルカは五〇頭から六〇頭の群れのことがあるという。一頭で一五〇貫から三〇〇貫、大きいものは一〇〇〇貫（四トン弱）もある。それにイルカの群れは、同一種類だけとは限らず、混合チームのことも多かったという。

漁船は半月状になるように船団をととのえ、なかでも速力のはやい、大きな船が両端（外側）に位置をしめるようにする。

この両端に位置する船は、イルカの群れが半月状の船団から外へ出ないように工夫したもので、「ステブネ」といった。

一つの船団は、小船がおよそ二五艘ほど。地区により、ニヤ組・ナカ組・ウラ組と三つに分けられていた。

イルカは音に敏感なので、驚かすために鉄棒をたたき、群れが分散しないように努めた。

イルカを湾の中へ追い込んだあとは、湾口を竹の棹や漁網を用いてふさぎ、湾内に泳がせておいて出荷の状況（市場価格）などを考慮して水揚げがおこなわれた。

安良里港の入口に網屋崎（岬）とよばれる小さな鼻があり、当時、網漁具等を格納した、石組の壁（側面）で草葺屋根の立派な網小屋が今も保存されている（五八頁写真参照）。

イルカを水揚げする場合、種類（大きさ）によって異なるが、マイルカなどは若者たちが寒中でも裸で海に入り、イルカを抱えたり、背負うように背中にかついで岡（陸）へあげた。

伊豆半島の漁師たちの戯言《ざれごと》に、「イルカは女郎の生まれ変わり……」といわれるように、若い男がイルカを抱えるとおとなしいのだという。

しかし、この仕事は重労働だったので、若い衆にしかできなかった。

今でも安良里の漁業協同組合に、江戸時代の宝暦一〇年（一七六〇年）の「若者中仲間掟」の写しが保管されており、大正一二年までの記録をみることができるが、安良里に限らず、全国のどの漁村でも、海難救助や火災の消火、そのほかに、村として若い人たちの結束やパワーが祭礼などを含めて

上／マイルカの捕獲．下／マイルカとスジイルカの捕獲．昭和20年頃（静岡県西伊豆町教育委員会提供）

イルカ漁の網漁具等を保管してきた網小屋（静岡県西伊豆町教育委員会提供）

重要な役割をはたしてきたため、若者はだいじにもされたのであった。

若い衆はイルカの運搬が終われば風呂に入りに行ってしまった。

力仕事以外の、残った仕事はすべて年寄りの仕事であった。

水揚げされたイルカは年寄りたちにより、処理された。まず「イルカ刀《がたな》」とよばれる、長さ約一尺の合口《あいくち》（短刀）でイルカの咽《のど》の動脈（血管）を切り、胸を刺して血出《ちだ》しをしたあと、腹を裂き、内臓を取り出す。

このとき、安良里の港は鮮血で染まった。この情景を見物しようと、近郷近在からも人々が集まってくるが、壮観どころではなく、一抹の悲哀を感じさせるものがあったという。顔をそむける人々も多かったと聞いた。

特に子連れのイルカが、お互いに別れる悲鳴とも聴こえる声は、憐《あわれ》をそそり、涙なしには聴いたり、見たりできない光景であったという。

「イルカ刀」とよばれる合口は、明治時代から昭和にかけての時代、戦争が多かったこともあり、長さ約一尺ほどの短刀（刃物）はどの家庭にもあった。

なかには、青竜刀《せいりゅうとう》といって、柄《え》に青い龍の装飾をほどこした薙刀《なぎなた》形をした反《そ》りのある刀を中国から持ち帰り、当時、陸軍の許可を取って所持していた家もあり、この青竜刀を使ってイルカの肋骨《ろっこつ》を切ると、よく切れたという。

のちに、こうした刃物はイルカ組合が一括して許可を取り、まとめて組合が保管するようになったと話していた。

イルカの血出しをする刃物は、刺したときに血が飛散しないように血溝《ちみぞ》とよばれる溝がほられている特別なもので、自動車のスプリングなどを廃物利用し、鍛冶屋に特別注文で製作したものを使ったりもしたという。

別項の「イルカの供養碑・イルカ塚」（七三頁）で詳細を述べるが、昭和七年には一度に一四七二本（頭）のイルカを湾内に追い込んだことがあった。

このように群れが大きいと、湾口は水深が三尋ほどしかないうえ、湾内の最も深いところでも一二尋なので、湾底がイルカでいっぱいになってしまう。

そんなときは、イルカの鰭《ひれ》につかまって泳いでも、イルカは底に沈む（潜る）ことができなかったとうかがった。

このイルカを全部捕獲し、処理するのに半月ほどを要したので、この間、イルカは食べるものもなく、死んでしまったイルカも多かったらしい。水揚げされるまで、饑《ひだる》い（ひもじい）思いをしたのであろうか、イルカの中には草履《ぞうり》をくわえていたものもあったという。

捕獲してからのイルカは、海の中で内臓を取りのぞき、海中につけておく。

その後、運搬船で沼津、清水、焼津方面の魚市場に出荷した。

当時からゴンドウイルカの肉を専門にあつかい、缶詰加工をおこなっている清水の「ほていや」は今日でもつづいているとか。

イルカ漁の分配（代分《しろわ》け）

ところで、イルカ漁にかかわる分け前のことだが、その利益をどのように配分してきたのかを次にみてみよう。

聞き取りによると、まず、イルカの群れの発見者を「ミダシ」といった。ミダシは最初に群れを見つけた者から、五番目に見つけたものまでとされた。漁をしている際に、船上でイルカの群れを見つけると、棹（竿）の先に「ドンダ（ザ）」とよばれる作業着（防寒着を兼ねた木綿のサシコ）をあげて合図をする。別項でも述べたが、群れの大きさにより船の上での「マネ」（合図）を立てる場所が異なり、多いときは「オモテ」（船の舳先《へさき》近く）、少ないときは「トモ」（後方）に立てる。

陸地でイルカの群れが来るのを見張っている役は「岡役」といった。昭和一七年からはじめた。経験豊富な村の故老の仕事で、岡役は大磯山という湾口の港が見える山の中腹にイルカを見つけると旗を立てる。岡役は見張りが仕事なので「ミダシ」とは別であった。

ミダシには「ミダシ金」という名で、総水揚げ高の二パーセント（二分）が現金で支払われた。その際のミダシ金の代分《しろわ》け（分配）は、最初にイルカの群れを見つけてマネをあげた船が、ミダシ金の五〇パーセントを、二番目は二五パーセント、三番目が一二・五パーセント、そして残りの一二・五パーセントを四番目と五番目の船が六対四の割合で分配することになっていた。

また、総水揚げ高（金額）の中から、イルカ組合へ漁業料を一パーセント払い、さらに、イルカを運搬するための運賃である出荷のための手数料〇・二パーセントを引く。

こうした出荷に際しては、運搬船の油代金や氷代金も必要経費として引くことになる。必要経費（大仲経費《おおなか》）をすべて差し引いた残りから、「若い衆代《しろ》」とよばれる代分けを出す。「裸代《はだかしろ》」ともよばれ、二パーセントが引かれる。これは、イルカ漁の多くが秋から冬にかけての寒い季節におこなわれるため、若者たちが寒中も裸で海に入ってイルカを背負うなどして捕獲するため、そのご苦労賃にあたるもの。

また、「沖代《おきしろ》」といい、沖へ船で出て、イルカの群れを追い込んできた船や人々に分配される三〇パーセントが引かれる。

沖に出かける船といっても、さまざまな大きさの船があるので、あらかじめ沖代は、櫓船は一代《ひとしろ》、機械船（三馬力ほどの大きさ）は二代、それより大きな機械船は三代、カツオ船は五代というように決められていた。

さらにこうした代分けの残りから、「大網代」として、網を所有している人たちに配分する二〇パーセントと、「本代《ほんしろ》」八〇パーセントを引いた。本代というのは、弁当代《しろ》三〇パーセントと、病気代《しろ》七〇パーセントという割合に決めてあった。

弁当代は、水揚げにかかわった村人たちのための配当。

病気代というのは、イルカの群れが追い込まれてきたとき、運悪く病気中で、水揚げ作業に参加できなかった村人に分配される代分け。その中には老人代《しろ》〇・二パーセントも含まれていた。老人代は当然のことながら、過去においてイルカ漁につくし、村のために寄与したことに対する、ご苦労さん代《しろ》の意味を含んだ代分けであった。このほか、太平洋戦争中には出兵（兵隊に出ていて不在）中の家族に一代の代分けがあったという。

このように、村人全体に配慮したイルカ漁の水揚げに対する配分がなされていたので、イルカの追い込み漁を主軸に、より一層の村落共同体的な絆の強さがそこにあったといえる。

なお、水揚げ高の中には、各家庭にイルカを現物支給をした分（惣菜）などは含まれていなかったとうかがった。

イルカの油

ゴンドウイルカは油身《あぶらみ》（脂肪）の厚さが五センチもあるので、油を取り、一般家庭で、食用油が入手しにくい時代に、天麩羅を揚げる油として使ったりした。食用油にすると少々あくどいが、戦前から戦中、戦後にかけては、そんな贅沢なことはいっていられなかった時代の暮らしであり、食生活であった。

したがって、イルカから油を取ったのちの肉片（皮かす）は、うす塩をかけ、子供たちのおやつの菓子がわりとなったり、間食になるなど、捨てるところがなかった。

なにしろ、すべての物資が不足していた当時は、油が貴重品だったので、石鹸を製造するために、苛性《かせい》ソーダにイルカの油を混ぜて使ったり、戦前、戦中は飛行機の潤滑油（モビール油）に使ったほか、漁船のエンジン等の潤滑油にも使われた。

イルカの油をマシン油（機械油）として使用していた漁民たちからは、「ペダル（足を踏んで操作する踏み板）がやけなくていい」といわれ、好評だったという。

また、一般家庭では、電力不足で停電が多かった当時は、イルカの油を燈心《とうしん》（油皿に燈心を置き、油をしみさせる。燈心は普通、細藺《ほそい》の中ごの白い芯《しん》を用いたり、綿糸を用いる）にしみさせ、火をともし灯火にした。これを「トウスミ」といい、日常的に使用することが多かったという。

イルカの油身を大きな釜で煮て、油を取ったあとの「アブラッカワ（油皮）」は、イルカの頭部などと共に肥料になったので、まったく捨てるところがなく、すべて利用できたと聞いた。

アラリ（安良里）とイルカ

伊豆西海岸の安良里（西伊豆町）は、イルカの種類の和名に「アラリイルカ」という、名誉ある名前がつけられているほど、イルカとのかかわりが深い。

アラリイルカは、マダライルカの別名で、斑海豚《まだらいるか》と表記されるように斑紋（斑点《はんてん》）がついていることが多く、背腹はツートンカラーであるため、捕獲されれば見分けやすい。水面で活発に行動することが多く、船が走るときにできる船首波に乗って、船と共に泳いだり、跳躍したりすることでも知られている。

和名（別名）のアラリイルカは、昭和時代になって安良里ではじめて捕獲されたことにより、捕獲地の名にちなんで命名されたという。体長は普通で一・七メートルから二・二メートルほど。雌雄を比較すると雄のほうがやや大きく、最大で二・五メートルほどになる。体重は九〇キロから一一〇キログラムどまり。

調査地、安良里では、その他の、捕獲するイルカの種類について、どのように認識しているのであろうか。筆者は以前、博物館に勤務していたことがあるので、動物の種類、形態（生態）というと、すぐに形態学だの分類学だの生態学だのという話になってしまう。だが、話者をはじめとする漁民の方々は、イルカの種類をどの程度、認識しているのか知りたいと予《かね》てから思っていた。

話者によると、「マイルカ」は、体の横（体側）が砂時計のような模様になっているので、すぐに見分けがつくという。

マイルカとスジイルカの捕獲．昭和20年頃（静岡県西伊豆町教育委員会提供）

マイルカの小さいものは体重が人間の重さと同じぐらいの六〇キロから七〇キログラムほどなので背負って運ぶこともできる。だが、大きくなると一〇〇キログラムをこすものもあるという。体長も人と同じぐらい。安良里で多く捕獲したのはこの種類であった。

「スジイルカ」は、その名のとおり、胴の部分（体側）に一本の筋がはいっているので、すぐにわかるという。体重は九〇キロから一二〇キログラムあたりが普通。最も大きなものは一五〇キログラムにもなる。一頭三〇貫などといわれていた。体長は二メートルから二・五メートルほど。

「カマイルカ」は、背鰭《せびれ》が大きく、鎌の刃のような形をしているので、カマイルカの名がある。大変はやく泳ぎ、ジャンプもよくする。活発に行動するので、安良里では、まず捕獲することができなかった種類。体重はおよそ八〇キロから一五〇キログラム。体長は一・八メートルから二・二メートルほど。

「ハナゴンドウ」や「オキゴンドウ」は大きいので、地元では「ゴンドウクジラ」の名もあるほどである。「コビレゴンドウ」も同じだ。地元では「ゴンドウイルカ」とか、「ゴンドウクジラ」とよび、あまりこまかな種類を識別していない。

「ハナゴンドウ」の体長は、普通は三メートルほどだが、大きなものは四メートルにもなる。体重も三〇〇キロから四〇〇キログラム。大きなものは五〇〇キログラムにもなるので、一〇〇貫目をこす大きな個体も。

ハナゴンドウをはじめ、「ゴンドウ」の種類を捕獲したときは、大きくて重量があるため、「メズ

マイルカとスジイルカの捕獲．昭和20年頃（静岡県西伊豆町教育委員会提供）

ル」（メズリともいう）漁具を「シオフキ」（潮吹き・呼吸口）の穴にロープを付けてかけ、陸（岡）に引き揚げて解体作業をおこなった（八八頁参照）。

「オキゴンドウ」はさらに大きく、体長は五メートルから六メートルにもなる。雌雄を比較すると、雄のほうが大きい。体重も雄の大きなものは二トンをこす。雌でも大きなものは一トンにもなる。

「コビレゴンドウ」は、地元で「ゴンドウ」とよばれている中では最も大きい。

体長は雄で五メートルから七メートル。雌でも四メートル以上になる。したがって体重は小さくても一トン。大きなものだと四トンにもなるので、地元では「一頭千貫目」といわれる。三〇人から四〇人で陸に引き揚げようとしたが、集まった人たちで揚がらないこともあったと聞いた。

イルカの内臓は、人間とまったく同じで、イルカにないのは、小腸から大腸へ移行する部分にある小さな盲腸《もうちょう》ぐらいだという。

筆者はその方面の専門家ではないので真偽は定かでないし、話者も失礼ながら医者ではないのだから、どの程度あたっているかわからないが五臓六腑はそろっているらしい。

漢方でいう五臓は、肝《かん》臓、心臓、肺臓、腎《じん》臓、脾《ひ》臓であり、六腑は胃・大腸・小腸・胆・三焦《さんしょう》・膀胱《ぼうこう》がそろっているということになる。

それに、イルカの雌のヴァギナの両わきには、オッパイも二つあると聞いた。

食材としてのイルカ

明治、大正、そして昭和の初期頃まで、仏教の影響をうけ、四つ足の動物を食べる習慣が一般的に、近在ではあまりなかった。

それ故、近郷の人々にとって、イルカの肉は動物性蛋白質を摂取するために人気のある食材であり、嬉しい食べ物であった。あわせて、保存食品としても喜ばれたので高値で売れた。

イルカの肉は、生鮮食料品としてだけではなく、多くは「タレ」(垂《たれ》)と呼ばれる加工食品に仕上げ、保存食品にもなったので、よけいに需要が多かったという。

「タレ」をつくるには、イルカの肉を醤油につけ、天日でしぜん乾燥させる。食べるときは、かるく火で焙《あぶ》るだけでも美味であったと聞いた。

この、保存食品になる「タレ」という呼び名は、わが国を代表する武道として伝統のある剣道で用いる防具（胴着）に付けられている「タレ」（垂《たれ》）に似ているところからつけられた名前であったということだ。

イルカの肉を包丁で薄く切って醤油につけ、それを天日乾燥させると色が黒くなる。これが、漆《うるし》を塗ってつくられる黒色の剣道着の垂《たれ》に似て、大きさ、姿、形もすべてが同じように見えるところからつけられた。

タレはフライパンで焙るだけでも美味だが、ゴボウやネギなどの野菜と一緒に煮てもよいという。また、生鮮食材としてのイルカは、味噌を加えて煮込みにするのが普通の調理で、味噌やゴボウを加えることで、イルカ独特のくさみがとれるらしい。

安良里のイルカは捕獲した際、すぐに「血ぬき」をするので、美味なのだという。

その他、背鰭《せびれ》は砂糖や味噌を加えて煮込むと餅《もち》のような食感で美味であったというし、内臓は今日的表現でいう「ホルモン」（煮込み）にしたので捨てるところがなかった。特に、膵臓《すいぞう》は「モリガラミ」といって油（脂肪）が多く、野菜を加えて煮込んだ（二九一頁「イルカと食文化」参照）。

伊豆東海岸のイルカ漁

伊豆半島におけるイルカ漁は、北海道・三陸沿岸・能登半島・和歌山・長崎・沖縄の名護などと共によく知られている。昭和四〇年代まで全国で年間約一万五〇〇〇頭前後が捕獲されてきた。

その時代までは、海洋の貴重な資源として、プラス指向をもって位置づけられたイルカ漁であったが、その後、自然保護や鯨目の海獣を保護する運動が広がりをみせたことで、今日ではイルカ漁がマイナス指向の側面を負うようになった。

『伊東誌』（嘉永二年・一八四九年）に、

「入鹿網　又江豚（湯川・松原両村にてかける也）別にいるか網というはなし。

両村の地曳網十二艘張の地曳網にて、洋中へ乗出し懸る也。入鹿よせ来る時一番船・二番船と我先に乗出し網を下り（ママ）大手を取切る也。扨《さて》両村次第に懸廻し猶《なお》又小舟も多く出て是《これ》を助け、陸地へ寄るに随《したが》い先のあみを操上げ段々に陸地へよせ来る也。

陸地（ママ）成平生用る地曳網の場に至れば、後掛と云て幾重にも地曳網にて懸廻し、手近くなると両村より若者大勢出て、曳ころばしという太き縄網にて懸廻し陸地へしめつけ、数人海中へ飛入、かの入鹿を抱上《だきあげ》るなり。

いかほど大なる魚にても一切人を害する事なく、自由執《とら》われて上るなり。水際をはなるるとクシクシとなくなり。漁事のむきにより千本も二千本を揚《あが》る也。

入鹿にも種類多くて其形やや大なるを権造（道）と云て、三尋斗《ばか》りありて頭円也。よのつねのいるかは、大なるは八九尺、小なるは六七尺、頭よりはな先細くとがり漁父（夫）是を燕《つばめ》という。又鎌いるかというは、いかほど丈婦（夫）にかこむとも網の目を洩てとまらずといえり。此漁村に限り外村には稲取の外なし。そは地曳網十二張ある故に、網数も船数も多ければ事成れるなり。他村は外漁業あれば、入鹿よせ来れども船々折悪くおり不合《あわず》、網も又少ければ此漁致事あたわず。

静岡県伊東（国土地理院発行）

取揚たる魚は商人共買取、江府《(戸)》及小田原・清水・沼津辺《(へ)》出し売徳を見る也。又夏日の漁事は、多く肉をたれと云ものに干て仕揚《しあげ》る也。又両村の童《わらべ》ども此魚を大勢してあるいは一本二本と盗とりて、塞の神の前へ持来り置けば、漁士《(ママ)》是を取戻す事をせず。其侭童へ与える事仕来りなりと云。若者は漁事高に応じ貰《もらい》ある也。

されば漁事さえあれば処の繁昌する事なりと云。其日は近村在合《(ママ)》より見物の男女両村の浜に市をなして賑やかなり。」

とみえる（読点・読み仮名等は筆者によるものもある）。

ここに引用した静岡県の伊豆半島東海岸のイルカ漁に関しては、その漁獲方法や漁にかかわる民俗慣行、漁獲物の分配など、内容的にもみるべきものが多い。しかし、なんといっても記しておきたいことは、本引用文献『伊東誌』そのものについてである。

まず、内容としてあつかっている「伊東」は、伊豆国賀茂郡の近世における一六カ村のうちの七カ村である。北から順に湯川村・松原村・竹之内村・和田村・新井村・岡村・鎌田村がそれで、今日の伊東市街中心部はほぼ入っているが、旧湯川村の北にあたる旧宇佐美村は入っていない。

幕末に近い嘉永二年（一八四九年）、地元在住の浜野建雄によって著された地誌が『伊東誌』（七冊に綴じ分け）であった。

その後、同書は明治二〇年（一八八七年）、幸いなことに鳴戸吉兵衛によって筆写され、あとになって、書写された本は「鳴戸本」とよばれるようになる。

ところが、「伊東誌喪失の記」（昭和四四年に市立伊東図書館より刊行された、鳴戸吉兵衛が書写した「鳴戸本」の謄写本『伊東誌』㊤のはしがき）によると、大正一二年九月一日に、突如として起こった関東大震災についで、当地をおそった津波により、著者の浜野宅は家中が水浸しになり、あわせて被害が大きかったため、『伊東誌』（原本）のことなど、まったく忘れられていたという。

その後、少々おちついた昭和三、四年頃、偶然のように原本が見つかったのだが、海水に浸った原本は判読できるような状態ではなかったという。

それ故、明治二〇年に筆写された「鳴戸本」をもとに、昭和四四年、四五年の二年間にわたり、市立伊東図書館が上下二冊にまとめ、謄写版で復刻したのが今日に残る『伊東誌』で、百数十年前の伝統的なイルカ漁の様子を具体的に伝えてくれているのである。

しかも、上掲したように、江戸時代の後期にイルカの追い込み漁をしているのは湯川村と松原村、それに稲取だけだとして、「他村は、外漁業あれば入鹿のよせ来れども船々折悪くおり不合《あわず》、網も又少ければ此漁致事あたわず」とみえることである。

ようするに、他村は船どうしのチーム・ワークがうまくいかないことや、網の数が少ないのでイルカ漁はできないとしていることである。イルカ漁ほど協同漁業が大切で、そのためには村落における共同体的な結びつきが常日頃からなければならないことを指摘していることが『伊東誌』の記載中、重要なことがらであるといえる。

イルカの供養碑・イルカ塚

伊豆に多いイルカの供養碑

伊豆半島はイルカの来遊（洄游）する海域が多いため、わが国でもイルカ漁のさかんな地域の一つである。それ故、イルカに感謝して建立された「イルカの供養碑」も多い。

静岡県西伊豆町の安良里には、イルカの供養をする碑（塔）が三基建立されている。

一基は港の入口より奥へ向かって左側の集落を見おろす石段途中の高台（崖の上）から海を見おろすように建てられている。

浦上の「海豚供養碑」（高さ約75 cm）

この場所を地元の人々は浦上《うらがみ》という。

「海豚供養碑」と正面にしるされた碑は、高さ約七五センチ、正面の幅三〇センチ、側面の幅（奥行）二八センチメートルの比較的小型の石塔である。

安良里村漁業組合により、昭和七壬申歳に建立。同年の一月二十八日から捕り終わるまで、同年二月十一日とみえ、半月かかって、大海豚壹千四百七拾貳本を捕獲したことが碑文にみえる。

このときは、ゴンドウイルカが前の砂浜に引き揚げられたと記憶している故老も多い。

普段はなんの変哲もない安良里村の長閑な渚も、イルカを捕獲するこの連日は、文字どおり「鮮血の海」に変わったのであろうと思うと悲しい。

また、終日、子連れのイルカが、互いの別れに、悲鳴とも聴こえるその声は、奥深い入江の村の家々にまで響きわたったにちがいないと思えば心が痛む。

そして、波打際でこうした涙なくしては見られない情景を目の当たりにした村人たちは、感謝の気持ちもさることながら、その憐れさと、無常を、人と同じように悼《いた》まずにはいられなかったと思われるのは、しぜんであろう。

右／西伊豆町鮪浦の「海豚供養之碑」（高さ約 1 m 25 cm）
左／鮪浦の「いるか供羪之碑」（高さ約 1 m 20 cm）

その気持ちのあらわれが供養碑の建立なのだと筆者は思う。

他の二基は、港の最も奥まった場所に建立されている。以前、前面は砂浜で、この波打際に大きなゴンドウイルカを引き揚げ、解体したと聞いたが、現在は、津波から人家を守る防波堤が築かれ、近くに漁業用の資材置場の倉庫も立ち並んでいる。この場所は鮪浦《しび（ぶ）うら》とよばれる。

建立されている「海豚供養之碑」は明治十五年四月二十七日とみえ、高さ約一メートル二五センチ、正面の幅三〇センチ、側面の幅約二八センチメートルの石柱。

すぐ横に、もう一基、並んで「いるか供羪之碑」が建立されている。変形の石塔で、高さはおよそ一メートル二〇センチ、最も広い下部の幅は約九〇センチ。昭和二四年に建立されたもの。この碑の裏面には昭和九年から昭和二四年に至るイルカの捕獲数が記録されているので、たんなる供養のための石塔ともいいがたい。

以下同地における、二基の碑文を示す。

「いるか供粮之碑」（碑文）

茲ニ海豚組合ノ発願ニ因リ上記昭和九年ヨリ仝二十四年十月に至ル十年間ノ漁獲五萬三千四百二十五頭ノ供粮碑ヲ建立ス

就中《なかんずく》昭和十七年ヨリ仝二十一年に至ル大東亜戦時漁船ノ徴用空襲下ノ不況並ニ終戦後ノ食糧事情等ニ於イテ外食料資源ニ貢献シ内村民ヲ賑済シタルノ功大ナルモノアリ

今ヤ田子　宇久須ノ二村ノ尊宿ヲ悃請《こんじょう》シ無遮会《むしゃえ》ヲ修スルニ当リ一偈《けつ》ヲ打シ以テ海豚ノ供粮ヲ伸《しん》

偈ニ曰ク　魚躍寶樓閣　鳥飛甘露門　打開無礙水　這裡《しゃり》絶群寃《えん》

干《（ママ）》時昭和二十四年

十一月十七日　幻住龍泉二十八世

謹道敬誌

「海豚供養之碑」（碑文）

明治十五年壬午《みずのえうま》の春、余請《よこ》いに応じて豆州那賀郡安良里村龍泉寺に赴《おもむ》きて菩薩戒会《ぼさつかいえ》を修授す。

これに先立つ一月十九日、この村に大漁有り。その実際を聞くに、イルカの大小六百余尾、海門の外に輻湊《ふくそう》す。

これにおいて一村の漁人相集《あいつど》い、たちまちにして小舟十数隻を馳《は》せて、それを海門の内に駆《か》り、港口に竹網を張り、ことごとくこれを捕う。

大なる者は二丈《じょう》、小なる者も九尺を下らず。

本日より二月十日に至る二十三日間、港内にこれを養い、魚商の来たるを待ちてこれを売り、代価およそ一万円を収得して、おおいに村民を賑《にぎ》わすと言えり。

開会《かいえ》に先立つ一日、網組当番のなにがしのもの有りて、龍泉寺の長老を介し来りて相見《そうけん》し、その事実を説き、更に乞う。

イルカの為に供養塔を建て、甘露《かんろ》門を開かんことを願う。

余賛成して曰《いわ》く、明日勝会を開くに、汝《なんじ》、漁人隊《(ママ)》において人を選び、イルカの為に戒徒《かいと》となり、懺悔礼拝《ざんげれいはい》を行《ぎょう》ずれば、即《すなわ》ち最上の追善なり。

漁人もまた必ず滅罪《めつざい》の益あらん。

なにがし謹《つつし》みて趣《おもむき》を諾《だく》し去り、余の命《めい》に従いて浜方五人組の内にて人を撰《せん》し、戒徒《かいと》と作《な》して、毎日出頭し懺悔礼拝す。遂《つい》に搭下に戒脈《かいみゃく》を埋納して、今、井山一会《いざんいちえ》の浄侶《じょうりょ》を宰《さい》して焼香《しょうこう》、無遮会《むしゃえ》を修す。

ちなみに、漫《まん》に小伽陀《かだ》一首をねんじて、すなわちイルカの供養に充《あ》つる者なり。

伽陀に曰く、善なるか大イルカ、安良里に輻湊《ふくそう》し解脱《げだつ》門に結縁《けちえん》す六百有余尾

時に明治十五年壬午の春

四月二十七日

円覚寺管長

権大教正《ごんだいきょうしょう》　今北洪川《いまきたこうせん》

謹誌

以上のように記された「海豚供養之碑」は高さ一メートル二五センチ、正面の幅三〇センチ、側面の幅二八センチメートル（前掲）の角柱に彫られているが、碑文は正面に向かって右の側面に、右側から、左側に向かって彫られている。

碑文中にみえる龍泉寺は村内の奥まった山側にある大聖寺《だいしょうじ》（不動様の名で親しまれている）の、さらに山側に位置する。

平成一六年七月一六日、安良里自治会によって、碑文の解説板が立てられた。それ故、仏教用語の多くまじる碑文もわかりやすくなったのは、ありがたい。解説の内容をいくつかひろってみると、

(1)「一丈《いちじょう》」三・〇三メートル。一尺の十倍（一尺は約三〇センチメートル）。

(2)「輻湊《ふくそう》」多くの物事が一か所に寄り集まること。

(3)「伽陀《かだ》」詩または詩の形式を有する文。仏《ほとけ》や仏のおしえをほめたたえる韻文体《いんぶんたい》の経文。一首

が四句からなるものが多い。

(4)「甘露《かんろ》」の門を開く　浜施餓鬼《はませがき》を修業すること。

(5)「解脱《げだつ》」私利私欲から離れ、何事にもとらわれない境地にはいること。

(6)「結縁《けちえん》」仏道修行をし、成仏の因縁を結ぶこと。

(7)「無遮会《むしゃえ》」賢愚貴賎《けんぐうきせん》、上下の階級によって差別することなく、何人にも平等に財と法との施しをする仏教の大きな法事。

筆者としては、上掲の解説文でも、まだまだ難解なところが多く、もう少しわかりやすい解釈に書きかえをすべきかと思ったが、地元自治会のせっかくの解説板なので、ありがたく、そのまま引用させていただいた。

「碑文」に残る「いるか漁獲高」

上述した昭和二四年に安良里の「海豚組合」建立の「いるか供養之碑」の裏面に、昭和九年から、昭和二四年までの間に漁獲（捕獲）した合計五万三四二五頭の年ごとの数が印されている。その記録を見ると、

昭和九年	一九六頭
昭和一一年	一〇二七頭
昭和一七年	二万一三一頭

昭和一八年　七七六一頭
昭和一九年　六五七九頭
昭和二〇年　四四七三頭
昭和二一年　五四七〇頭
昭和二二年　三九五頭
昭和二三年　五八一頭
昭和二四年　六八一二頭

というような計五万三四二五頭の年ごとの漁獲（捕獲）数の記載がみえる。

このように、「碑文」を見るかぎりにおいては、昭和一〇年と、昭和一二年から昭和一六年までの五年間の記載がない。この年代にはイルカの漁獲（捕獲）がまったくおこなわれなかったのであろうか……。たとえ数頭でも捕らえていれば、「供養之碑」なのだから、その中に含まれるべきだと思うのだが、今日となっては、まったく不明である。

安良里におけるイルカの追い込み網漁は、その後、戦中・戦後（太平洋戦争）の食糧難時代の貴重な動物性蛋白質をおぎなう漁業として本格化し、昭和二〇年以後本業化した。

この時代は漁船の動力化が進み、群れをなし、はやい速度で泳ぐイルカを追い込むのに役立ったことも特筆すべきことであろう。

昭和三六年頃から、村々の若い衆は大型漁船に乗る者がふえ、地元には老人ばかりが残るようになったことや、駿河湾を航行する各種の船数が増加したことなどにより、イルカの群れもしだいに姿を消してしまった。そうしたことが原因で、昭和四〇年頃から安良里のイルカ漁も下火となった。最後にイルカ漁がおこなわれたのは昭和四五年で、その年の捕獲数は一一五頭であった。

近年、イルカが捕獲されることは珍しく、捕獲しても各地の水族館に送られるほどの数にすぎない。近くの伊豆三津《みと》シーパラダイスをはじめ、江の島水族館、大阪の海遊館、下関水族館などに一頭五万円ほどで売られた。三津浜は近いので船で運べるが、江の島はトラック輸送、大阪は飛行機輸送など、運賃のほうが高くつく。

伊豆東海岸のイルカ供養碑

中村羊一郎氏（静岡産業大学教授）のご教示によると、イルカの供養碑や記念碑などは伊豆だけで七基が確認されているという。この数は全国的にみて、最も多いのではないかと思う。イルカを捕獲することが生業《なりわい》の主要な部分であった方々にとっては、言葉がすぎて失礼かもしれないが、過去において、それだけ、悲惨な修羅場の様相を呈する地域が多かったため、特別に信仰心をもたなくても供養せざるを得なかったともいえようか。

七基あるうち、東海岸には記念碑を含めた二基が確認されている。

最も古いものは、文政一〇年（一八二七年）と記された「鯆霊《いるか》供養塔」で、東伊豆町が施行五十周年に、海岸通りに新築した庁舎の前（伊豆急・稲取駅より徒歩約十数分）にある。

東伊豆町（稲取）の「鯆霊供養塔」（高さ約 1 m 95 cm）

他の一基は伊東市川奈の三嶋（島）神社境内にあり、こちらは「海豚漁記念碑」とみえる。供養碑ではないが、大正一一年（一九二二年）に建立されたもの。

稲取の「鯆霊供養塔」は、側面に「文政十丁亥年」とあり、台座の右側面に「安政二乙卯年建立」とある。また、台座正面に、「當村漁師中世話人三町若者」としるされている。

地元の方にうかがったところ、三町《さんちょう》というのは東町《ひがしちょう》・西町《にしちょう》・田町《たまち》のことで、漁師（漁業者）が多く住んでいた地域のこと。同じ稲取でも、入谷《いりや》・水下《みずした》の二地域は百姓（農家）が多かったと聞いた。

また、稲取では昭和三〇年代まで、新庁舎前が砂浜だったので、沖からイルカの群れを、音で威して追い込んだという。イルカは音に敏感なので、竹棹を海中にさしこんだり、船板をたたいたりした。孟宗竹の節をぬいて海中にさしこみ、竹をたたいたりも。

伊豆半島は竹林が多かった。そのため、竹を用いて湾口をふさぎ、網を用いてイルカを逃がさないようにした。そのあと、キー・キーと悲しげに啼いて湾内を泳ぎまわるイルカを捕獲したが、稲取のイルカ漁も昭和三〇年には終わった。

なお、稲取ではゴンドウイルカとはよばず、ゴンドウクジラとよんできた。西海岸の安良里で聞き取り調査をしていた際に、安良里ではゴンドウを、イルカともクジラともよんだが、クジラとよぶと捕獲の際に捕鯨許可をとらなければならないので、イルカにしておいたとうかがったことがあった。

しかし、稲取ではクジラなのである。しかも、そのゴンドウクジラを専門に捕獲するために、捕鯨砲を用いてきたという経過がある。

今日、東伊豆町教育委員会が、当時使用していた捕鯨砲と銛先二本を昭和五六年一〇月に町の文化財に指定し、保管、展示している。その解説書によると、

「稲取漁港を中心とした近海沿岸漁業の発達史上に重要な位置をしめるものであるが、この小型捕鯨砲は、昭和二十年代初頭まで続いたゴンドウ鯨の捕獲に使用されたもので、近海沿岸漁業史上重要な指定記念物である。」

とみえる。

なお、この捕鯨砲が展示されている場所は、東伊豆町庁舎の海側で、展示ケースにおさめられ、いつでも、だれでも見学することができるような配慮がなされていることが嬉しい（次頁写真参照）。

上述した三嶋神社は、伊豆急の川奈駅より、港の集落まで急な下り坂を徒歩で一五分ほど。駅前からバスもあればタクシーもある。便利な場所にあり、旧川奈村の氏神。高台より集落や港を見守っている。

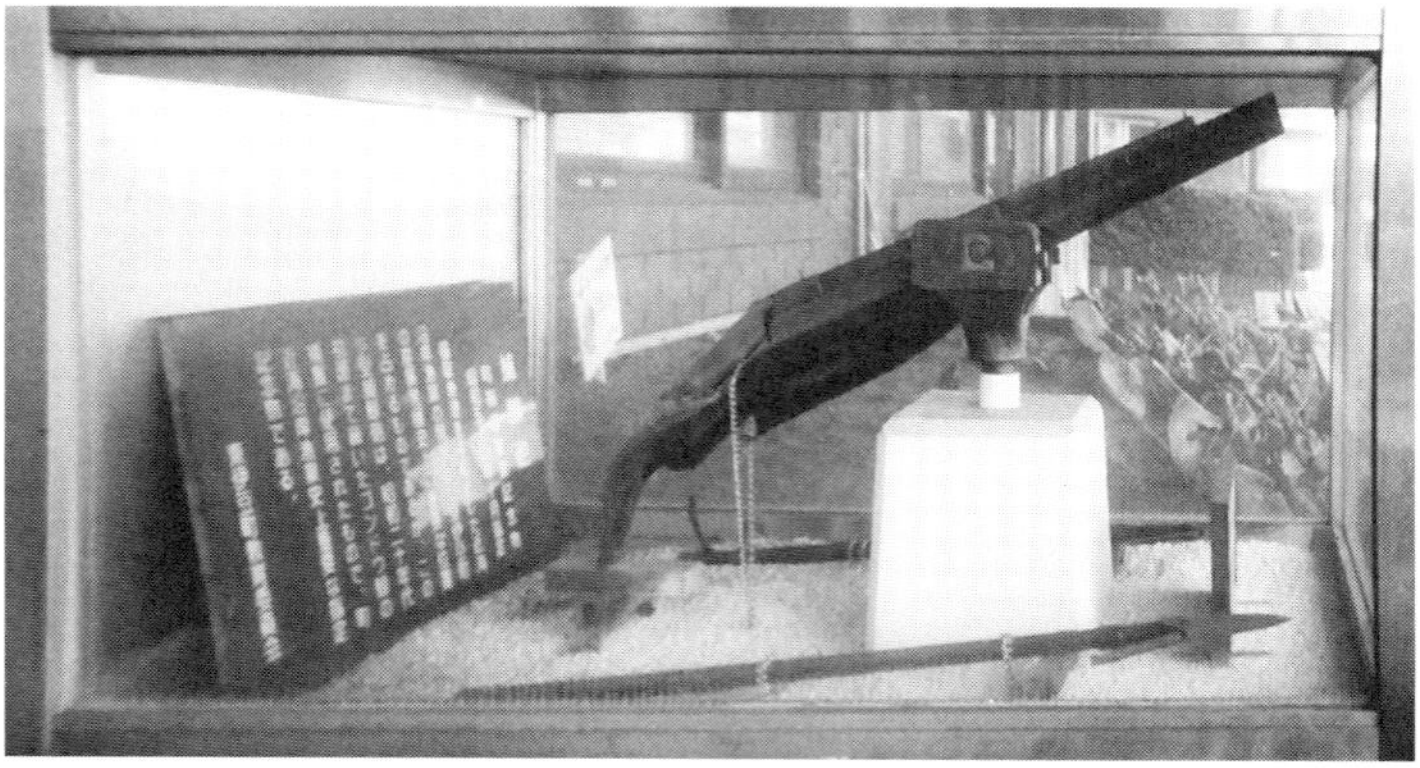

昭和56年（1981年）に東伊豆町教育委員会が文化財に指定したゴンドウイルカ（クジラ）捕獲用の捕鯨砲（稲取の庁舎前にて）

「海豚漁記念碑」は境内入口の鳥居の左側にあり、碑の裏面に、

明治二十一季海豚漁業ニ従事シ十二月十七日初漁アリ
時ノ世話人
川奈村網津元（筆者注・「津元」は「網元」の意）
上原平重郎
漁船頭
上原嘉平

三嶋神社境内の「海豚漁記念碑」（左下）

漁船頭
窪田治五七
爾来《じらい》明治四十三年ニ至ル間
年に数萬円ノ漁獲アリ村内潤屋《じゅんおく》トナル
大正十一年七月
川奈村漁業組合
創立満二十年祝建立

とみえる。

相模灘におけるイルカの群れの洄游は北東より、南西に向かうことが多い。そのため、伊豆半島の村落の立地から川奈村のほうが隣村の富戸《ふと》村より、イルカの群れの発見もはやく、有利な点が多かったのである。

したがって、川奈村の漁民にしてみれば、イルカの群れは自分たちの村に来るという意識が強い。ところが隣村の富戸村の漁民は、そうはさせないと、沖で群れを発見し、自分たちの村の港へ追い込もうとする。

結果、イルカの追い込み漁をめぐり、明治三六年一一月三〇日に、富戸の漁民が川奈の漁船を海上で襲う事件があり、隣村どうし、イルカ漁をめぐって、裁判所に訴える事件にまでなったことがある。

以後、隣村の富戸では昭和二二年（一九四七年）まで、イルカの追い込み漁は再開されなかった。

「イルカ塚」のこと

イルカの供養碑は長崎県の五島列島・福江島にもある。

森満保氏は自著『イルカの集団自殺』の中で、

「三井楽町には昭和一一年からイルカ組合というものが作られている。これは数年毎に集団的に上陸してくるイルカを住民に公平に配分するための組合である。

そして港の奥の小高い丘には、当時建立された〈イルカ塚〉があって、年二回は御供えを持ってお参りに行く習慣になっているという。人々のイルカへの感謝と慈愛の気持ちがなければこんな塚が立てられることはないであろう。」

と記し、長崎県南松浦郡三井楽町にある〈イルカ塚〉を紹介している。

神奈川県三浦市南下浦町にも「スナメリの塚」があったとの伝承はあるが確認できていない。

イルカ漁の漁具

イルカを捕獲するためには、それなりの特別な道具が工夫されてきた。漁船・漁（魚）網等に関しては、『日本水産捕採誌』をはじめ、他の引用文献でも述べてきたので、ここでは、イルカの捕獲ならではの漁具に関してみていくにとどめたい。

ホチョウキ（カンカン）

伊豆半島における「安良里とイルカ漁」（浅賀良一『伊豆における漁撈習俗調査』）によると、安良里《あらり》でイルカ漁をおこなう際に使用した漁具の中に「ホチョウキ」という道具があった。「カンカン」ともいった。

「この漁撈具は音に敏感なイルカの習性を利用したものである。昔は竹竿の一部を海中に入れ、これを叩いて脅したが昭和二三年頃、イルカ組合で鉄製のものを五〇本位作らせた。長さは六～九尺位で、船の大きさによって違った。海中には一尺程入っていれば良いという。これを船べりに綱で吊し、端を金槌で叩いた。このホチョウキの製作にあたっては、専門の学者に相談したという。」

とみえる。

脅し用の板

そのほかに、イルカを脅すための「脅し用の板」があった。特にきまった名称はなかったらしい。

「これもイルカ組合で作り配布した。長さ七寸、幅二寸五分、厚さ一センチ位（長さ二尺、幅五～六寸くらいという話もある）という。杉・檜等で作り、白いペンキを塗った。これをロープに五～六枚付け、重りとして石を端につけた。各船ひとつずつ所持し、長さは長く入れたとしても一五～二〇メートル位かという。」

メズリ・カギ

また、「メズリ」とか、「カギ」が使用された。「メズリ」は大小二種類があった。これをイルカの息出し（呼吸腔）にかけ、五人から一〇人ぐらいで引いた。「メズル」ともよばれた。「カギ」はイルカの臓物を取り出すときに使用したが、これは各船にあるカギを利用したものであった。肩にかけられるように綱を付けた。

このほかにも、イルカを捕獲して処理するためには、かなり大型の刃物などが必要になるのだが、別項にゆずる（五八〜五九頁参照）。

チョウオンキ（カンカン）

同じ静岡県内の伊豆半島東岸における川奈で使用のイルカ漁の漁具をみると以下のとおりである。「チョウオンキ」。これは、安良里の「ホチョウキ」と同じ機能をはたす道具である。

上述したように、イルカが音に敏感な習性を利用し、イルカを捕獲するために、脅しに用いる道具を伊豆の川奈では「チョウオンキ」といった。「カンカン」の名もある。昔は孟宗竹の節を抜いたものを用いた。長さは六尺（約一メートル八〇センチ）ぐらいだったという。「これが昭和四〇年代になって鉄製の物へ変わり、先端が笠状になった。沼津で作られた物を漁協で購入して、一隻一本ずつ配布した。価格が二万円ぐらいと高価なものだった。多分、安良里から入ってきたと思われる。これを、木ヅチで叩いてイルカを脅した。」

ドウヅキ・ペラペラ

「マイルカを脅すために、長さ一メートル五〇センチぐらいの白木の皮をむき、七尋（漁民が一般に一尋という場合は、大人が両手を左右に広げた長さなので約一メートル五〇センチほど・七尋は約一〇メートル少々）のロープにつけて船の方から群めがけて投げこんだ。白木の直径五～六センチメートルぐらいだった。これをドウヅキと呼んだ。ドウヅキは海中へうまくもぐるほど効果があった。

ゴンドウクジラ用には七尋のロープの先端に石の重りをつけ、一メートルおきに白い布をつけたペラペラとよぶ道具で脅した。布の長さは一メートル五〇センチぐらいで、サラシが使われた。また、布の代りに白ペンキを塗った木片がつけられたこともあった。

ドウヅキもペラペラも共にロープの長さが七尋なのは、一刻も早く引き上げるためであった。またこの道具は、大体一年で使えなくなった。イルカは白にオジる（脅える）習性から、こうした道具が使われた。

この他に脅す道具として、タタキダケ（竹）や石も使われた。」

ピトゥと名護人《ナグンチュ》――沖縄県名護のイルカ漁

以下、沖縄県名護市内（名護湾内）で伝統的におこなわれてきたイルカ（ピトゥ）漁について名護博物館編「ピトゥと名護人」を引用させていただく（谷川健一編『鯨とイルカの民俗』所収・日本民俗文化資料集成)。

「ピトゥ漁は、名護《なご》の人にとって、春のお祭りのような伝統行事的な感がある。時期的にも三〜五月とちょうど気候が暖かくなり、人々の心も高揚しだす頃である。

舟に乗り込む人、モリを突き刺す人、トドメをさす人、綱をひっぱる人、見物する人、売る人、分ける人、食べる人、それを工夫して消費する人、と名護のあらゆる人々がピトゥに関わっているのである。

また、ピトゥは、ユイムン(寄り物)として、海からの授かり物であり、大切に平等に分け合うことによって、海の恩恵を住民全員で受けるという観念があった。(中略)

ピトゥドーイ

気温が二〇度位になるとピトゥ(イルカ)がよってきた。まれに旧暦一月から寄ることもあったが普通は旧暦二月頃からであった。

アブシバレー(虫払いの行事)前後が多かった。はえ縄漁の人が早朝綱(縄)をあげに行ったときによく発見したが、ピトゥの来遊の季節がある程度分かっていたので、その時期になると浜や海岸などを注視していた。

許田《きょだ》では、現在名護市街から向かって許田入口に給油所があるが、その後方の山に翁長さんの家があり、名護湾が一望できたので、ここの人が真っ先に見つけることが多かった。また東江《あがりえ》から海に向かうと、かなたに名護ビシ（サンゴ礁）の切れ目があって、そこからピトゥが入って来たという。

ピトゥを発見すると、〈ピトゥドーイ〉（イルカだよの意）、〈ピトゥドーイ〉〈ピットゥユトゥンドー〉（イルカが寄ったよ……）などと大声で叫んだ。それを聞いた人がまた次々に伝えていった。許田では、公民館が海岸ちかくにあったので、公民館にある大太鼓を連打したり、指笛をふきながら〈ピトゥドーイ〉と叫んだ。また一斗缶などを打ちならすこともあった。旧名護町や宇茂佐《うむさ》で聞いた話によると、村役場の頃は、役場から〈ピトゥドーイ〉の伝令があり、馬に乗って各村に知らせたこともあったという。

ピトゥドーイの合図があると、山仕事、畑仕事、その他今やっている仕事を放って、老いも若きも、男も女も全て海に繰り出した。畑から牛や馬をひっぱって走ってくる人もあった。中には葬式の途中かけつけてくる人もあったという。官庁や学校も参加や見学のため臨時休業になった。漁に参加する人たちは、モリなど必要な道具を取りに帰り、また急いで船を海まで押した。手の空いている人たちは、追い込みに使う白い石を船に積み込んでいく。

ピトゥ漁が盛んなのは、港区を中心にその周辺集落であり、それらの区は専用の船を所有していた。名護湾に面していても許田より南側の幸喜《こうき》や喜瀬《きせ》、また宇茂佐より西側の屋部地区では盛んではなかった。

しかし、喜瀬では戦後、許田の湖辺底《こへんぞこ》の人と一緒に組をつくってピトゥ漁を行う人がいた。ピトゥドーイがきこえると、車で湖辺底まで向かったという。しかし、喜瀬付近にも、一～二匹迷ったのが寄ってくることがあり、それを捕ることはあった。

また、屋部《やぶ》は追い込みに参加するには距離的に遠く、「ピトゥドーイ」をきいて、屋部から名護に向かっても、間に合わなかったという。時々、屋部に寄ってくるピトゥ（流れピトゥ）もいたが数は少なかった。

かわったところでは、一九六〇年代中ごろ、恩納村に勤務する人が、親子ラジオで「ピトゥ追込み」のニュースを聞き、巡視艇《じゅんしてい》で四〇分内で名護湾にかけつけてピトゥ漁に参加したことがあるという。

道具

ピトゥ漁および解体に使う道具には、船・モリ・クルサー（とどめをさす道具）・刀・カマ等があった。それらの道具は、ピトゥ漁の時期になると手入れを怠らず、いつでもすぐ使えるようにしている。

船

ピトゥ漁の盛んな集落ではピトゥ専用の船があった。数久田《すくた》では班で株を出し合って造っていたがピトゥが寄ってきた時に船の株主が現場にいない場合は、誰が使用しても良いという了解があった。

東江では、三～一〇人で、株をだして購入した。許田では、ピトゥブニといって専用の手漕ぎ船があった。一人一株、六～八人の組で一隻所有していた。

手水（小地名）は二隻（前組・後組）所有し、福地（小地名）ほかもそれぞれ持っていた。また漁業の盛んな湖辺底（小字）では、個人所有している人もいた。後には班ごとに所有した。

城《ぐすく》にも専用の船（天馬船《てんません》）があった。ティンマ船づくりは木（松）の切り出しから始まり、完成するまでに数ヶ月もかかった。当区の比嘉氏はこれまで三度ティンマ船を造り替えた。最初は二〇代の前半の頃で喜瀬のフナゼークー（舟大工）に造ってもらい、二度目は戦後、友達五人で名護岳の山奥から松材を運び出してきて自分で造った。最後は瓦《かわら》工場に勤めていた頃、工場の仲間の一〇人で造った。最後の船は松材を主とし、杉材を組み合せたものであった。また、浜に近い家の隣に船を保管する小屋を建てていた。

宇茂佐は、明治四一年生の山本川恒さんが、物心ついた時代には一隻であったが、それ以前はアガリグミ・ナカグミ・イリグミの三隻の伝馬船があったという。船の置場はトゥンチマガイ（唐の船曲り）にあった。

船は、松の木を集落の後方の山から切り出し、大工に頼んで造らせた。松材は重く沈むので速度が遅いが、杉材は軽く沈みにくいので速く走れる。また、サバニを使う場合は一隻ではひっくり返ってしまうので二隻をくくった。

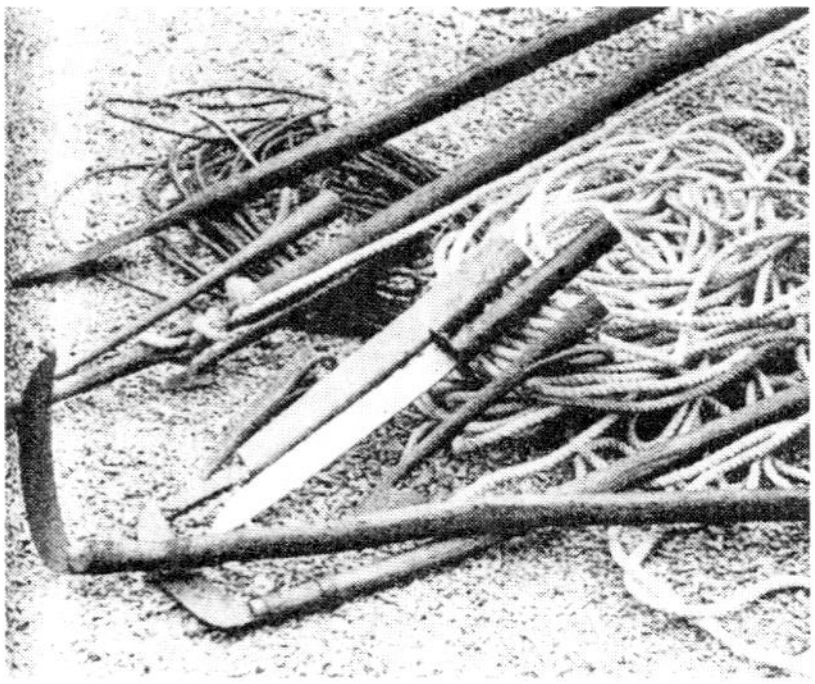

沖縄本島名護のイルカ漁の漁具（上から，モリ，カタナ，カマ，綱など．解説に「イルカの七つ道具」とみえる．民俗学研究所編『日本民俗図録』朝日新聞社，1955年より）

屋部では、ピトゥ船は他の漁には使わなかった。区内に船を置いている場所が一、二カ所あった。サバニを利用する場合は、二隻をくくりつけピトゥを追った。

モリ

捕獲に使う主なものはモリである。モリは方言でトゥジャーといい、先端の部分は長さ三〇センチほどの鉄製で、東江にあった当山カンジャーヤー（鍛冶屋）や岸本源長さんのところでつくらせた。持ち手の部分はアディク（アデク）等の堅《かた》い木材を使用した。モリには、約一〇メートルほどのロープを結《ゆ》わえた。ピトゥ漁が盛んであった集落では男手のある家の多くがモリを所持していた。保存は所有者独自で行なう集落が多かったが、許田では船一隻につき、五、六本の割合で、個人ではなく、船と一緒に保管していた。ピトゥ漁のあまり盛んでない屋部でも、ピトゥ漁の好きな人はピトゥ用の道具を持っていた。

モリの鉄の部分につけるロープは、ユーナ（オオハマボウ）やスル（シュロ）の繊維でなった。ユーナは皮をむいて海水につけ、乾燥させて縄にした。

その他の捕獲道具

モリ以外に捕獲に使う道具は、集落によってはヤリやクルサー（とどめをさす道具）があった。しかし、刃物はすべて道具になったという（写真参照）。

解体道具

解体道具としては、ピトゥ専用の刀をもつ人もいたが、家庭用の包丁や草刈りガマも使用した。銃剣も使用した例がある。

追い込み・捕獲

恩納《おんな》から喜瀬の部瀬名崎《ぶせなざき》、そして名護湾に向かって追い込んでいく。

船には、サンゴ等の白い石を積んでいるが、それをピトゥの後方から投げて追い込んでいく。白い石を使うのは、海中で光るからだとか、ピトゥが白を怖がるからといわれる。

沖から浜にピトゥを寄せるのは漁民（海人《ウミンチュ》）で、追い込み料のかわりとして漁民にはピトゥの頭があった。

ジャーカピトゥ（バンドウイルカ）を逃《に》がすと、ほかのピトゥも後に従うので、ジャーカピトゥが群の中にいると追い込みが大変だった。

許田には水深の深い所があり、そこまで追い込むとピトゥは逃げられないのでみんな喜んだ。ピトゥは湾内のピトゥガマと呼ばれる浜から数百メートルほどの箇所まで追い込む。手こぎの時代には沖から三時間程かかったが、動力船に代ってからは時間が短縮された。

ピトゥガマには松の木が立てられており、そこより陸側にピトゥが入ったのを目印に旗が下される。旗をおろすのは主に町長の役目で、それを合図に捕獲が始まった。

一番のモリを投げるときは、ピトゥの頭の後部のあたりをねらうが、二番目のヤリは柔らかい部分（あまり後部だと引っ張られる）をねらう。

大体、年に四〜五回捕獲したが、一回の捕獲で百頭ぐらいであった。

漁に参加する人は、一四、五歳以上の男であった。船に乗り込む人は、黒い服はピトゥに間違えられると危険だということで、白い服を着た。しかし逆に、浜で待つ人は黒い服を着ろといわれた。ピトゥは名護岳の緑が濃いのを海の深い場所と勘違《かんちが》いして名護湾に寄ってくるので、白い服を着ると逃げるといった。

捕獲して浜まで曳いてくると、待っていた人達は、必死になって綱をつかんだ。つかむと子供でも部外者でも分け前があったからである。

解体

浜で、刀や包丁、オノを使って、男が行なった。頭を残して、赤肉と白肉に選《よ》り分ける。頭はある時代には村役場に持っていった。頭からは油もとった。

城では、各組で捕獲したピトゥは一度集められ、現在の公民館前のゲートボール場（当時はまだ浜だった）で解体したという。解体する人は、特に決まっておらずみんなで解体した。

配分

許田では、元は組の頭数（六〜八人）で等分したが、後になるとホーチャーデマ（包丁手間）、計りデマ、モリデマ、綱デマ、といってそれぞれに関わった人を全て足して一人分の斤数《きんすう》を出した。また、個人で船を所有していた人が、昭和二三、四年頃息子の他に三人頼んで五人で二頭をしとめたときは、船も一人分と考えて、肉は六等分した。船の分は所有者のとり分となった。

数久田では、各家庭に配分した。株に入っている人は取り分が多いので、近所にも分けた。世《よ》冨慶《ふけ》でも、集落全員に配給された。東江でも、配分は各戸にあった。船を持っている人は多く配分された。

中区で聞いたところによると、子供でもロープをつかまえると配分があった。また、大漁の時は、集落各組で各家庭にまで配分した。

城では、各組で捕獲したピトゥは一度集められ、集落の方で配分した。赤身、白身に分け、各家庭の家族数によって、平等に配分した。配当して残った時は、船に乗った人達に分けられた。

宮里でも、綱を引いた人は子供でも全員に配分された。モリを刺し込んだ人は取り分が多い。ユイムン（寄り物）なのでみんなで分けた。

宇茂佐の場合も捕ったら村中に分配した。区長は帳簿《ちょうぼ》により、家族の頭割りで配分した赤身と白身を分けて配った。各々バーキ（ザル）を持って来た。骨は希望の人に売る。また、昔はユイムン（寄り物）という意識があって、参加しなくてももらえた。

屋部では、船にいくら、ロープをつかまえた人にいくらと配分があった。ユイムンといって誰でも配分があった。ロープをつかむと子供にもあった。ピトゥの頭を役場に納《おさ》め、役場が頭をとった時代もある。配分の順位は、⑴船を出した人、⑵労力を提供した人、⑶道具を提供した人、⑷少しでも手伝った人というふうになっていた。

喜瀬・幸喜は船を持っていなかったので、喜瀬・幸喜の人でピトゥ肉が欲しい人は、名護の浜まで行って綱を引っぱり分け前をもらった。

以上、集落ごとにみてきたが、ユイムン（寄り物）という言葉から分かるように、ピトゥは海からの贈り物なので、みんなで分け合って食べるものとされた。しかし、時代が下ると、関わり具合によって配分されるようになる。

流通

元々はイチマナー（現港区）以外は、集落内で主に消費するか、集落外の親戚に分けたり、近隣集落の人々と農作物との物々交換をする程度であった。しかし戦後になると売買が盛んになる。遠方から買い求めに来たし、また行商にも出るようになった。行商には当初は荷車や馬車が利用された。車が普及してからは、さらに北部全域、中部那覇方面と流通の範囲が広がる。ピトゥが寄ると名護の町はうるおった。（中略）

ピトゥ消費状況

料理法として一般的に聞かれるのは、イリチャー（いため物）とおつゆである。ゆでたあとキャベツやニンニクの葉などといためたり、脂肪分が強いので中和させるためと、におい消しのため、フーチバー（よもぎ）やイーチョバー（ういきょう）などの香りのある菜を入れておつゆにした。おつゆは不妊症の婦人や風邪によいといわれた。他には煮しめにしたり、麦ジューシーにして食べた。戦後は、さしみにしたり、赤肉をフライやステーキにして食べることもあった。内臓は捨てる場合が多かったが、よく煮ると柔らかくなっておいしい。

保存方法としては、白身の部分を塩漬けにした。赤身は血が出るので、塩づけ保存には適さない。ワラで編んだカマスに入れ日陰に吊したり、甕《カーミ》につめておいたりした。それらは豚肉のように行事毎に取り出して食べた。また一般的ではなかったが、乾燥保存の方法もある。

肉は赤身より白身（脂肪）の方が利用価値が高かった。頭の部分を主体に、脂肪からは油を採ったが、それはさまざまな用途に使われた。油を採る方法は、白身（脂肪）を角切りにしナベに入れ炊く。炊くと油と油カスに分かれるのでさまして甕《カーミ》に保存する。

油は天ぷら油としたり、いため物に使ったり、またダシとしておつゆにいれた。ピトゥの油は臭いが強く、すぐそれと分かるが、当時は、油が少なかったのでピトゥ油の臭いなどあまり気にしなかった。

油はランプの燃料としても使用した。皿に油をのせ、布でつなを《(ママ)》なってしんを作り、ランプとした。リヤカーなどの機械油にも使用した。またフパグーゥワー（やせた豚）のエサに少量混ぜるとよく食べた。

また、油を船に塗ると虫よけになり、船が長持ちした。イノシシよけのため油を畑の周りにまいたり、油をひたした布を畑の周囲に置いた。ネズミよけやハブよけにもなった。骨は戦後は肥料会社がもって行った。」

なお、名護博物館学芸員（一九九七年当時）、山本英康氏による「ピトゥ雑話」中に、「名護のピトゥ漁はいつ頃から始まったのか定かではないが、今のところの記録として明治三五年（一九〇二年）の新聞記事が最初である。言い伝えでは、明治の初期ごろに名護湾で捕獲したことが伝わっている」とみえる。

それでも、今日では一〇〇年以上継続されてきた伝統漁法であり、今後、こうした旧慣を継続しての漁撈習俗は日毎に消え去る運命にあり、時代の潮流の中で煙滅することを思えば、貴重な資料として記録・保存しておく必要があることを痛感する。

また、同氏によれば、「名護のピトゥ漁には二つの側面が見いだせる」とする。「一つめに、ピトゥはユイムン（寄り物）として、海の神から授かった貴重な物として、その恩恵を住民皆で分けて食べるという信仰的な面と、二つ目に、海の恵みを皆で享受するためにすべての人々が海に出て漁を行う勇壮な伝統行事的な色彩も合わせ持っていた。また、その経済効果も含めると名護の人にとってピトゥ漁は関心事であった。

信仰的な面からいくと、〈ピトゥドーイ〉の合図が聞こえると、神役であるノロとグスクニガミはナングスク（名護の人の発祥の地・名護按司の居城地）のお宮にのぼって拝む準備にとりかかる。住民が海の方へと走るのとは逆に、神役達は山の方へ急ぐのである。ナングスクのお宮は小高い岡にあって、その正面からは名護湾を一望できる所にあるのだが、神人たちはピトゥが名護湾に入ってくるまで決してふりかえってはいけないとされている。神人は線香を立て、ひたすらお宮の方向にむかってのみ祈願を始め、線香の火は絶やすことなく何度もとりかえる。

その言葉は〈ナグナングチヤイノービルサ　アイビクトゥ　シンビキマンビキヌ　ピートゥユビユシティクミソーリ（名護のナングチはイノーが深いので千匹、万匹ものピトゥを呼び寄せてください）〉というものである。

ピトゥが追い込まれてナングチ（捕獲始めの旗が振り下ろされる場所）に入ってくると、神役二人に合図する人がいて、新たに線香を立て、今度はピトゥが多く捕獲できるようにと〈誰もケガさせないで一匹も逃がさないでとらせてください〉とか、〈ウマンチュ　タラジサシティ　クミソーリ〈多くの人をごちそうさせてくださいと祈る。

タラジとは、足らない、満たないという意味が含まれているものの、特に海産物を食べた時には一般の人も〈タラジシマンタ（ごちそうしました）〉と使う。

これは、海の神様に、まだ足りませんでした。これで終りではなく次はもっと多くの恵みをください、との願いをこめた表現である。」

とみえる。

イルカ（ピトゥ）漁に、神役であるノロとグスクニガミの二人が加わり、神人たちによって漁が見守られることは沖縄県の特徴といえよう。

イルカの捕獲と儀礼

わが国各地の沿岸には、イルカが洄游してくる地域は多いが、そのイルカを捕獲する地域と、まったく捕獲の対象にしない地域とが明確に区分されている。

群れで洄游するイルカの習性からして、捕獲する地域では「追い込み漁法」などにより大量に捕獲するが、他方、捕獲しない地域では、地先の海に洄游してきても神仏にかかわる信仰上の理由から、いっさい捕獲しない地域もあるというように両極端である。例えば石川県珠洲市寺家にある須須神社は「三崎権現」ともいい、この地域では、イルカは神の使いといい、神聖視して捕獲しないが、同じ

「弁天様」が祀られている鼠ヶ関の厳島神社

能登半島のごく近くである真脇では先史時代からイルカ漁の伝統があり、近世になってから須須神社を勧請したが、『能登志徴』によると、イルカを捕獲すると、まず初穂を神前に供えるというほどのちがいがあるのである。

また、他の事例では、山形県鶴岡市の鼠《ねず》ヶ《が》関《せき》にある厳島神社に祀られている「弁天様」に、十二月の末から一月にかけてイルカがやってくる。これはイルカが弁天様にお参りにくるのだと地域の人々はいい、「イルカの宮詣り」とよんでいる。お参りにくるイルカはいつも二頭一緒で、湾内に入ってきて三回まわって帰っていく。このイルカはぜったいに捕獲しないという。

対馬の事例

対馬の村々の「海豚捕り」に関しては、同地の「美津島の自然と文化を守る会」がまとめた報文があり、(1)発見から追込み、(2)張切り、(3)止め張、(4)取揚げと一番銛、(5)海豚祝・血祭とカンダラなどについて記されている。

ここではそのうちの対馬で最も特筆されるべき「取揚げと一番銛」、「海豚祝・血祭とガンダラ」について、引用する。

全国各地において、イルカ漁を伝統的におこなってきた地域は多いが、以下のようなイルカ漁にかかわる儀礼・習俗が伝承されてきたのは、対馬の村々だけである。

「　取揚げと一番銛

海豚を湾奥の小浦に追い込み、止め張をすると、いよいよ取揚げである。

逃げ道を絶たれた狭い湾内の海豚群は、狂ったように泳ぎまわり、ひしめき合って飛沫を上げ大時化のような大波が岸辺に押し寄せる。

村役人達の協議で取揚げが決まると、まず初銛の儀法が行われる。

初銛（一番銛）は、村々から選ばれた一〜二名の女《おんな》羽刺《はざし》で行われる。

内浅茅湾の濃部、大山村の海豚捕りでは両村から選ばれた一名宛の女羽刺で行われたが、大漁湾の四ヶ浦では二名宛が選ばれて行われた。

この女羽刺は、既婚未婚を問わず十七歳から三十歳ぐらいまでの者が選ばれたが、選出については、黒不浄《くろふじょう》（日支えとも言い近親に死者等の不浄のある者）、赤不浄（身支えとも言い生理中妊娠中の者）の者は、海豚が荒れると言われ禁忌とされ、それら不浄のない者から選ばれた。

晴れの女羽刺に選ばれることは、無上の名誉として喜ばれ、かねて用意の短かい紺の絣《かすり》に白襦袢、裾《すそ》にゆもじをのぞかせた艶姿《えんし》に村毎の色とりどりの鉢巻を締め白足袋に草履を履いて二名の若者のトモオシと中老の綱持ちが乗った自分の村の突舟に乗り込み、先端に銛をつけた一尋半ぐらい（二・五メートル）の突棒を構えて舟のオモテに立ち海面に浮上する海豚を狙うのである。

海面に浮上した海豚の三尺（一メートル）ぐらい前方を狙うよう教えられ緊張したという。

いよいよ舟を漕ぎ出し、最初に海豚に命中、それを浜に引揚げた者が一番銛の栄誉に輝く。

凛々しい女羽刺の投げた銛が海豚に命中すると、血潮が揚がり海豚は海中に潜り荒れ狂う。

トモオシは、急いで舟を浜辺におし寄せ、銛綱の綱尻を持った乗組みの中老の綱持ちは、直ちに綱尻を浜辺に待ち構えた自分の村の若者に手渡す。

大勢の若者達が、その銛綱を引いて海豚を浜に引寄せ、別の若者達は、長柄や海豚包丁を構えて海に入り海豚の腹を切裂いて止めを刺し、浜に引揚げる。

死にもの狂いに荒れ狂う海豚と若者達の瞬時の格闘である。

他の村の女羽刺達も、こうして海豚を突き揚げ初銛の儀法が終わる。

大波の打ち寄せる浜辺は、忽《たちま》ちにして一面の血の海となり、岸辺では固唾をのんでそれぞれの村の女羽刺を見守っていた大勢の村人や、見物の人達が喚声を上げる。

初銛の儀法が終わると、その後は、突捕りの経験豊かな熟練の中老の男達が、突舟や、浜からも突棒を投げて次々に海豚を浜に引寄せ、また、目づまり等の揚網を入れて数頭宛を一度に引寄せる。

浜辺に引寄せられた海豚は、更に腰までも海中に飛び込んだ若者達が二〜三メートルもある樫の長柄の鉤棒で浜に引寄せ海豚包丁で腹を切り裂き心臓部を突いて止めを差して浜に引き揚げる。引揚げられた海豚は、幾列にも整然と浜に並べられる。

その豪華な壮観は、たとえようもなく村人達の心に大漁感の大きな喜びがひろがる。

こうして海豚の少ない時は一日で終わることもあるが、多い時は、数日、十数日もかかることがあった。

そして、張切りから取揚げが終わるまでは毎夜、張切網には夜番がついた。（以下後略）

海豚祝・血祭とカンダラ

或日突然、しかも時々、訪れる海豚群の立ち込みは、貧しい海沿いの村々の人々を驚喜《きょうき》させる海神の恵みであった。

初銛の儀法は、海神の恵みに感謝し、宝の海幸を享受する人々の敬虔な儀礼であり、祈りと喜びの祀《まつり》でもあった。

初銛で取揚げた海豚は、早速、海辺で血ヌキをして料理され、やがてそこで祝いの野宴が始まるのである。

浜辺に磯石を積んだだけの急造のカマドがいくつも造られ、煮炊きの道具が揃えられて料理された沢山の海豚肉が大きな鍋に投げ入れられる。

いくつもの鍋を囲んで村役人をはじめ多くの村人達は、祝いの酒を汲みかわし、煮え立った肉を食い、話に興じる。

焼酎がまわり始めると、さまざまな海豚捕りの苦労話や自慢話のダミ声がだんだんと大きくなり歌も飛び出す。

宴も酣《たけなわ》となり、夕闇の迫まる頃ともなると喜びの狂宴は、さながら古代人の野宴を思わせるのであった。

この喜びの野宴を大漁湾の四ヶ浦（横浦・鑓川・大千尋藻・小千尋藻）では血祭と言った。

どこでも、そう呼んだのであろうが、不思議に内浅茅湾の濃部、大山では、今明治年代生まれの古老でさえその言葉を伝える者がない。

ところで、この海豚捕りでは、女若者衆や中老の女達が浜に引揚げられた海豚に腰巻を履せる(ママ)と、その海豚は、女達が取得していたことになる不思議な風習があった。

これを腰巻カンダラと呼ぶところもあり、それは黙認され、大目に見られる盗みとも言えた。

また、働き手の主役である男若者衆達によるカクシカンダラもあった。

これは、海豚捕りの花形役である男若者衆の隠し盗りで、海豚と格闘する多くの若者衆の目ざましい活躍と、取揚場の昂奮《こうふん》と騒擾《そうじょう》の中で若者の誰かが、一頭、時には数頭の海豚を格好の場所に隠し取るのであった。

そして、それは、男若者衆一同の取得となるのであった。

このカンダラの風習は、公然と盗み取ることであり、やはり黙認される盗みであった。しかし、それらはいずれも個人の取得になることはなく、若者達、女達の共有取得となるのであった。（四八頁「五島有川湾のイルカ漁」を参照）

盗み取る海豚も大目に見られる程度で、どれだけでも盗めるというものでもなかった。〈カンダラ〉、〈トウシンボウ〉と呼ばれる全国的な風習であったと言われるが、この海豚捕りのカンダラは、女羽刺をはじめ海豚捕りの主役とも言える男女の若者達の凛々しい見事な働きぶりに贈る大らかな喜びの祝儀でもありまた、さらに若者達を鼓舞するための贈りものでもあったのであろうか。（森田勝昭著『鯨と捕鯨の文化史』に詳しい）

しかし、寒中でも海に飛び込んで活躍する勇壮な若者のカクシカンダラは、時に脱線することもあってかこの大らかなほほえましい風習も時代とともに後には禁止されるようになったところもある。

大漁湾の四ヶ浦（前掲）では、明治三十六年改正の四ヶ浦民法で若者のカクシカンダラが禁止され、以後、若者の働き手一同に対して獲れ高の一割五分の配当を与えることにした。」（以下後略）

イルカ漁に関して、上掲のような儀礼がおこなわれてきたのは全国的にみても対馬に限られている。したがって上述したとおり、このことは注目すべきであろう。

対馬にかぎらず、イルカを捕獲して食べる食習慣のある地域の報文を拝読して思うのは、イルカを捕獲する行為（殺生）に対する畏怖の念が常につきまとっているということだ。

わが国のように仏教の史的伝統をもつ国民にとっては、ことのほか動物を殺生することは、たとえ自分たちが生きるための糧を求める行為だとしても、結果として、なんらかの祟《たた》りを受けるのはやむを得ないとする思想である。

その祟りを少しでもかるくするためにカミやホトケ（神仏）・怨霊を祀り、祈って、やわらげたいとするのは当然のなりゆきといえよう。

また、一方においては、海からの、海神からの授かり物であるイルカの豊漁に対する喜びと感謝の気持ちがあることだ。

この僥倖ともいえる表裏一体の感情がイルカ漁にかかわる儀礼や禁忌を生み出し、結びつきを育て、もたせる結果になったとみることができる。

こうした畏怖と福祥の気持ちが混在するからして、報文を読んでいても、あるときは悲しさに目頭をおさえ、その悲哀に暗い気持ちになったり、あるときは歓喜にあふれ、明るい気持ちになったりするのであろう。そして、そうした気持ちこそが、まさしく日本人の心情なのではないだろうか。

言葉をかえていえば、自分たちが生きていかなければならないための殺生行為に対する、動物に対して申し訳ないという気持ちや畏怖の念、感謝の気持ちをいだく結果が「供養をする」とか、「塚をつくる」とかすることによって具現化されてきたとみてよい。

動物の供養塚をつくることは、命をたった霊を弔うための供養と怨霊を少しでも遠ざけたいという気持ちにあわせて感謝の気持ちのあらわれでもある。悲しみと喜びが共に心に宿っているのだ。

このことは動物以外の、モノ（道具・民具・用具）にも共通するところがある。使用してきたモノがその目的をはたしたとき、感謝の気持ちをこめて「包丁塚」・「筆塚」などをつくったり、「針供養」と称して供養することは、同じように日本人の心に宿る感謝の気持ちの表現にほかならないといえよう。他の国民にはあまりみられない日本人独特の心意だともいえようか。

「海豚参詣」と「海上禁忌」

柳田国男の著した『海上の道』の目次の最後に、「知りたいと思ふ事二三」という附編ともいうべき項があり、表題の一節がある。

「これは三十年近くも前から、心に掛けてゐる問題だが、旅行を止めてしまって、急に新しい材料が集まって来なくなり、しかも関心はまだ中々消え薄れない。この大きな動物の奇異なる群行動が、海に生を営む人々に注意せられ、又深い印象を與へたことは自然だが、その感激なり理解なりの、口碑や技芸の中に傳はったものに、偶然とは思われない東西の一致がある。それを日本の側において、出来るだけ私は拾ひ集めようとしてゐたのである。或は他の色々の魚群などにもあるかもしれぬが、毎年時を定めて廻遊《ママ》して来るのを、海に臨んだ著名なる霊地に、参拝するものとする解説は、可なり弘く分布してゐる。

これも寄物の幾つかの信仰のやうに、海の彼方との心の行通ひが、もとは常識であった名残では無いかどうか。出来るならば地図の上にその分布を痕づけ、且つその言傳への種々相を分類して見たい。

新たに捜しまはるということは出来ぬだろうが、現在偶然に聴いて知ってをられることを、成るべく数多く合せて見ることが私の願ひである。」

このことは、長崎県五島列島の有川の事例のように、

「海豚の寄ることを〈立つ〉というが、有川湾の浦桑・茂串には海豚の神さんとして、弁天様が祀られている。浦桑のは市拝神《いちはい》といって氏神の境内に合祀してあり、旧六月一日に魚ノ目・北魚ノ目の人々が集まってお祭りする。海豚が〈立つ〉のは、この市拝神を拝みにくるのだという。」

（竹田旦『離島の民俗』）

などのことである（五〇頁再掲）。

前掲の事例が示す内容は、ヒトの側からの都合にあわせたもので、イルカの側にしてみれば、まったく逆のことになろう。

すなわち、イルカが神仏に参詣にくるということは、その地域のヒトが常日頃、信仰している神・仏がいかに霊験灼《あらたか》であるかを、ことさらに強調していることなのであろうが、イルカの立場にしてみれば、千里の波浪を乗り越えて、せっかく拝み（お参り）に来たのに、御利益どころか、逆に、ヒトに捕らえられ、あげくのはては命までもおとしてしまうことになるのであるから、なんとも納得の行かない話である。

実は、上掲した『海上の道』の一文は、柳田国男が同題で一九五一年に『民間伝承』（昭和二六年七月号）で発表したものの再掲にすぎない。

わが国の海辺各地には、イルカが大群で洄游してくるのを見た人々が、「あれは岬に祀ってある観音様や山頂の不動様などに参詣に来たのだ」という、上掲事例のような伝承があるため、柳田はその事例（イルカ参詣）を収集し、分析し、考察することによって、海浜で暮らす人々はもとより、日本人のもつ心像（象）をも探り得るのではないかとの心算（目論見）による呼びかけであった。

しかし、こうしたイルカに関する（イルカの捕獲を含めた）事例は、わが国の場合、地域が限定されているため、柳田が期待したほど、事例は多くないように思われる。それに、上述したような伝承事例のある地域は、イルカを食用とする海辺地域には少ない。とすると、イルカを捕獲しない東北日本海側の、イルカを敬っている地域には多いのかもしれない。

いずれにしろ、柳田がイルカにかなりの関心をよせていたことがうかがえる。

なお、「海豚参詣」の件に関しては、後に中村羊一郎氏が「海豚参詣とイルカ祭祀」についての論考を発表し、その中で各地の事例を紹介している。

その中から、いくつかの事例を紹介すると、

(1)青森県・諏訪神社の参詣事例

青森市の諏訪神社に対し海豚がお参りにくるという。東浜に「おこ婦《ふ》」という魚が毎月一度ずつ上磯より十四、二十四と揃って堤川口から入って青森諏訪神社に参詣する。（中略）このオ

コフというのは方言であってイルカをさしている。（『青森市史』第一〇巻・一九七二年）

(2)岩手県・エビス参りの事例

岩手県大船渡市の赤崎では、大船渡湾の一番奥にある野島という小さな島をめがけてイルカが毎年お礼参りに来て、そこをぐるっと廻って帰ったという話を聞いたことがある。この島には恵比寿を祀った祠があった。（中村氏調査）

(3)山形県・古四王《こしおう》神社参りの事例

山形県西田川郡温海町五十川《いらがわ》では、古四王神社の春の祭りに必ずイルカが浜の汀《みぎわ》まで来て遊んでいく。（佐藤光民氏調査）

以上、紙幅とのかかわりで三事例にとどめた。

「　海上禁忌の事例

香川県の高見島では、船に乗っている時、海豚千疋連れを見る事がある。これは伊勢の神様の使ひ姫だと云ひ、敬《うやま》ひおそれてゐる。

新潟県内海府村（佐渡）では、オエベス様は海豚の事で、沖釣にイルカ等と云ふと船に仇《あだ》をされるから、是が現われて来たら節分の豆をまけば漁も授かると云ふ。」（倉田一郎）

柳田が『民間伝承』にのせた前掲文を読んだ全国各地の民俗学徒が、各地の事例を報告したが、結果は上掲のように、多くはあつまらなかったのである。

Ⅳ　文化の中のイルカ

イルカと文化史

「ものと人間の文化史」の中で、「イルカにかかわる文化史」をまとめるということは、たんに、イルカとヒトとのかかわりや歴史をさかのぼり、ひもとくというものではない。

文化史（誌）や文化史学は、あらゆる対象（称）となるコトやモノとヒトとのかかわりを意識的・意図的に見直して再認識し、その結果をこれからの暮らしの中で活用し、人生の中でプラス面で生かしていこうとする建設的な思考を積みかさねるためのものである。

言葉をかえていえば、それは、よりよい料理をつくりあげる食材の数々のようなものだといえよう。

わが国の一部諸地域の人々にとって、イルカが与えてくれる最高の恩恵は「食料になる」ことである。それは、イヌやネコを食用にしない国と、する国（地域）のちがいのようなものだ。その逆に、これまで、ヒトがイルカ世界に影響を与えてきた結果をみれば、悪影響以外にはなかったであろう。地球上にヒトが住んでいることで、イルカ世界は、ずいぶん迷惑してきたにちがいない。

それにひきかえ、イルカはヒトに対して、いろいろな意味で好（良）い影響を与えてきてくれたし、その恩恵は筆舌に尽くしがたい。

「文化とは何か」、あるいは「文化史とは何か」を定義づけても、その結果は必ずしも研究者間はもとより多くの人々によって共有できるものではなかろう。たとえ、仲間たちが集まって定義づけをおこなったとしても、必ず、遅かれ早かれ反対意見や、別の定義づけがなされることは眼にみえている。したがって以下に「定義づけ」ではなく、文化に関する個人的見解を述べるにとどめるしかない。

わたしたちは日常生活において日々、意識するしないにかかわらず、それぞれの個人的な理想を実現するために、いろいろな営みをおこなっている。そのように人間（ヒト）が理想を実現しようとして、日毎に努力したり、理想を求める行為や営みそのものが「文化活動」であるとすれば、「文化」とは現実的（現在的）なものだといえよう。

これまで庶民は毎日の暮らしに食べることだけでもいそがしく、また社会的、経済的制約をうけることが多く、あまり高い理想をもつことはできにくかった。しかし、理想がなかったわけではない。「今日よりも明日が少しでも、より楽しく豊かな暮らしが営めるように」という願いが、とりもなおさず庶民の理想であったといえる。それ故、庶民の理想は日々の生活そのものの中にあった。

そして、その結果によってつくりだされたものは「文化財」であり、文化遺産であるといえる。過去のもの、古くなってしまったもの故に「文化遺産」であり「文化史」であったりもする。その中には継承されて現在から未来につづくものもありうる。「伝統文化」になりうるものだ。また、形になってあらわれ、残される文化もあり、形にならないものもあり、伝承によって伝えられる分野のものもある。有形・無形といわれる文化がそれだ。

したがって、日常生活の中でつくられ、使われ、伝えられた民具の中などにも庶民の「生活文化」がみられるわけである。それは衣・食・住や生産を中心とした文化で、村の伝統的なしきたりや共同体的生活にささえられた文化でもあった。「民衆文化」がそれにあたる。

このような「生活文化」とは別に、暮らし（衣・食・住）にゆとりのある人々の階層には、個人的な、直接の生活とはきりはなされていくような、暮らしにかかわらない「芸術文化」がめばえ、発達してきたのである。「エリート文化」にあたるのがそれである。

わたしたちが、わが国の伝統的な暮らしや文化のあしどりをみきわめていくためには、上述したどちらの文化史も大切にしていかなければならないだろう。そして、さらに大切なことは、モノやコトをとおして民俗学や民具学を学ぶことは、過去に生きた人々の生き方を学ぶことにあり、具体的には、知識そのものだけを歴史として学ぶ以上に大切である。それ故に「文化史」の存在する理由があるともいえよう。

歴史的な事実「過去」をとおして、繰り返すことのできない人生を考え、未来に向かって新しい人生をつくる。それは歴史をつくり、文化を創造することである。

イルカとかかわりをもつ文化史は、それ故に「生活の文化」史であり、「民衆の文化」史なのであると位置づけられる。

あわせて結論的にいえることは、イルカはヒト（人間）にとって、かけがえのない有用な動物として恩恵を与えてきたが、逆にヒト（人間）はイルカに対して有害な動物でしかあり得なかった。今後は、地球環境を考えるだけにとどまらず、繁殖、種の保存をはじめ、イルカにとって有益なことを考え、実行し、恩返しをしなければなるまい。

また、筆者は文化史のとらえ方に関して、次の二通りの道すじがあると思っている。その一つは、設定した主題にそって、いわゆる史的事象について時間的経過（年代）を追い、過去より記録された記事や史的事実、実在の史蹟、記念物、文化遺産など、あらゆる史料・資料をふまえながら、その足跡をたどるという方法である。文明論的展開とでもいえようか。

そして、他の一つは過去から現在までの文明あるいは文化遺産の中から見つけだした主題（課題）にそって、自分なりの視点・立場から考察を加え、あるべき姿を見とおし、将来的展望や今後のあるべき姿を主張するという方法である。後者の立場はより積極的な文化史の発展に結びつくであろう。しかし、上述の二つの方法はどちらも必要な方法であるといえる。

というのは、文化史はただたんに、主題（課題）にそって、引用文献・参考文献を駆使しながら多種多様な事実を織り成すだけのものであってはならない。現実的には、そうした内容の文化史が多いのだが、さらに必要なことは思想性（イデオロギー）がなくてはならないのだ。そこには文化を見つめる眼と心が必要であり、思想・哲学がなければならない。

このことは、科学・技術・芸術・教育・文学・風俗慣習・宗教などにとどまらず、交通・運輸・通信など、幅広い技術史等の変遷を文化の要素としてとらえ、ヒト（人間・人類）の文化活動をまとめて記述した歴史として位置づけられる。したがって、政治史・経済史・社会史とは河の流れる彼岸にあって、両岸から相互に人類史をささえ、構成しているといえよう。

それ故に文化史は、広義には文明史でもあるといえるし、発想の基本は百科全書的といえる。

イルカのスケッチ

「文化史」あるいは「文化誌」の中で、特に注目すべきことの一つは、「ヒト」によって「モノ」が描かれているという事実である。なぜならば、これこそが、「ヒト」が「モノ」（人間以外のすべてのモノ）に対してはたらきかけた最も具体的、原初的なかかわりであり、その事実を証しとしているためだからである。

先史時代に描かれた洞窟遺跡の絵画はもとより、無文字時代に生きたヒトの祖先が描き残し、今日までに見つかっている、描かれた数々の遺産はその代表ともいえよう。一例をあげれば、新石器時代のものとされるイルカの刻石画（掻き絵）がエーゲ海諸島のレヴァンゾにあるジェノヴェス洞窟の壁に見られるという（『クジラとイルカの心理学』二二二頁）。

そういう観点から、描かれたイルカを紹介したいが、本稿であつかうイルカは、それほど古い時代のものではない。しかし、描き残すという行為そのものは「文化史」、あるいは「文化誌」の本質にかかわりがない。

長崎の「グラバー邸」は、港を見おろす景勝の地にあり、今日では年間をとおして観光客で賑わうビュースポットとして有名なことはご存知のとおり。

その、グラバー邸を建てた初代のトーマス・ブレイク・グラバー（Thomas Blake Glover 1838-1911）

は、貿易商として安政六年(一八五九年)にイギリスから来日し、「グラバー商会」を創立したとされている。

最初の頃は、日本茶を加工輸出していたというが、のちに、幕末の世に乗じ、武器や艦船の輸入貿易などを手がけ、一代で財をなし、日本人女性と結婚した。二人のあいだには「富三郎」・「はな」という子供も……。

「倉場《クラバ》富三郎」がその人であり、彼もまたトーマス・アルバート・グラバー(Thomas Albert Glover)として名高い。

富三郎が有名な理由の一つとして挙げられるのは、彼によって編纂された、いわゆる『グラバー図譜』(『日本西部及び南部魚類図譜』)が残され、その業績が今日もなお、燦然と輝いているためである。

この図譜は、長崎近海の海産魚類(イルカも含めて)をはじめ、タコ・エビ・カニ・イカなど約八〇〇種類を描いたもの。のちに、この図譜は、長崎大学水産学部より、全五冊が刊行された。

当時はすでに写真技術も発達していたが、日本人画家の長谷川雪香・中村三郎・萩原魚仙たちにより、正確かつ精密に描かれたスケッチであり、色彩もきわめて美しく、正確である。それ故、貴重な資料として学術的価値が高い。

その中の一枚に、「イルカ」がある。図譜では倉場富三郎は「いるか」としたが、今日では「ハシナガイルカ」であると分類されている(次頁図参照)。

画家の長谷川雪香が描いた「イルカ」の図版には、体長は二〇七センチメートルとみえる。スケッ

『グラバー図譜』より（ハシナガイルカ）

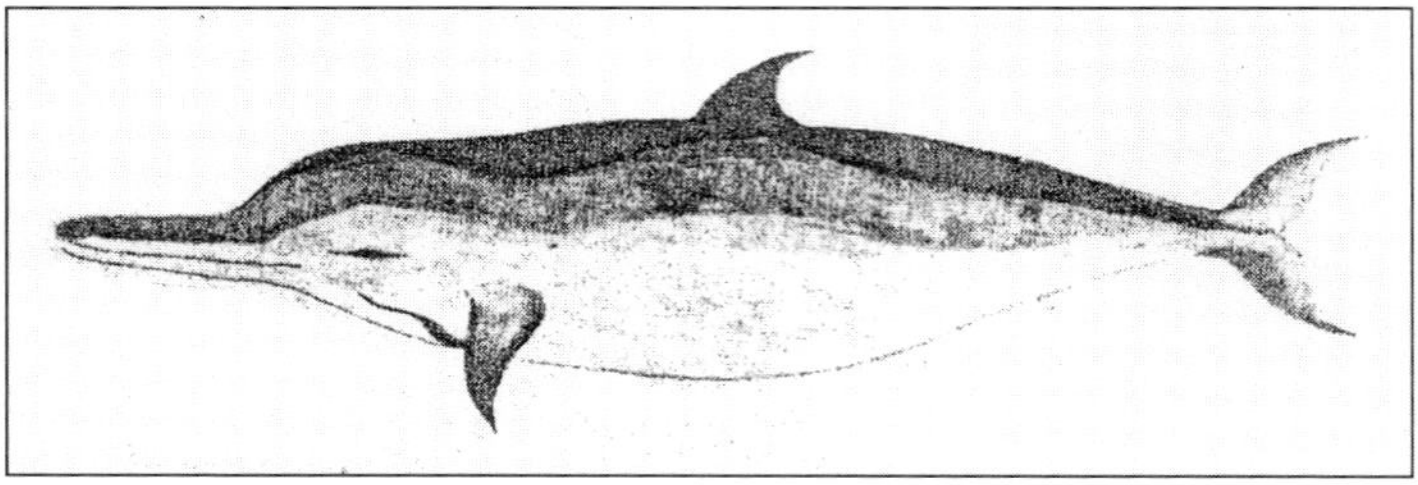

『相模灘海魚部』中の「海豚」図

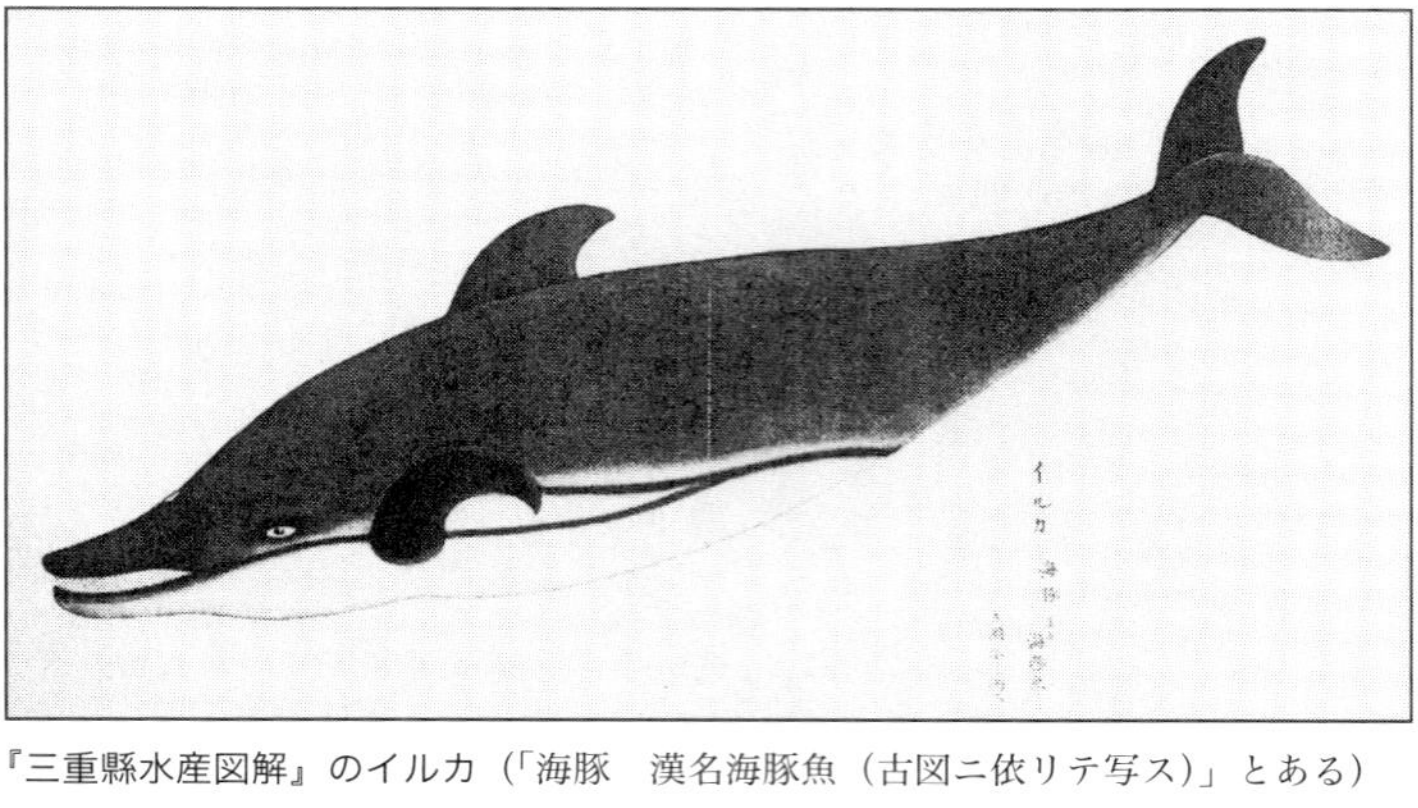

『三重縣水産図解』のイルカ（「海豚　漢名海豚魚（古図ニ依リテ写ス）」とある）

チは簡単なようにみえても、これだけ大きなイルカを描くのには苦労も多かったであろうことがうかがえる。このように、イルカを描いた図譜や文献などを探し求めれば、他にも数多くの成果が期待できるであろう。その一例に江戸時代後期（嘉永元年・一八四八年）、村山長紀がまとめた『相模灘海魚部』がある。図譜中に「海豚」とみえ、イルカが描かれている（図参照）。

だが、本書においては『グラバー図譜』と他の二事例にとどめ、「ヒトとイルカとの文化史的な側面」の一端を紹介しておくことにしたい。

なお、参考までに、『グラバー図譜』の解説中に、「背面黒色部と腹面白色部の背鰭下における境が直線的であり、眼の周囲の黒環から胸鰭基部に黒帯が走っている。この体色は、九州北西海域を分布の北限とするハシナガイルカの特徴である」とみえる。

わが国では、江戸時代以降、武井周作（櫟涯）による『魚鑑《うおかゞみ》』（天保二年刊・一八三一年）等の水産関係の図録が出されることが多くなり、さらに明治時代になると、明治一六年の第一回水産博覧会にあわせて、各県などで、図録（図譜）がまとめられた。『三重縣水産図解』（三重縣漁業図解）はそのうちの一冊であり、同図解の中にもイルカが描かれている（図参照）。

世界最古のイルカの壁画

ギリシアの文明は、それ以前に、クレタ島で花ひらいたミノア時代の文明と、それらの文明を吸収したミケーネ時代の文明を母胎として発展した。

ようするに、エジプト文明が地中海を渡り、クレタ島に伝えられ、さらにエーゲ海の島々に広まったあとに、ギリシア文明を育てたのであった。したがって、ミノア文明を育んだクレタ島は、ヨーロッパにおける最古の文明の発祥地といえる。

紀元前三〇〇〇年頃から、ミノア文明の中心地はクレタ島のクノッソスで、そこはイラクリオンの南東約五キロメートルに位置する。

紀元前二〇〇〇年頃には、最初、ミノス王により宮殿が築かれたが、その後、地震によって破壊され、紀元前一六〇〇年頃、再建したと伝えられる。

しかし、再び地震（津波ともいわれている）の被害にあい、地中深く埋もれ、その後、人々の記憶からも消えてしまったのであった。

また、一説によると、紀元前一四〇〇年頃になって、アカイア人により、滅されたともいう。

その後、「ギリシア神話の世界」の中だけにしか語り伝えられてこなかった宮殿（迷宮《ラビュリントス》）がこのミノス王の宮殿であった。

ところが一八七八年頃から、イギリス人考古学者アーサー・エバンズによって発掘がおこなわれ、幻の宮殿（迷宮）の発見となったのである。この間、なんと四〇〇〇年ちかくも、この文明は、地中でねむりつづけてきたのであった。冒頭、「ミノア時代の文明」と記述した「ミノア文明」とは、発掘者のアーサー・エバンズにより、名付けられた。

クレタ島クノッソスのミノス宮殿跡にある「王妃の間」（浴室とも）に描かれた「イルカたちの壁画」（紀元前1600年頃．筆者撮影）

今日、現地の宮殿跡は発掘調査が進み、その一部分の復元もなされ、公開されている。

しかし、一六〇平方メートルという広さの敷地内に、一二〇〇をこえるともいわれる部屋数のある宮殿（迷宮）跡であるから、その完全な復元には、今後も、気の遠くなるような歳月が必要となろう。

ところで、この宮殿には、「王座の間」とか、「王の間」など、いろいろあるが、なんといっても、「イルカ・ファン」が真先に目指したいのは「王妃の間」である。

その理由は、いうまでもなく、王妃の間には、あの有名なイルカの壁画が復元されており、往時の様子をうかがうことができるからである。一説には、「イルカの壁画」がある部屋は「浴室」という説もあるが、はっきりしたことは明らかでない。

また、王妃が日常使用していたとされるこの部屋の西側には、浴室や水洗トイレらしきものもあり、北隣は、侍女の庭とよばれる場所につづいている。

イルカの壁画で飾られている「王妃の間」をのぞいて見ると、

壁画の一部分は剥落しているが五匹（頭）のイルカが宙を遊泳している様子がのびのびと描かれているのである。

「のぞいて見る」という表現はおかしいように思われるかもしれないが、実は、「王妃の間」は立ち入りが禁止されているのだ。

向かって右側に、下部と同じく丸印の文様を描いた壁画があるのを見ると、六つの数でととのえられていることから、壁画のイルカは、剥落した部分にもう一匹（頭）描かれ、全体で六匹（頭）いたのかもしれないなどと思う。

現在、クノッソスのミノスの宮殿跡に描かれている壁画は、すべて模作であるが、忠実な再現模写であるため、見応えがある。

今日、宮殿跡から出土した、イルカをはじめとする数々の壁画の実物は、イラクリオン考古学博物館の二階展示室に収蔵展示、保管されている。この壁画技法は、壁に塗った漆喰が乾かないうちに水彩で描ききる画法で、一般にイタリア語でフレスコ（画）とよばれている。

「王妃の間」にイルカの壁画が描かれている理由について、「イルカは地中海世界において、当時から、カミ（神）の使いと考えられていたことによる」とされてきた。

すなわち、海中を泳いでいるときは現世で暮らしているイルカだが、海面という結界を飛び越えて跳躍するイルカは、現世空間と他界空間（この世とあの世）の両界をいったりきたりできる動物で、それ故に、イルカはカミ（神）とも交流（交歓）でき、天空におわしますカミの意志をヒトに伝え、

クレタ島クノッソスで発見されたイルカのフレスコ画」(紀元前1600年頃．イラクリオン考古学博物館蔵．筆者撮影)

クレタ島クノッソスのミノス宮殿跡を取材中の筆者（左側）

またその逆もできる動物だとみなされたために、大切にされてきたのであった。

このように、イルカが現世と来世を往来《いきき》できるという考えは、わが国における他界観やカミ観念とも一致するところがあり、共通した観念があったことを意味している。

ヒトが死ねば、その霊魂は肉体から分離し、現世から来世へ他界する（常世へいく）が、それは、再生することが前提にある。

すなわち、他界した霊魂は、やがて先祖神となって、まいもどり、現世の子孫を守護し、その幸福を見守り、福や幸をさずけてくれるという祖先崇拝に結びつくものなのだ。つまり、他界というのは現世と断絶することではなく、祀りごとなどをとおして往来が可能であるし、交流も可能なのである。それを実際におこなっているのがイルカのジャンプなのだ。

イルカはいわば、カミとヒトをとりもつメッセンジャー・ボーイ（ガールも）の役目をはたしてきたために、人々から敬愛されてきたのである。さらに日本的に表現すれば、稲霊《いなだま》を祀る稲荷大明神のメッセンジャーをキツネがとりもっているのに似ているといったほうがわかりやすいかもしれない。

また、ギリシア神話にみられる海中、海底の世界は、日本流にいえば、龍宮の世界（常世《とこよ》）で、そこは不老不死の世界でもある。イルカはその世界にも行くことができ、常世のカミとも交歓できるのである。それは浦島太郎の亀にも共通し、亀も海中と陸上を往来する。

ところで、ギリシア神話に語られているクノッソスのミノスの宮殿（迷宮）のことだが、神話によると、

「クレタ島のクノッソスのミノス王は、ゼウスとエウロペーの子である。

ミノス王はアテネとの戦いに勝利したことがあり、アテネから貢物を納めさせていた。その当時、アテネに、天才的な工匠とも発明家ともいわれたダイダロスがおり、その名をとどろかせていたが、ダイダロスの弟子が師匠をこして有名になったことをねたみ、ライバルをアクロポリスの丘からつき落してしまう。

やがて、その殺人事件が発覚し、ダイダロスはアテネからクレタ島のミノス王のもとに逃れたのであった。

ミノス王はダイダロスの才能を認め、彼を匿《かくま》ったため、ダイダロスも恩義に報いるべく、王のために天才的な才能をいろいろと発揮した。

あるとき、クレタのミノス王の妃パーシパエ（パシパエ）は、海神ポセイドンが海からおくった雄牛を恋してしまう。そこでダイダロスは、王妃のために、恋しい雄牛と交わるための特製の寝具をつくったり、ミノス王のためには、この交情の結果、生まれてくるであろう子どもを幽閉するための迷宮をつくったのである。

その後、パーシパエが雄牛を愛した結果、頭が牛で身体がヒト（牛頭人身）の怪物ミノタウロスが生まれた。

ミノタウロスは、ダイダロスがミノス王のためにつくった迷宮の中にとじこめられてしまう。

というのも、怪物ミノタウロスはヒトの身肉（それも若いピチピチした）を餌にしていたためであった。

ミノス王は、戦いに敗れたアテネから、毎年（九年ごととも）、七人の若者と、七人の可愛い娘を貢物（人身御供《ひとみごく》）として、さし出させていた。

時のアテネの王、アイゲウスの息子テーセウス（テセウス）は自国の若者達がミノタウロスの餌食になることを怒り、ミノタウロスを退治するため、勇敢にも生贄《いけにえ》の一人に加わり、クレタ島へ向ったのである。

一行が迷宮に入る前に道を行進をしていると、その様子を観ていた王の娘アリアードネ（アリアドネ）が、テーセウスの威風堂々とした姿を見て、一目惚れしてしまう。

そんなことがあって、ミノス王の娘アリアードネの助けを受け、ダイダロスから、いったん入ったら二度と出られないといわれる迷宮を抜け出る策を教わり、ミノタウロスを退治することができたのだという。

もう少しつづけると、ダイダロスに助言を得た王の娘アリアードネは、一目惚れしたテーセウスに糸玉を与え、糸の先を入口に結びつけ、糸を繰り出しながら迷宮内の迷路を進むようにアドバイスをする。そして、好きになったテーセウスに、すかさず、クレタを発つときは一緒に連れていき、結婚してくれるように約束までとりつけたのであった。なんと天晴な娘であることか。さすが、王の娘である。

迷宮の中で、テーセウスは眠っているミノタウロスをみつけ、退治することができた。

その後、テーセウスは糸をたぐって無事に迷宮から帰り、アリアードネと少年少女達をつれて船にもどり、急いで帆をあげたのであった。

だが途中、一行はナクソス島にたちよった。その在島中、アリアードネが眠りからさめてみると、テーセウスの乗った船は、アリアードネを置き去りにして、はるか沖合に消えていってしまったという。」

ようするに、王の娘アリアードネは、アテネの英雄テーセウスにふられてしまったというわけだ。なお蛇足ながら「アリアードネの糸」という西洋の諺は、ミノスの娘アリアードネがテーセウスに糸玉を与え、迷宮から脱出することができたので、そこから「難問を解く方法」のことをいうのだとか。

以上のようなギリシア神話を想い出しながら「王妃の間」のイルカを観ていることができるのは至福の人生であるとしかいえない。

なお、クレタ島のイルカで、もう一つ特筆すべきことがある。

島の首都ともいえるイラクリオンの街にベニゼロウ広場があり、シンボル的存在として、モロシニの噴水がある。

一六二八年に、ベネツィアの総督フランチェスコ・モロシニによって造られたことからその名で知られている。

噴水を飾る上部のライオン像は百獣の王を象徴するが、下部にはイルカやニンフの豪華な彫刻がほどこされており、ここにもイルカが敬慕されてきたことをうかがうことができる。

ギリシア神話の中のイルカ

「詩人で音楽家としても高名なアリオンが、シチリア島（シシリー島）の音楽コンクールで大賞をとったことをねたんだ者達が、アリオンが船でタラス（タレントウム）からコリントスのペリアンドロスの城へ帰途につくとき、彼を殺して、音楽コンクールの賞金を奪い取ろうと、船上でアリオンをとらえた。

船の乗組員にとらえられたアリオンは、死ぬ前に、もう一度だけ音楽を奏でたいと懇願し、最後の曲をリラで奏で、アポロンの讃歌をうたったあと、船上から海へ身を投げた。すると、アリオンの曲に魅せられて、船端（舷）に集まってきていた多くのイルカたちがアリオンを背に乗せ、無事にペロポネソスのタイナロン岬へ着くことができた。そこからは陸路、コリントスへ帰りつくことができたという。」

ペリアンドロスの王は、アリオンから聞いた、「イルカの背に乗って運ばれた」話をあまり信じない様子だったが、船が帰港すると船長をよび、アリオンの生還をかくして、アリオンの安否を尋ねた。すると、船長は、まだイタリアのタラス（タレントウム）にいると答えた。アリオンが姿をあらわすと、船乗りたちは驚いて腰をぬかした。そして、王様により全員の乗組員は磔《はりつけ》の刑に処せられた。

このようなことがあって、王様はアリオンがイルカの背に乗って運ばれたことを信じるようになり、

ルーベンス「イルカに助けられるアリオン」（『ギリシア・ローマ神話事典』大修館書店，1988年より）

イルカたちは、アリオンの奏で、歌う音楽に魅せられるほど、音楽好きであることが世に広まったという。

この神話の主人公アリオンは、『ギリシア・ローマ神話事典』によると、「レスボス島メテュムナ出身の詩人で、父はキュクレウス。なかば歴史上の人物。紀元前六二五年から紀元前五八五年頃、コリントスの僭主《せんしゅ》（帝王の名を僭称する支配者・独裁者）ペリアンドロスの宮廷に仕えた音楽家。」とある。

したがって、イタリアのシチリア島での音楽祭に出席して、多くの賞を得たというあとの伝説に神話的要素がくわわっているのである。

しかし、この話は紀元前七世紀から六世紀のものである。一説によるとアリオンという歌うたいは紀元前七世紀に生きていた人物で、二世紀後に、歴史家ヘロドトスによって記録されたのだという。それは、イルカに助けられたお礼に、イルカにまたがった自分のブロンズ像を造り、タイナロンの寺院に奉納したというので、ヘロドトスはこの話を確かめるためにタイナロン岬の寺院に出かけ、そこでイルカにまたがった男の像をみたとも……。

近年、ジム・ノルマンによる『イルカの夢時間』（二六一頁参照）をはじめとして、ヒトとイルカの「異種間《インタースピーシズ》コミュニケーション」を話題にし、イルカに音楽を聴かせる話などあるが、こうした話は、ギリシア神話の中に、二五〇〇年以前からあるのだ。ただ、それを知らないヒトが多いというにすぎない。知らないというのは悲しいことでもある。特に文化は知識を積み重ねて発展するという「知層」的要素が多いからなのである。

また、「アリオン」や「イルカ座」に関しては、別の話もある。

「オルペウスに次ぐ、天才的な音楽家アリオンは、シチリア島（シシリー島）でおこなわれた音楽コンクールで莫大な賞金と宝物をもらった。船に積んでコリントスへ帰る途中、欲に目のくらんだ船の水夫たちは、タラス（タレントウム）でアリオンの荷を奪ったうえ、命までもとろうとしたのである。

アリオンは最後に、もう一度だけ歌を唄うのを許してもらいたいと頼み、水夫たちはそれを許したのだ。

アリオンは、アポロンのように月桂樹の葉の冠を頭にいただき、歌い手の着る真紅のマントをまとって、竪琴《リラ》を奏《かな》で、死の歌を唄った。あまりにも上手な歌声に、凶悪な水夫達まで、その悲しくも美しい曲に聴きほれたが、その時、船のまわりにもアリオンの歌声に惹きつけられたイルカたちが集まってきた。

アリオンはそれとは知らず、水夫に殺されるのを潔しとしないで自ら海に飛び込んだ。するとイルカたちはアリオンを背に乗せ、たちまち船を離れて海を渡り、ペロポネソスのタイナロン（現在のギリシア共和国内）へ連れていってくれたのである。

それ故、神々はアリオンと人間の友としてのイルカに敬意を表し、賞讃をおくり、イルカを空に移し星にしたのだという。」（『ギリシア神話ろまねすく』より。一四二頁参照）

ギリシア神話の中に、「テュレニア人の海賊」にかかわるイルカの話がある。われわれ「イルカ・ファン」にとっては迷惑な話なのだがこれもしかたない。

「ブドウと酒の神ディオニュソスが、従者の山野の精シレノスたちとともに地中海沿岸の国々でブドウの栽培を教えおわり、ナクソス島（現在のシチリア島内の地）に渡ろうとしていたとき、テュレニア人の海賊船にとらえられてしまった。

海賊たちはディオニュソスをどこかの王子と思い込み、身代金をとるか、奴隷に売るかしようとたくらんだのである。

しかし、ディオニュソスはナクソスに向けて船を出すように指令したのであるが、海賊たちはその願いを無視して、船を逆方向に進めていると、突然船が進まなくなった。驚いた海賊たちがいくら船を進めようとしても動かない。いろいろと試みている前で、海中からニョッキリとブドウの蔓《つる》が伸びてきて、アレヨ、アレヨというまに船によじのぼり、船全体におおいかぶさってしまったのである。おまけに船底で船を漕ぐ、奴隷たちが持つオールは蛇になり、見る見るうちに泳ぎ去ってしまった。

　船上のディオニュソスは房のついたブドウの蔓を頭に巻きつけ、そのまわりを虎や山猫、豹などの幻が行きかい、いつのまにか船上には笛の音が満ちていた。

　この様子をみたテュレニア人の海賊たちが、狂ったように海に飛び込もうとしたとき、彼らの体は真っ黒く変色して、弓型にそりかえり、手は縮んで鰭《ひれ》となり、海に落ちるとイルカの姿に変わってしまった。」（写真参照）

という（『ギリシア神話ろまねすく』より）。

ディオニュソスのカップ（紀元前540年頃．Simon, *Die Griechischen Vasen,* 1981より）

イルカに乗った少年

　イルカに乗った少年（ヒト）の話はいろいろあるが、以下もその一つ。

　紀元前二〇〇年頃、オピアンという詩人によって、詩の中に描かれた、「イルカと少年」の友情的な叙事詩だ。

プロソレネの港で出合った少年とイルカはしだいに親しくなり、少年が小舟を港の中に漕ぎ出すと、野生のイルカが必ず海面にあらわれ、空中にジャンプしながら小舟を迎えていた。ときにはイルカが小舟のそばに頭を出すので、そんなとき、少年はイルカの頭をやさしくなぜ、小舟から海にはいった少年は、イルカとお互に優しくふれあって泳いで遊んだ。

少年はよくイルカの背にまたがり、イルカも少年と共に遊びながら、少年が行きたいところなど、どこにでも連れて行き、互いの交流はつづいたという。

また、『クジラ・イルカと海獣たち』によると、「古代ローマの博物学者プリニウスの『博物誌』の中にも同じような話が紹介されている」という。

「ナポリ近郊の湖畔にすんでいた少年が、湖《みずうみ》に放たれていたイルカと仲良しになって交流を深め、やがてこのイルカは、対岸の学校へ通学する少年を、背にのせて湖を泳ぎ、送り迎えするようになったという。

そして、この物語を図案にした切手が一九二九年にオランダで発行された〈イルカに乗った少年〉なのだ。」（一四一頁参照）

同じような話だが、モーリス・バートンは『動物に愛はあるか』という著書の中で、ローマ時代の小プリニウスの記載したイルカの話を紹介している。その内容は、

「チュニジア海岸のヒッポ（現在のビゼルタ）にあった古代カルタゴの海水浴場に、海水浴客を友とする一頭のイルカがいた。

ヒッポのイルカは世に広く知られ、見物客が遠くさまざまな土地から次々にやってきた。その結果、ヒッポの住人たちは、旅行者の殺到によって静かな生活が乱されることにうんざりして、この仲好しイルカを追い払ってしまった。」

というのである。

今日のように経済優先の社会ならば、善悪はともかく、「これはビジネス・チャンスだ……」と思う住民が多いのかもしれないが。

このほかにも、古代地中海世界や、ヨーロッパには、海に落ちた少年（ヒト）を救ったり、海で溺れた少年（ヒト）をイルカが助けたという話は多い。

そのためか、イルカとたわむれるエロス（古代ギリシア）・クピド（古代ローマ・英語読みのキューピッド）やトリトン（海神ポセイドンの息子）がイルカの背に乗ったり、少年（ヒト）がイルカに乗っている主題（モチーフ）の図案や彫刻も多い。コインの図像をはじめ装飾品その他のアクセサリーのデザインに多いことは別項で掲げるとおりである（一五一頁参照）。

しかし、イルカと少女（女性）の話はあまり聞かない。だが、まったくないわけではない。前掲のモーリス・バートンの著書の中に、次のような「イルカと少女の話」がある。

「一九五五年に、ニュージーランドのオポーニの海水浴場におけるオポという名のイルカのニュースが伝わった。

このイルカは海水浴客と仲好くなり、ほぼ二〇〇〇年近くも昔にヒッポのイルカのしたのとそ

上／ソフィア・ローレンが主演した映画「イルカに乗った少年」（原題）より（日本では「島の女」の題名で話題を呼んだ．1957年）

下／イルカに乗ったキューピッド（*Mosaïques romaines de Tunisie* より．スファクス博物館蔵）

つくり同じようにふるまった。

最初のうち、このイルカはただ沿岸をゆくボートのあとにくっついて泳ぐだけだった。やがて海水浴客とたわむれるようになり、人びとは手を触れたり、ビーチボールのような遊び道具を与えたりするようになった。

そのうち、このイルカは子どもたちの仲間にはいるのを好むようになり、中でもジル・ベーカーという一三歳の女の子がお気に入りになった。

それからジルは、イルカの背びれをつかんで泳げるようになり、やがてのちには、背にまたがることを許されるようになった。」

という。

著者はさらにつづけて、

「先に述べたように、オポが初めてジル・ベーカーという女の子と親しくなったとき、ジルはオポの背びれにつかまっていくという以上のことはできなかった。しかしのちには、背にまたがることができるようになった。

オポは雌だったから、この女の子を背びれにつかまらせたり、あるいは背中に乗せたりするのは、ちょうど自分の赤ん坊を背びれのあたりで泳がせて連れあるくのと同じようなものだから許容できたのだろう、という説明がなされている。そのような安直な比較が妥当かどうかについては、議論の余地がある。」

としている。

そして、

「もしそうなら、イルカは自分の赤ん坊と女の子の区別がつかないということになるだろう。形や肌ざわりの異なる小さな物体を識別する能力についてテストした結果からみると、どうもその可能性は低いように思える。したがって、ジルとオポの関係が仲間意識に基いたものであったと考えるほうが理屈にあっている。

二人は遊び仲間であった。別の言いかたをすれば〈友達〉であり、いったい動物が人間的な意

イルカに乗った子どもたちの現代版（ニュージーランド，1950年．神谷敏郎・他『切手ミュージアム（2）』より）

イルカに乗った少年を描いたオランダの切手（児童慈善用付加金付．1929年）

バートン『動物に愛はあるか』（垂水雄二訳，早川書房，1985年）

ウィリアム・ブゲロー「ヴィーナスの誕生」（イルカに乗ったキューピッドが祝福している．オルセー美術館蔵．Wikimedia Commons より）

味で友好的であるということがありえるかと問う人びとに対する一つの答が示されたことになる。」

と結んでいる。

ちなみに、著者は一八九八年、イギリス生まれ。ロンドン大学で動物学を専攻。大英博物館の動物学担当学芸員を経て、イギリスの代表的な科学ジャーナリストとして活躍してきた（前掲書の著者紹介による）。

以上のように、イルカに少女が乗った話はあることはある。しかし、ほとんど聴いたことがない。「女性は貞淑であってほしい」という男性たちの願望のせいか、あるいは、古代ギリシア時代からの美徳を重んじる伝統ゆえに、少女がイルカに跨《またが》るなどのはしたないことはしないということか……。

それにしては、女神や人魚（女性の）は、イルカに乗っていることが多いのだが……。

星座になったイルカ

「ギリシア神話の中のイルカ」の項でもふれたが、オリュンポス神族をはじめとする神々は、詩人アリオンを助けたイルカたちを賞讃し、天空にうつして星座にした。なかなか、粋《いき》なはからいをする神々である。

なにしろ、ギリシア神話の神々は「人魚」までも「人魚座」として、星座にしてしまったり、鳳凰《ほうおう》も鳳凰座（フェニックス）として南天の星座にしてしまう力があるのだから、現実世界に生息しているイルカを天に昇らせるぐらいは簡単なのかもしれない。

「イルカ座」は、中世イギリスの詩人チョーサー（Geoffrey Chaucer）により、「デルフィン」と記されているという。実はデルフィンは、いろいろな名前でよばれている。オービドはこの星座をアムピトリテ（海の女神）とよんだ。

その理由は、次のような神話に由来している。

アムピトリテは、ドリス（海神オケアノスとテテュスの娘）の娘で海の女神（女王）。ポセイドンはナクソス島で踊っていたアムピトリテを見て「一目惚れ」し、彼女に恋をしたが、この恋は「片想い」で、彼女はポセイドンから逃れて巨人神アトラスに救いを求めた。

ところが、あきらめないポセイドンは、自分の召使いである海の動物たちを動員して、自分の好きな彼女をさがさせた。

すると、ついにイルカが彼女を見つけ、ポセイドンのために熱烈に説得したので、ポセイドンは、めでたく彼女と結婚することができたのである。したがって、イルカは二人（神）の仲人役をつとめたのだ。イルカがいなければポセイドンはアムピトリテを妻にできなかった。

このことに感謝したポセイドンはイルカを天空にあげ、「イルカ座」として星座に仲間入りさせたのである。ちなみに、結婚後はトラブルもなく、大勢の子供づくりにはげみ、子供の中にトリトン、ロデ、ベンテシキュメなどがいる。

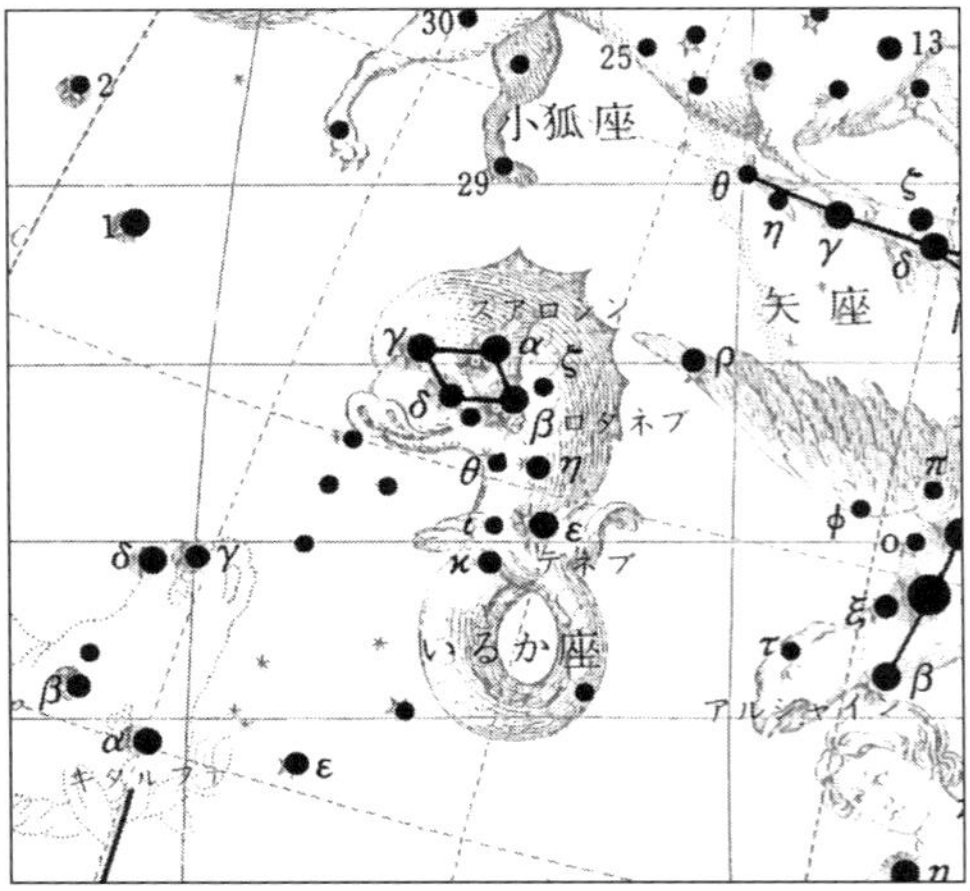

いるか座（鈴木駿太郎『星の事典』，恒星社厚生閣，1968年より）

それにしても、ポセイドンは個人的に、イルカに恩義をうけただけなのに、一人で勝手にイルカを賞讃するのはいかがなものか。ギリシアの神々は、それにクレームもつけず、実に寛大である。それはたぶん、自分たちも同じようなことをしているためであろう。

また、R・バーナム・Jr.の『星百科大事典』によると、ギリシア人は、この星座を「ベクトル・アリオニス」とよんだという。

さらに、『星百科大事典』には引用として、〈R・H・アレンによれば、ヒンズー教信者は「シ・シュ・マラ」または「ジズマラ」とよんでいる（共にイルカの意）〉とみえる。

また同書に「イルカ座」はチョーサーによって「デルフィン」と書かれているという（上掲）。以来、国や民族によって、いろいろな名前でよばれてきたが、基本的にはラテン語の「デルフィン」であることは同じである。

また、ラテン名では「デルフィス」とも。イタリアでは「デルフィノ」、フランスでは「ドーファ」というのだとも。

なお、上述したチョーサーは、一三四〇年頃、イギリスのロンドン生まれとされるが、はっきりしない。没年は一四〇〇年。生家はブドウ酒商家だが、幼少の頃から宮廷に出仕《しゅっし》。軍人、外交官、代議士と幅広い公職につくかたわら、詩人、作家としても知られる。『カンタベリー物語』・『公爵夫人の書』など。

『星の事典』（鈴木駿《しゅん》太郎著）によると、「海豚座は三・九一等、白鳥座の南、鷲座の北東にあり、晩秋の夕刻に南中にみえる」というが、残念ながら、この年になるまで筆者は確認したことがない。

貨幣の中のイルカ

古代のコインとイルカ

筆者の手元にP. R. Franke, M. Hirmer, *Die griechische Münze* という大冊とColin M. Kraay, *Archaic and Classical Greek Coins* という二冊の本がある。

前掲の大冊子は、ペーター・R・フランケとマックス・ヒルマーによる共著で、ドイツ（ミュンヘン）のヒルマー出版社より一九六四年に刊行されたもの。

同書に掲載されているコインの写真図録の中には、古代地中海世界の人々の暮らしにかかわる、身近な動物や植物はもとより、当時の有名人（為政者や歴史上の人物）、神話・伝説等の主人公にまじっ

シラクサ（シラクサイ）のコイン（紀元前480–479年）

メッセナ（メッシーナ）のコイン（紀元前440–430年）

て、神話上の動物「人魚」（海神）のコインまで網羅されている。

もちろん主題のイルカもデザインされており、その数は多い。だがさらに驚くことは、表面、裏面共にイルカの多彩な種類の図柄が描かれていることにある。

同書を見ていると、「イルカに乗った少年（男の人）」をはじめ、イルカのコインだけをテーマにしても著作が可能なほどに内容は豊富である。

そこで、この高著に掲載されているイルカの硬貨の数をかぞえてみるとおよそ八二種類あることがわかった。何故、数が「およそ」なのかというと、貨幣の中に鋳造されたものでなく、貨幣製造の際に、金属を二つの鋳型の間にはさみ、ハンマーで叩いて型押し製造したため、表と裏とが凹凸《おうとつ》になり、同じデザインのものが含まれていることが主な理由である。いわゆるハンマーコインだ。また、イルカらしい姿はしているが、もしかすると、別の魚類かもしれないというように、はっきりと識別できないこともその理由の一つに挙げられる。

さらに、表と裏の両面にイルカが描かれ、表に一匹（頭）、裏に三匹（頭）という表裏が異なるデザインの例もあるため、種類をかぞえる基準を明確にし、判別をどうするか決めないかぎり、「およそ」としかいえない。

このように、およそ八二種類におよぶイルカをデザインした古代ギリシアのコインのうち、次に、主なものについてみよう。「主なもの」という意味は、(1)発行地、(2)デザインの種類（内容）の特色についてということである。

その第一は、シチリア（シシリー）島の東北部に位置する海港。メッシーナ海峡をへだてて、イタリア本土に対し、要衝の地として、古代ギリシアの植民地時代から栄えたメッセナ（メッシーナ）で発行されたイルカをデザインしたコインの数々である。

図録に掲げられている中には、表裏に関係なく、イルカがデザインされているものが一〇種類ある。最も古いイルカの図柄は、紀元前五〇〇年に発行されたもの。シンプルなのが特長といえようか。

なお、本書においては、コインの図柄を美術・工芸品的な側面から読者諸賢に見ていただくことを中心にすえたため、拡大・縮小などに関する配慮があまりなされていないことをおわびしておく。

A〜C／ザンケル（メッセナ）のコイン（A／紀元前515年，B／紀元前461年，C／紀元前500年）
D〜E／シラクサ（シラクサイ）のコイン（D／紀元前500年，E／紀元前510年）

メッセナ発行の銀貨のうち、シンプルなイルカのデザインのほかに、二頭立て（二輪馬車・戦車）の下部に二匹（頭）のイルカが描かれているコインや、ウサギとイルカの組み合わせでデザインされた図柄のコインが二点ある。イルカと陸の動物が共に速さを競っているようにみえ、躍動的である（一四六頁参照）。

第二は、同じく南イタリアのシチリア（シシリー）島のシラクサ（シラクサイ）で発行された硬貨についてである。当然のことながらシラクサも古代においてはギリシアの植民地であり、都市国家として繁栄をきわめていた港湾都市の一つであった。

シラクサで発行された硬貨は紀元前四九〇年から紀元前三〇〇年の間に、モチーフは変わらないが、デザインを変えた銀貨が、かなりの数、発行されたようで、上掲書の中だけでも四二種類をかぞえることができる。

シラクサ（シラクサイ）のコイン（4ドラクマ銀貨．紀元前370–300年）

銀貨の表面、中心にアルテミス女神の頭部を描き、その周囲に四匹（頭・ときには三頭）のイルカが躍動的に配され、裏面は四頭立ての戦車（クワドリガ）を描いたテトラ・ドラクマ（四ドラクマ）と、デカ・ドラクマ（一〇ドラクマ）銀貨が発行されている。

発行する年代により、イルカの数が三匹（頭）だったり、馬車（戦車）の馬の数が三頭だったり、二頭だったりするものもある。また、一頭の馬に人が乗っているコインも。

上述した「クワドリガ」の名称は四馬並列（四頭立て）の二輪戦車のことをいった。

アルテミス（女神）は、ギリシア神話のゼウスとレトの子でアポロンとは双子の妹。野獣や家畜の保護神、狩りや月の女神。また、子供の守護神、孤高の処女神でローマ神話のディアナ（ダイアナ）にあたる。

アルテミスの頭部《ヘッド》を大きく銀貨の中央にすえ、その周囲をイルカで飾るというデザインが当時の人々に支持されていたことは、自然、狩猟の神であるアルテミスが陸上（山野）ばかりでなく、海上・海中をも手中におさめていることを暗示しているのだと思うのは、イルカ・ファンによる我田引水であろうか……。

なんといっても、この銀貨が発行されているシラクサは地中海の港湾都市であることを考えれば、デザインがイルカであるのは当然だといえるのかもしれない。

それに、裏面の四頭立ての馬車を自由にあやつり、山野を駆けめぐる姿も、この女神の性格の一面を象徴しているのであろう。あわせて、処女神の美しい容貌《マスク》が人々の心をとらえないはずがなかったといえるのだろう。

この図柄と同じ銀貨に一〇ドラクマのものがあり、それはアテネに対する勝利を記念して発行されたもので、ユーアイネストとキモンにより図案化され、紀元前四一三年に発行された、最高の貨幣鋳造の技術によってつくられた当時の世界で最も美しい銀貨であるといわれている。

ちなみに、『世界コイン図鑑』によると、シラクサで発行されたテトラ・ドラクマ（四ドラクマ）銀貨で、紀元前三七〇年から紀元前三〇〇年に、表面にアルテミス女神の頭部を描き、その周囲に四匹（頭）のイルカを配し、裏面に四頭立ての馬車を描いた古代ギリシアの銀貨の大きさは、直径二三ミリ、重量一七・〇グラムとみえる（写真参照）。

第三は、イタリア半島の南部にある港湾都市タラス（タラント・タレントゥム）で発行された硬貨である。この地で発行されたイルカをモチーフにした銀貨は、そのほとんどが「イルカにヒトが乗っている図柄」である。所謂、「イルカに乗った少年」のイメージを具現化したような図柄で、「イルカがヒトを乗せて運んでいる」といったデザインである。図版をかぞえてみると一九種類あるが、その中には「イルカに乗った少年」というより、「イルカに乗った中高年」、あるいは「老人」といった出来映えの鋳貨もあるのが面白く、笑いをさそう。

イルカにヒトが乗っているといっても、いろいろなポーズがあり、(1)ヒトがイルカの背に片手でつかまり、他方の手でバランスを保っているような姿（九種類）、(2)イルカの背に乗り、両手を前に差し出して、バランスをとっているようなポーズ（二種類）、(3)イルカの背に乗り、両手を前後に広げ、バランスを保っているようなポーズ（一種類）、(4)片手に楯を持ち、一方の手でバランスをとっているような姿（一種類）、(5)イルカの背にまたがり、両手を前に差し出し、何か物を持っている姿（持ち物は槍・三叉の鉾・楯など五種類）、(6)その他、イルカの背にまたがるのではなく、貴婦人が乗馬をするときの姿勢のように両足をそろえて片側に乗るようなポーズのデザイン（一種類）もある。

タラス発行のイルカに乗った少年（ヒト）のコイン（銀貨．紀元前550－527年頃）

このように、タラスで発行された数多い、「イルカに乗った少年（ヒト）」の図案化されたコインは、発行の背景にイルカとヒトにかかわる神話がある結果である（一三二頁参照）。

別項でも述べたが、ギリシアの詩人で音楽家のアリオンがイルカに助けられ、背に乗せられて、この街の海岸から、ペロポネソスのタイナロンにたどりついたという故事によるものである（一三二頁「ギリシア神話の中のイルカ」参照）。

なお、ギリシア神話の中では、詩人で音楽家としても名高いアリオンは、コリントス（現在のギリシア共和国内）へ帰る途中だったという。

タラスで発行された「イルカに乗った少年（ヒト）」の銀貨は、古いものは紀元前五五〇年から紀元前五二七年頃のものがある（写真参照）。

また、新しいといっても紀元前三七〇年頃、同じくタラスで「イルカに乗った少年」の二ドラクマ銀貨が発行されている。

さらに、上掲した *Archaic and Classical Greek Coins* の図版中に掲載されている、イルカに関するコインの数は六七種類である。

このうち、タラスで発行された、所謂「イルカに乗った少年（ヒト）」をデザインしたものは一九種類ある。この数は、*Die griechische Münze* 中に収められた数と一致する。

ということは、この種の図案化された硬貨のすべてを両書は網羅しているとみてよいのではなかろうか。

以上、金属貨幣を一般にコインとよんだり、硬貨とよぶが、そのはじまりは中国にあるとされる。紀元前八世紀頃、中国には金属貨幣があり、リビア、小アジアにも刻印を押した貨幣はその頃にあったとされる。

その後、アルカイック期（上掲）とよばれる紀元前八世紀から七世紀にかけてギリシアに伝えられ、さまざまなデザインが描かれるようになる。

本項では、表題を「貨幣の中のイルカ」としているが、コインの中に、イルカがどのようにデザインされているか、あるいは、その種類はどうかということが問題ではなく、問題にしなければならないのは、何故、イルカがフクロウ・ウサギ・カメ・ハチ・タコ・サカナ・カイ・ワシ（鳥）・ウシ・ウマといった動物と一緒に都市国家が発行したコインのデザインに取り込まれているのかという点であろう。

イルカがコインの図柄に選ばれ、使用されてきた理由は、他の動物たちと同じように、地中海世界で、ヒトにとって身近な存在であり、親しまれ、愛され、音楽好きの仲間と思われてきたためである。それには、ギリシア神話も深くかかわり、影響を与えてきたにちがいない。また、ときには信仰の対象であったためであろうとも思われる。

さらに、貨幣の鋳造は、発行する国家や、その時代における文化の水準を示すものであったであろうことを考慮すれば、当時の都市国家なり、属国となった植民地が、国力やその繁栄を誇示するためのステイタス・シンボルであったことはまちがいない。とすれば、イルカのデザインは、たんに市民

（国民）により日頃から親しまれてきたということにとどまらず、イルカが群れをつくり、一方向に並んで泳いだり、潜ったり、跳んだり、躍動的に生きているその生態が、都市国家を発展させるための潜勢力や原動力にも共通し、国家発展、国威発揚のイメージに合致（アグリーメント）したのだと、とらえることができよう。

コインに描かれたイルカは躍動、発展する国家そのものなのである。

現代通貨とイルカ

イルカを図案化したコインは、古代地中海世界のみで使用されたのではない。イルカをデザインした硬貨は現代社会においても数種が通用している。イタリア（共和国）、アイスランド（共和国）、ジブラルタル（イギリス領）である。以下、『世界コイン図鑑』によりみていきたい。

イタリアで一九五一年に初発行された五リラの硬貨がある。二〇〇二年一月にユーロ・コインが誕生したので、導入後の詳細なゆくえは不明であるが、同書によると、ユーロ導入直前でも二〇リラ以下のコインは日常生活での有用性を失って姿を消しているとか。

ちなみに、二〇〇〇年に発行された五リラのコインは、表に国名と船の舵が描かれ、裏面に一頭のイルカと額面がデザインされている（写真参照）。しかし、筆者の手元にある一九五三年発行の同コインは、イルカが表面に思えてならない。「イルカ・ファン」のせいか……。素材はアルミニウム。直径二〇ミリ、重量は一グラム。通貨レートの一〇〇〇イタリア・リラは日本円で約七三円ほど。

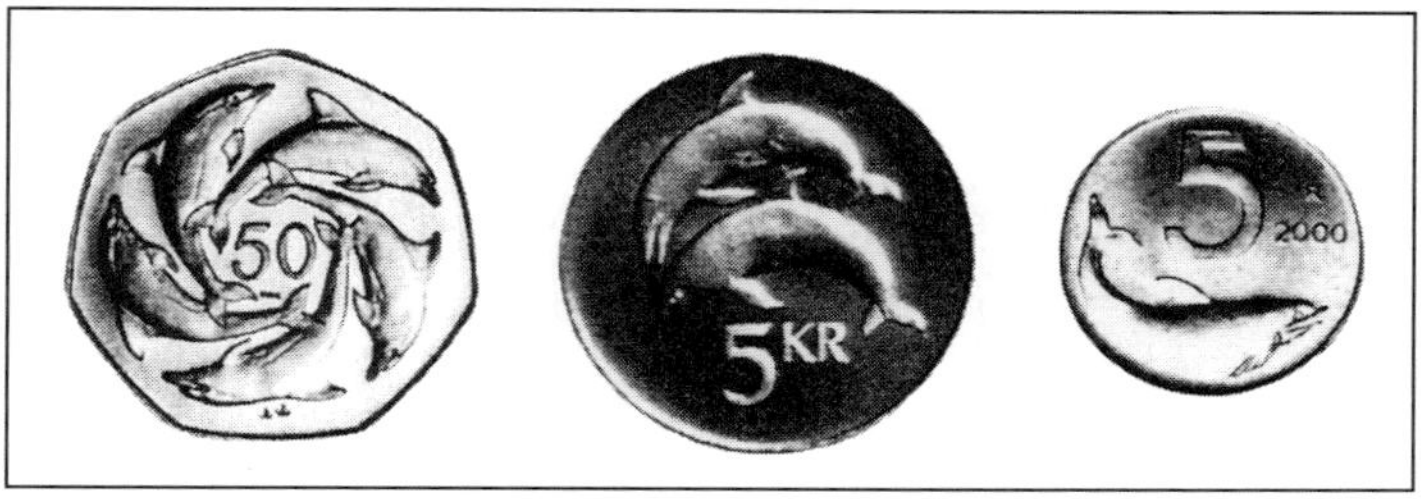

右／イタリアのイルカのコイン（5リラ，裏面．直径20 mm，重量1 g）
中／アイスランドのイルカのコイン（5クローナ，ニッケルメッキスチール貨，裏面．直径24.5 mm，重量5.6 g）
左／ジブラルタルのイルカのコイン（50ペンス，白銅貨，裏面．直径27.3 mm，重量8 g）

アイスランドにも一九九六年に初発行された、イルカをデザインしたコインがある。

前掲書により、二〇〇〇年に発行された五クローナのコインを見ると、裏面にイルカが二頭、跳躍しているようなデザインと額面。表面はアイスランドの四守護神とされるハゲタカ・ドラゴン・巨人・雄牛と国名がみえる。素材はニッケルメッキスチール。直径二四・五ミリ、重量五・六グラム。

現在のアイスランドは人口約二七万人ほどの小さな国。この国の歴史をみると、八世紀頃、ノルウェー人がこの島に移住し、国を築いたが、一三世紀にノルウェー王権の支配下にはいり、さらに一四世紀末にノルウェーがデンマークの支配下におかれるにおよんで、デンマーク領となった。

のちに、一九四四年、デンマークがナチスドイツの占領下におかれている時代に、国民投票で共和国として独立することに決め、同年六月に独立した。通貨単位はアイスランド・クローナ。通貨レートは一〇〇アイスランド・クローナが日本円でおよそ一七〇円。

アイスランドは名前のとおり、北緯六五度のあたりに位置する。亜北極圏といっても北極圏に近い。わが国では北海道の稚内《わっかない》が北緯四五度あたりに位置するが、それより、まだまだ北である。この海域はイッカク（一角・ユニコーン）が生息する。

だが、一般的には世界の温暖な海域に生息、分布するマイルカも、アイスランド近海あたりまで生息しているともいわれる。

しかし、アイスランドの硬貨にデザイン化されているイルカの種類は、亜寒帯域に生息するネズミイルカあるいはハ《（バ）》ンドウイルカ、シャチなのかもしれない。コインを見るかぎり、背鰭《せびれ》がついているので、北極圏および亜北極圏のみに生息するヒレのないイルカとよばれるシロイルカでないことは明確である（写真参照）。

地図で見るかぎり、ジブラルタルはスペイン国内だが、ジブラルタルは一七〇四年のスペイン王位継承戦争のときにイギリスが占領して以来、今日に至っている。

地中海の入口に位置する軍事上の要衝の地である都市を、そう簡単にイギリスが手放すわけがない。それ故、ジブラルタル・コインを製造しているのはイギリスの民間造幣企業なのだと上掲書にみえる。

ジブラルタルには二〇〇〇年発行の記年（年銘）のある、イルカをデザインしたコインがある。五〇ペンス、七角形のコインで、その裏面に五頭のイルカと額面が印されている。ちなみに、表面はジブラルタルの銘文と、エリザベス二世の右向き肖像デザイン。材質は白銅（銅七五パーセント、ニッケル二五パーセント）、直径二七・三ミリ、重量八グラム（写真参照）。

以上、貨幣《コイン》は経済活動に欠かせない流通手段であることはもとより、そのデザイン中に、文化の象徴的要素が盛り込まれていることをみた。

わたしたちは日常の暮らしの中で、あたりまえに使っている硬貨だが、その国や時代の国民的、文化的要素がデザイン化されているのだといえる。例えば常日頃、使っている一円や五円、一〇円や五〇円、一〇〇円、五〇〇円などの硬貨がどのようにデザインされているのかを説明できるか、失礼ながら読者諸賢にうかがってみたいような気がする。

筆者は、まったくあいまいで、あらためて、脚下を照顧せざるを得ないと、いたく反省しきりである。四囲環海のわが国なのだから、イルカや魚のデザインされたコインがあってもいい。

硬貨に、イルカがデザインされていることは、発行する国にとって、それなりの理由があるはずである。とすれば、イルカがコインに図案化されるということは、イルカが人間（国民）の暮らしや文化と深くかかわっていることでもあるといえよう。

都市と建物を飾るイルカ

宮殿を飾るイルカ

かつて、ヨーロッパの貴族や大司教の居城であった「お城」を舞台に、城内のチャペルでロマンチックな結婚式を挙行したり、大広間やサロンでカクテル・パーティーを開催するなど、豪華な調度品で飾られた会場で一時の演出を楽しむことがはやった時期があった。なかには、パリのルーブル博物館（王宮）の展示場を借りてのパーティーが催されたことさえも……。しかし、日本人のやることだから、そんなに永くつづくはずがない。あわせて、世界経済の悪化で、こうした楽しみ方もできなくなってきたことは事実である。

だが、「お城」は各種のイベントを雰囲気的に盛り上げ、演出効果を高めるために、うってつけの場所なのだと思う。

右を見ても、左を見ても、眼に入るものすべてが歴史の重さを感じさせるモノばかりで、非日常的なのだから嬉しい。

天井までとどくスタック・ルーム（書庫）の豪華な蔵書など、本好きにとっては、たまらない雰囲気だ。よく見ると、スタック（書架）には仔羊の皮で製本された古典の数々。憧れの部屋には、これまたみごとなシャンデリア。そして廻廊の壁にはタピストリーの装飾も。

あわせて、豪華づくしのサロンで、銀食器を使っての「お食事」となれば、嫌でも応でも、しぜんにリッチな気分になれるし、身も心も盛り上がるというもの……。

そのような「お城」の中をめぐりながら、気をつけて見ると、決まって、ところどころに「ウォッシュ・スタンド」（手洗い・洗面台）がある。そして、水にかかわりがある場所だけに、必ずといってよいほどイルカ（ドルフィン）や貝殻（シェル）が装飾として図案化されていることに気づく。

本項に掲げる「お城」の一例は、南ベルギーのアルデンヌ地方のうちでも、特に美しいことで知ら

モダーブ城内のウォッシュ・スタンド（左は拡大写真．筆者撮影）

れたモダーブ城である。

アルデンヌ地方には中世の古城が数多くあるといわれるが、モダーブ城は森の中の静かな城で、一方は崖に面して建てられている。説明によると、その起源は一三世紀までさかのぼるが、一七世紀に再建されたものといわれる。

今日の「お城」（モダーブ城）のあるじは、ブリュッセル水道局なのだが、イルカ・ファンとしては所有者などはどうでもいいのだ。

それよりも、「お城」の中の「ウォッシュ・スタンド」の装飾品であるイルカ（ドルフィン）に注目しよう。

手洗い用の水がイルカの口から流れ出るようになっているのは、おなじみである。ただ、尻尾のデザインが扇のようで面白い形をしているのが特長といえようか。

今日、わが国をはじめ、アジアの国々では、パー

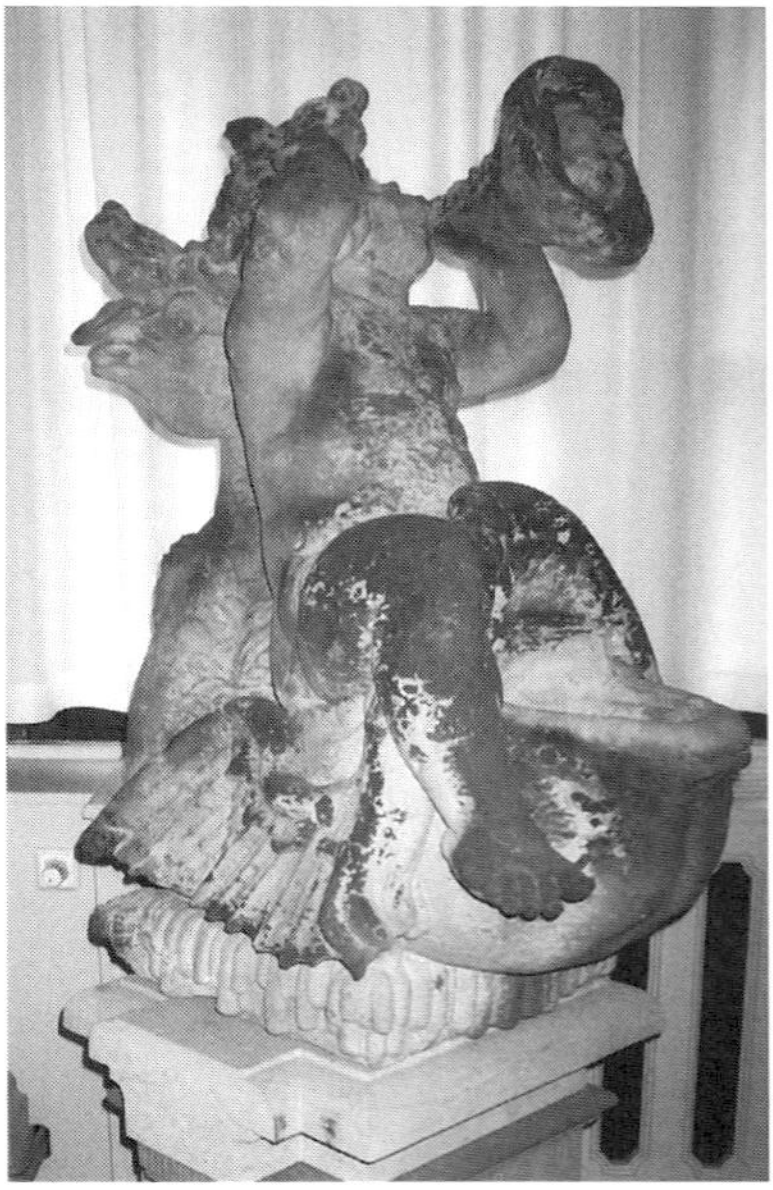

上／少年を助けるイルカ（エルミタージュ美術館蔵．筆者撮影）

左／大きく口をあけたイルカに乗るトリトン（ドイツ，ドレスデンのツヴィンガー宮殿蔵．筆者撮影）

ティーやレセプション会場で、「おしぼり」と称して「手ふき」が用意されていることが多い。しかし、欧米諸国を旅していると、必ずしも「おしぼり」を出す慣習がないような気がするのだが……。

過去においては当然のことながら、「おしぼり」などないのだから、「お城」にある「手洗い・洗面台」で手を洗ったあとは、個人が持参しているハンカチーフ（ハンカチ・ハンケチ）を使って手を拭いたのであろう。

日本のように共用の手拭が吊るしてあるのもみかけないから……。

そうした暮らしの慣習の中に、ハンカチーフの出番があり、ベルキーをはじめとする、より美しいレースのほどこされた装飾文化が淑女を中心に華ひらいたのだともいえようか。

その他、世界各地のどこの宮殿にも、ところせましと美術工芸品の数々が置かれているが、筆者が出合った「イルカと少年」の装飾品（彫刻）は、サンクト・ペテルブルクのエルミタージュ宮殿（美術館）の大理石彫刻であった（写真参照）。

これからも、世界各地の多くの宮殿で、イルカの装飾品との出合いが楽しみである。

家屋を飾るイルカ

装飾中、家屋にかかわるものは建築文化として、人々の暮らしにうるおいを与えてくれる。

わが国では「楣《まぐさ》」といえば、門または出入口の扉の上に渡した横木のことだが、石造りの家屋が多

右／楣石に彫刻されて家を飾るドルフィン（アルプスの山あいの家）

上／ドルフィンのモザイクで飾られた床（ギリシア，ロードス島．筆者撮影）

いヨーロッパの場合は、出入口に水平に渡した大きな石や、窓枠《わく》の上部を「楣石《まぐさいし》」の名でよぶ。

地中海沿岸でもフランスからイタリアの国境南部のアルプスは「マリータイム・アルプス（マリチーム・アルプス）」の名でよばれ、豊富な石材を用いた立派な家屋がめだつ。

楣石に彫刻されたドルフィンは小さな山あいの家の楣を飾っていた。

また、エーゲ海のロードス島ではモザイクに描かれたドルフィンが家の床を飾っていた。

街や公園・建物を飾るイルカ

盛夏の季節、公園の噴水で、魚の口から涼しそうに流れ出ている水。飛沫を浴びながら歓声をあげて遊ぶ子供たち。こんな情景は、どこの国でもよく見かけるものだ。

パリのコンコルド広場の二つの噴水は、ローマのサンピエトロ広場を模してつくられたとされるが、その南側の「海洋の航行」をあらわしている噴水は、六人（頭）の人魚がそれぞれの胸元に魚を抱え、その大魚の口から勢いよく、水が噴き出しているのは、その典型といえるであろう。

しかし、コンコルド広場の噴水は、「人魚」であったり「魚」であって、「イルカ」ではない。人魚をデザインした噴水は各国にあるが、はたして、「イルカはいるか……」。

このような気持ちを心に宿して、各地を旅してみると、以外にいるものである。

しかも身近なところにいるのだ。

わが国では、開港百五十年をむかえ、記念式典や各種のイベントで盛り上がりをみせた横浜。その中心地ともいえる、横浜スタジアムのある横浜公園がその場所。しかし、筆者はときどき通るが、いまだかつて、この公園のイルカの口から水が出ているのを見たことがない。横浜のデート・スポットになっているので、もしかすると、夜遅くなると水を流してロマンチックな夜景と雰囲気をかもしだし、恋人たちにサービスをする仕組みかもしれない。

横浜公園内のイルカの噴水

同じ横浜公園にほど近い場所に神奈川県立歴史博物館がある。

大きなドームのある、重厚で美しい建物として

上／明治37年（1904年）建設当時の横浜正金銀行本店（現・神奈川県立歴史博物館．ポストカードより）

左／同上．ドームを飾るドルフィン（設計した妻木頼黄は日本橋（1911年）の意匠設計もしている）

四頭のイルカの噴水（右）とプラタナス並木のミラボー通り（筆者撮影）

知られ、国の重要文化財・史跡の指定をうけている。もとは横浜正金銀行本店の本館であった。

建物のシンボルである八角形のドームは、関東大震災や戦災にあったため、明治三七年（一九〇四年）の創建当初の写真などをもとに復元されたもの。

この八角形の各隅を飾っているのがイルカで、大きさはおよそ一メートルはある。

別項（「世界最古のイルカの壁画」）でも述べたが、古代の地中海世界や、その文化を継承した西洋の国々では、イルカは再生の象徴として神聖視されてきた動物。あわせて水にかかわるため、建物の火災よけに結びついた。横浜という土地柄、海に結びつく装飾としてデザインされたのであろう。

一見すると「シャチホコ」（鯱）のように頭部は龍で、背上に鋭い刺を有するように見えるが、こうしたデザインのイルカはヨーロッパにも数多くある。しかも、海に棲むから防火の効があるというのも共通している。

残念なことに、このイルカの装飾は博物館の屋上の、さらに上のドームにあるので、一般の方々は道路から見上げ、遠くからしか見学することができない。読者諸賢には写真でご披露するしかない。

よく知られているイルカの噴水がある。しかし、この噴水を見に行くのは大変だ。噴水は日本から遠くにあるばかりか、とても古い。

フランスのエクサン《エクス・アン》・プロヴァンスにあるミラボー通りは、世界でも指折りの美しい目抜き通りとして知られている。したがって、観光客も多い。

画家セザンヌの生家やアトリエが残り、一八世紀頃に建てられた豪奢な邸宅の家並みやプラタナスの大きな並木が、その美しさをかもしだしているのだが、さらにこの通りを美しくしているのは数多くの噴水である。

目的のイルカの噴水には、「四頭（匹）のイルカの噴水」という名前までついており、その製作年代は一六六七年と古い。しかも、横浜公園の一頭（匹）のイルカの噴水とちがって、いつでも水が流れているらしい。そういえば、ミラボー通りの片側に三つ並んでいる噴水の真ん中の噴水からは、水ではなく、温泉が湧き出ていた。三四度もあるとか。

宝飾・装飾の中のイルカ

イルカの耳飾り

ターラント市は、イタリア南部に位置する。よくたとえられるように、イタリアを長靴に見立てると、ターラントはカカトの内側部分にあたる。

古代ギリシア時代からの古い都市で、ギリシア時代からヘレニズム時代まではタラスとよばれ、金細工師の街として栄えた。しかし、紀元前三世紀末にはじまった第二次のポエニ戦争で、タラスはカルタゴについたが、カルタゴの名将といわれたハンニバルがローマ軍に敗れたため、その後、歴史の表舞台から消えてしまう。

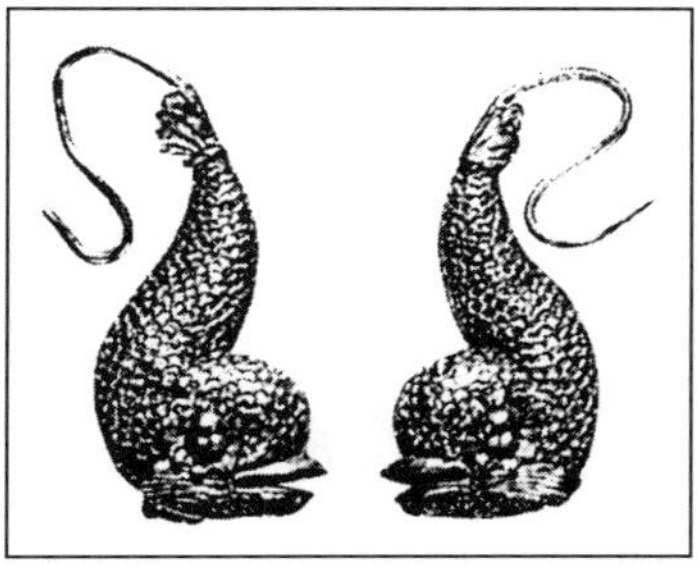

イルカの耳飾り（コフラー＝トルニガ・コレクション）

以後、長い間、地中海世界の人々の記憶からも忘れ去られていたタラスであったが、のちの時代に街の発掘が進むにつれて、すばらしい宝の山があらわれ、再び世界中の注目をあびることとなった。今日、ターラント国立考古学博物館といえば、「金細工の宝庫」の代名詞のごとき存在として再び多くの人々にその名をとどろかせている。

以下、その出土宝飾品の中からイルカにかかわるものをさがしてみる中で、まず目についたのが「イルカの耳飾り」である。

写真はイルカの耳飾り一対。金細工で高さ四・七センチ。耳たぶに小穴をあけてつける垂飾り風の所謂ピアス（ズ）イヤリング。イルカのデザインはターラントの貨幣、陶器画などに数多く描かれているが耳飾りの出土品は、これまで他に三点が挙げられるだけだとされる。本例はタ－ラント出土だが国立考古学博物館の所蔵品ではなく、コフラー＝トルニガ（Kofler-Truniger）コレクションのもので紀元前四世紀から紀元前三世紀に比定されている。

他の三点のうちの一点は、ロンドンの大英博物館が所蔵する南イタリアからの出土品で、紀元前二世紀のもの。ほかには、ニューヨークのメトロポリタン博物館の所蔵品で、発掘に関する詳細なデータがないものだが様式から紀元前四世紀から紀元前三世紀頃のものと比定され、本例に最も近いとされるもの。残る一つは、ターラント出土だがローマのカステッラー・コレクションの図録に見えるものとの説明がある（以上は「ターラントの黄金展」カタログによる）。

イヤー・リール

現代人にとって、なじみはうすいが、わが国でも、この手の耳飾りは古い時代から愛用されてきた。筆者が見た土製や石製の耳飾りで最も多量に保管・展示されていたのは、上越新幹線の月夜野駅に近い月夜野歴史資料館であった（群馬県利根郡みなかみ町月夜野）。

この「滑車形耳飾り」とよばれる耳飾りは、縄文時代の後期から晩期（紀元前二〇〇〇年から紀元前三〇〇年頃）にかけて流行したものであるらしい。茅野《かやの》遺跡からは、およそ六〇〇点も完全な形で出土したというが、いずれも単品で、対になっているものはないという。片方の耳朶《みみたぶ》に装着するのが当時のファッションだったのだろうか。

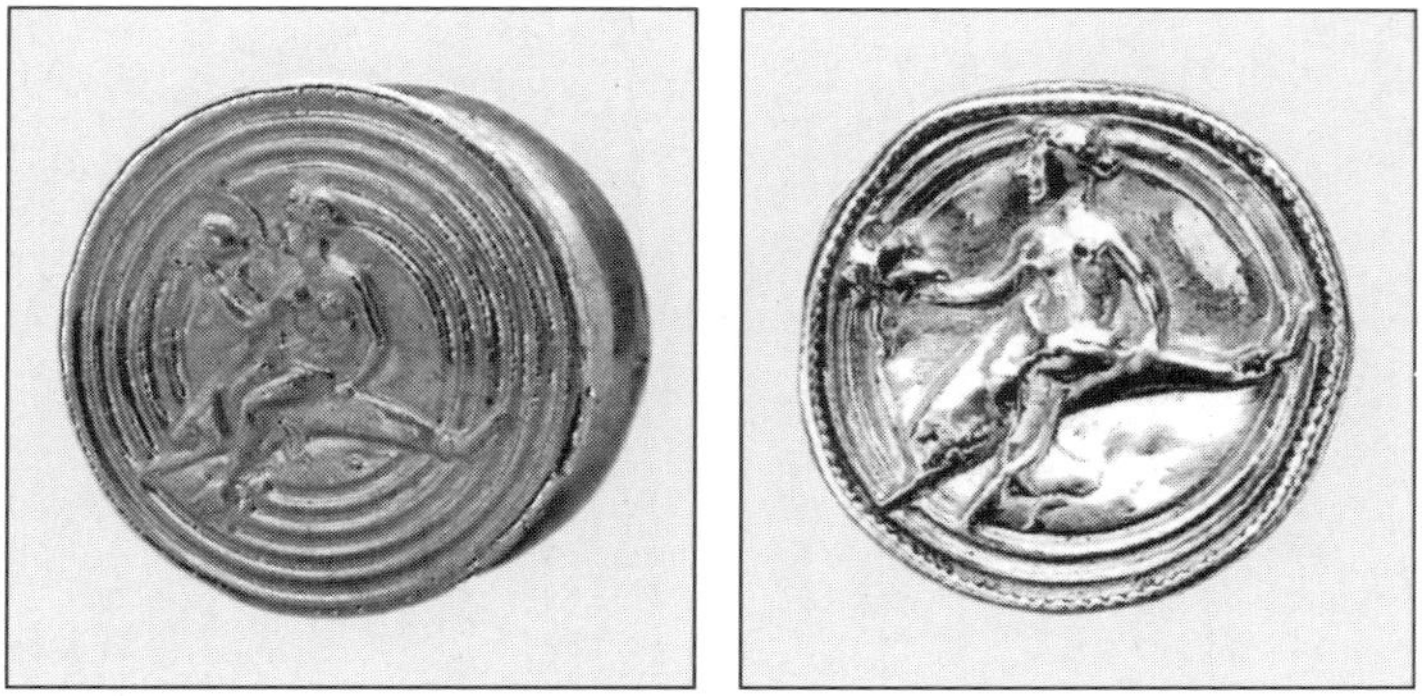

イヤー・リール（右／大英博物館蔵，左／ニューヨークのフレッチャー・ファンド蔵．*Greek Gold: Jewellery of the Classical World* より）

「滑車形」という名前は、その形が滑車に似ているということでつけられたにすぎない。大きなものは直径が約一〇センチ、重さは一〇〇グラム。小さいものだと直径一センチ、重さは一グラムほどだという。

月夜野に近い榛東村《しんとうむら》（茅野遺跡所在地）には、「耳飾り館」まである。

ここに掲げたイヤー・リールとよばれる耳飾りは大英博物館所蔵のもので、ギリシア時代の紀元前三五〇年から紀元前三三〇年頃のものとされ、ロードス島より出土したもの。ギリシア神話の海の女神（ネーレイス・ネレイド）がイルカに乗っているのだという解説がある。イルカに乗っているのは確かだが、乗っているのが海の女神であるというところまで、筆者としては責任がもてない。

同じようなデザインだが、もう一例は、やや装飾がこまかい。出土地は明らかでないが、年代は紀元前四〇〇年から紀元前三五〇年頃のものとされる。ニューヨークのフレッチャー・ファンド所蔵の資料によるもの。こちらは乳房がはっきりみえるので女神であろう……。

このように、比較的大きな耳飾りが、同じような時代に、わが国でも地中海世界でも流行していたことに興味をおぼえるのは筆者だけでなかろう。

イルカの首飾り

一般的な装飾の鐶《かん》（金属製の丸い輪・輪飾り）といえば、耳飾り・首飾り・指飾りの三点セットということになろうか。なかでも首（頸）飾りは、いつの時代においても、どこの国（地域）のヒトにも人気がある装飾品だ。そして、その材質（素材）も幅広い。

すでに述べたようにターラントは金細工のメッカ（のちには金細工の墓場とも）いえる町（街）であったため、素材に金が使われているのは当然といえるのだが、首飾りのような円環の長いものになると、金の鎖のほかに琥珀色のガラスや柘榴石《ざくろいし》を組み合わせ、色彩をはじめとするアクセントをつけたデザインの作品も多い。

写真に示したイルカの装飾はネックレスの末端に付けられた留め具である。全長は三六センチ。両端のイルカの長さは約一センチ。

つくりは二枚の金の薄板を打ち出して鑞付けしている。イルカの下方に熔着された鉤と環で留め具がつくられている。製作年代は紀元前二世紀第1四半期頃とされる。ターラント国立考古学博物館の所蔵品。

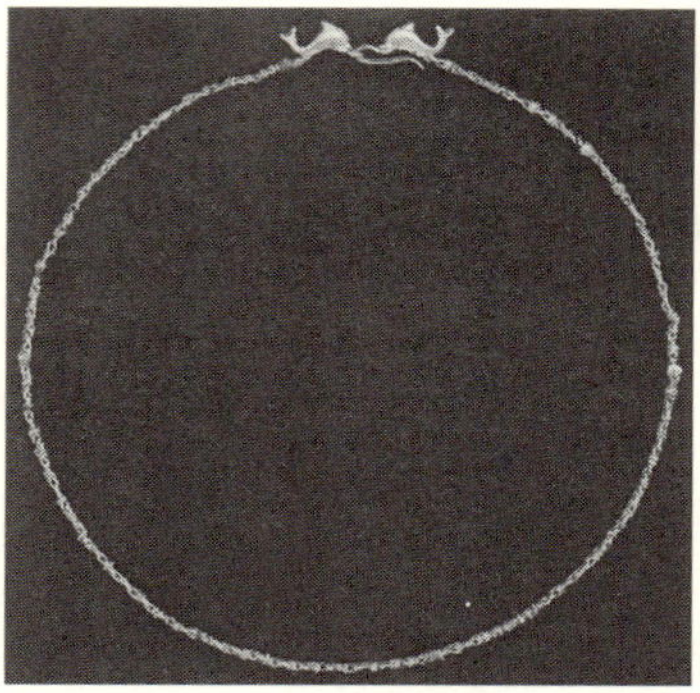

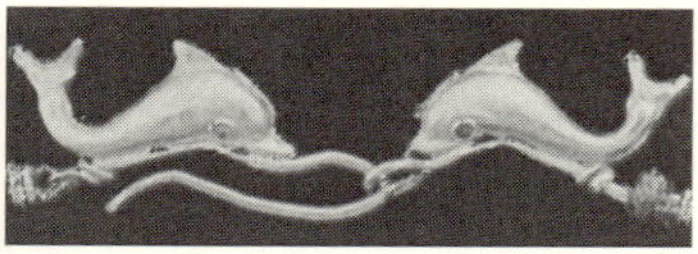

イルカの首飾り（上はその部分）

いずれも
「ターラントの黄金展」カタログより

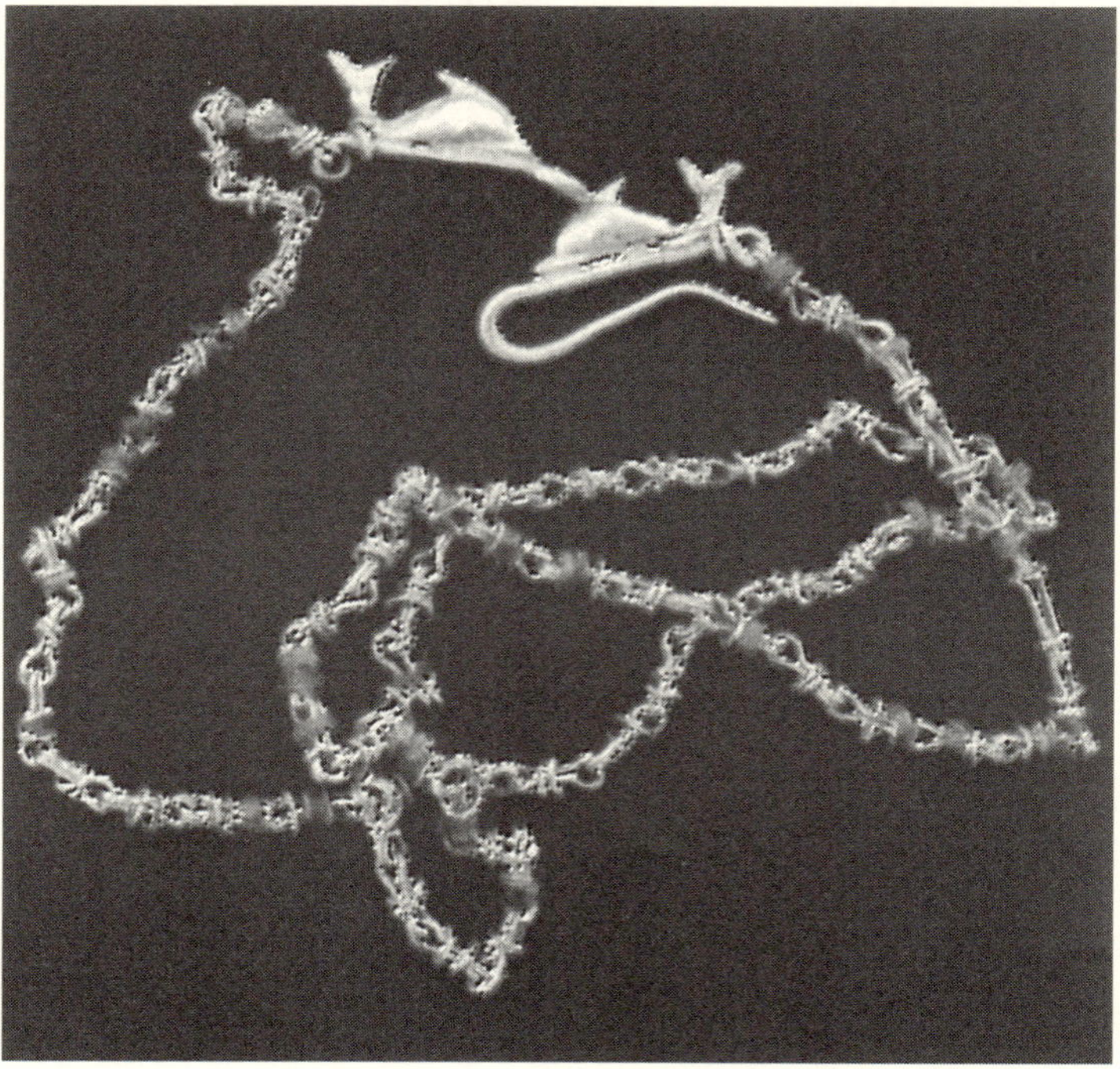

同上（イルカは0.9 cm と小さい．ターラント国立考古学博物館蔵）

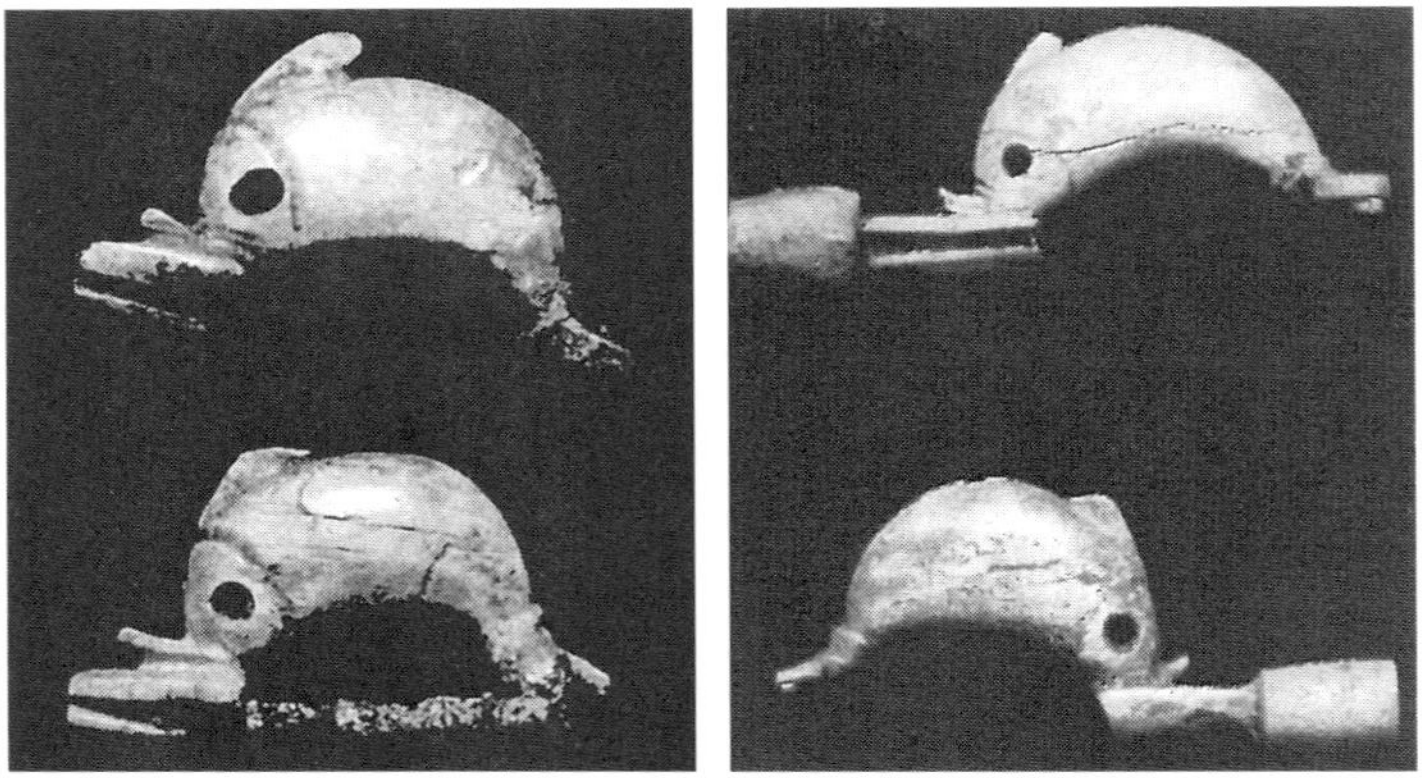

イルカのフィーブラ（日本ユネスコ協会連盟編「ターラントの黄金展」カタログ，1987年より）

同じく、次のイルカの首飾りは全長三一センチ。イルカの長さは〇・九センチである。製作年代は紀元前二世紀中頃から同世紀末頃のものとされる。ターラント国立考古学博物館所蔵（いずれも「ターラントの黄金展」カタログ所収より）。

イルカのフィーブラ

フィーブラは、古代ギリシア時代から使われてきた「留《と》め金」で、今日の安全ピンは、その最もシンプルなものにあたる。

世界中、どこの国（地域）でも、いつの時代にも美的なセンスをもっているヒトはいるもので、お洒落は楽しく、人生を豊かにしてくれる。それ故、同じ「留め金」でも、ただ、用にたりれば良いフィーブラもあれば、装飾をほどこした豪華なものもある。

それに使用目的により、衿留《えりど》めになったり、今日のボタンと同じように使われていたものもある。このほか、古代ギリシア時代には若者が短いマントを肩からかけて胸元で留める「クラミウス」とよばれる留め具もあった。

写真に掲げたイルカのフィーブラは、左右二点ともターラント国立考古学博物館所蔵のもので弓の部分（イルカ）は骨製。弧を描くイルカの形で尾鰭《ひれ》の先は二つに分かれている。背鰭が突き出しているのもイルカの特徴をよくとらえたデザインといえよう。目の位置に孔があけられている。針受けの端は円筒形になっているが、そうでないタイプのフィーブラもある（写真参照）。針は鉄製。長さはいずれも約六センチ。製作・使用年代は紀元前四世紀後半のものとされる。

ターラントではイルカをデザインした同型類似のフィーブラが多数出土しており、いずれも同博物館に保管されているが、これはボタンを使うかわりに留め金が使われていたのかもしれない。

しかし、同館には紀元前三世紀末頃に使用されていた各種（円形・方形・楕円形など）のボタンの出土資料もかなり保管されているので、はっきりしたことは不明だ。

イルカのカメオ

イタリアのナポリ湾を望む海辺の街トーレ・デル・グレコは、カメオの本場というより「カメオの街」である。ナポリの中央駅からポンペイの遺跡方向に、タクシーで三〇分も乗れば行ける洒落た街で観光客も多い。

この街には一〇〇年以上の歴史を誇るカメオ職人の伝統的な工房があり、カメオ職人を養成するための専門学校もある。

イタリアのカメオは、世界的に、あまりにも有名であるが、本来、「カメオ」(cameo) は「陽彫り」(浮彫り) のことを意味する。したがって、特定の素材はないのである。一般的に貝殻を素材とした「シェル・カメオ」が多い。しかし、象牙・珊瑚《さんご》・瑪瑙《めのう》・その他の貴石など、なんでも浮彫りをほどこした装飾品はカメオの仲間入りができる。

カメオは歴史的にみても古い装飾品で、古代エジプトの時代までもさかのぼることができるという。しかし、一般的に広まったのは、素材を貝殻に求めた「シェル・カメオ」が登場した紀元前三〇年頃のローマ帝政期頃からだとされる。素材が比較的入手しやすく、加工もしやすかったので、値段も安いアクセサリーとして人気がでたらしい。

シェル・カメオにもいろいろの種類がある。コルネリアン (cornelian) とよばれるブラウン (褐色《かっしょく》・やや黒みを帯びた茶色) を帯びたベースにホワイトの層が重なる貝殻がよく知られている。しかしコルネリアンとよばれる巻貝はイタリア国産ではなく、東アフリカの海で採取されてきたため、素材からして高値なのだ。

また、サルドニクス (sardonix) とよばれる「サルドニック・シェル」(サードニクス・カメオ) はカリブ海で採取される貝で、チョコレート色とホワイトの二層からなる貝殻なので、その持味を生かしたカメオは人気があり、これまた高価でもある。

そのほかにも、「ピンク・シェル」を素材としたローゼとよばれる種類があり、淡いピンク色とホワイトの二層を上手に生かして製作されたものも人気があり、ファンも多い。
あわせて、コルニョーラ・シェルとよばれるオレンジ系統の色とホワイトの二層を生かして彫りあげたものなど、それぞれの種類の貝殻の特色を生かし、オール・ハンドメイド（手彫り）の美しさ、やわらかさ、温かさに加え、優雅な動きのある表情を生みだすカメオ職人は、芸術家として尊崇され巨匠とよばれてきた。

特に、ヨーロッパの王侯・貴族の貴婦人たちにとって、芸術性の高いエレガントなカメオは時代をこえて愛されつづけてきたのである。

写真で紹介する、「二頭のイルカと戯れるマーメイド」は、巨匠チーロ・フェラーラによる一九八九年の作品だが、その緻密な技もさることながら、わずか、五・五センチのカメオの中から、エレガントで気品あふれる詩情がわきだしてくる傑作である。

チーロ・フェラーラ作「二頭のイルカと戯れるマーメイド」（1989年．個人蔵）

よく見ると、下半分は海面下で、一頭のイルカに人魚が乗り、共にこの世を謳歌しているようである。流れるように潮風になびく、長い髪もロマンチックで美しい。もう一頭は、マーメイドを押し上げ、ひきたてている……。

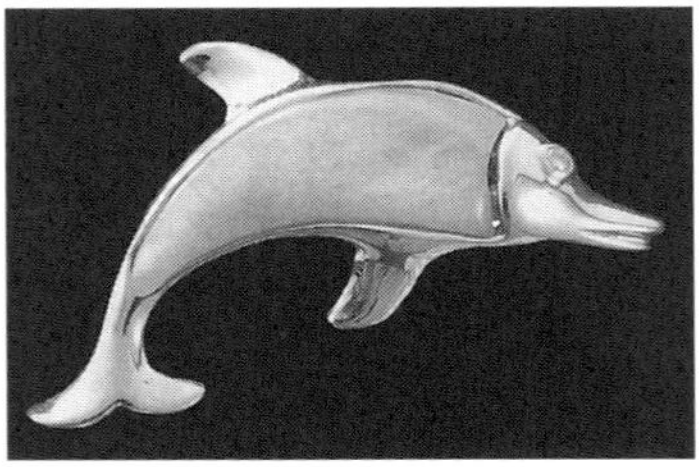
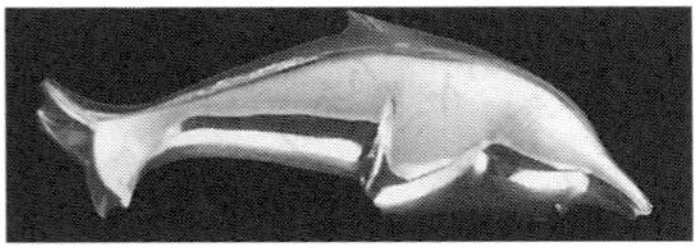

右／イルカのペンダント型ホイッスル（縦 3.3 cm，横 1.7 cm）
左／イルカのミニブローチ（縦 1.3 cm，横 2.8 cm）

イルカのミニブローチなど

この地球上で、ヒトだけができ、他の動物にできないことはいろいろある。その中でも、モノを飾ったり、モノで意識的に「飾る」という行為はヒトのもつ唯一の表現だろう。

モノを「飾る」とか、「飾りたてる」ということがヒトだけがやる行為ならば、モノとヒトの文化史をテーマとする本書としては、この点に力を入れるべきだし、強調しなければならないと思う。

ここに紹介したイルカをモチーフにしたミニブローチはイタリア・ミラノのジュビラーレ（GIUBILARE）によるピンズコレクションの一つ。イルカは予知能力にすぐれ、導きのシンボルとされてきたため、身に付けていると幸運をもたらしてくれると伝えられているなど、人気がある。

材質は一八金ホワイトゴールド、ピンクシェル、眼にはダイヤモンド一石があしらわれている高級品である。

イルカの笛ペンダント

ペンダント型のホイッスルである。トップ部分が笛になっているがイルカのペンダントで尾の底部に吹口がある。スターリングシルバー製でチェーンをつけて首飾りとして使える。

防災、防犯用、地震や火災時に居場所を知らせたり、夜道でのひったくりや痴漢対策にもなるので若い女性に人気があるとか……。お洒落なのが嬉しい。

実用デザインとイルカ

デザイン化されたイルカ

愛玩用の動物をデザインした実用品の数は多い。特に子供たちが日用品として楽しみながら用いる食事にかかわる小物には、流行の人気キャラクターをはじめ、動物の中でも水中に生息するあらゆる種類の動物が図案化されているといっても過言ではない。

スプーン、フォーク、お皿、弁当箱と、さがして書き上げればきりがない。

その中でもサカナは人気者だが、それ以上にクジラやその仲間のイルカは人気の筆頭だろう。チョコレートからビスケットまであるからすごい。それに、イルカを図案化した商品は子供用品に限らないのである。

卑近な例で恐縮だが、筆者も特別に意識して収集したわけではないのに、結果的にイルカ・グッズが身の周りに集まっていることに気づく。

イルカの形をしたドアー・ノッカー

イルカの形をしたチョコレート（ハワイ）

イルカの燭台（ボストン・セーラム）

イルカをデザインしたヴェネチアン・グラス

拙宅に近づくと、門扉ごしの庭に風見鶏ならぬ「イルカの風見」(weather vane) がある。名前が書いてありネーム・プレートがわりのつもりだが、やや高い場所にあるため、訪問者に気がついていただけず、ほとんど役に立っていない現状だ。

玄関入口の扉には訪問者用

の「ノッカー」(door-knocker)が付いている。これもブロンズのイルカで、尻尾を上にしているので、頭部から胴体にかけての取っ手にあたる部分をもち、カチ・カチ、トン・トンと打つ「たたき金」である。

かつて、メリーランド州のアナポリスにあるアメリカ海軍兵学校付属博物館へ、M・C・ペリー提督の資料調査に出かけた折、土産に買い求めたものだが、当時は、イルカのことを執筆するなど、まったく考えていなかった。

さらに、「家の扉を開けて玄関に入れば……」ということにつづくのだが、家の中のことは読者諸氏の想像におまかせするしかない。

書斎にはいれば、マントルピースの上には燭台もあれば、飾り戸棚の中にはイルカをデザインしたグラスも……。

わが国のどこの家庭にも、多かれ少なかれ上述したようなイルカ・グッズはあると思う。イルカを図案化したものをさがせばきりがない。コースター、ワイングラス、ペーパー・ウェイト、キー・キーパー、拡大鏡(ルーペ・虫メガネ)、小型のものでは一般にクリップとよばれるペーパーの挟み金具まであるから驚く。

それに、水族館などのミュージアム・ショップには、イルカの鍋敷きから写真フレーム、グラスや置物などの土産品も多い。特に「イルカ・ファン」でないヒトにも喜ばれるプレゼントだ。

この件に関しては、読者諸氏もアイディアしだいで、新しいイルカ・グッズ(商品)開発に参加で

上右／しながわ水族館の入場券
上左／下田海中水族館の入場券
左／イルカのマークのレストラン（ハノイ）

きるし、新商品として特許を取得するチャンスも生まれよう。

イルカ・グッズのデザイン化された商品の数々も芸術分野の立派な文化であり、文化遺産の片鱗なのである。

水族館のシンボルマークになっているイルカも多い。その一つに東京の「しながわ水族館」がある。この水族館のイルカは御覧のように、お子さまむけの可愛らしいイルカがデザインされている（写真参照）。

ベトナムのハノイに出かけた折、地元の

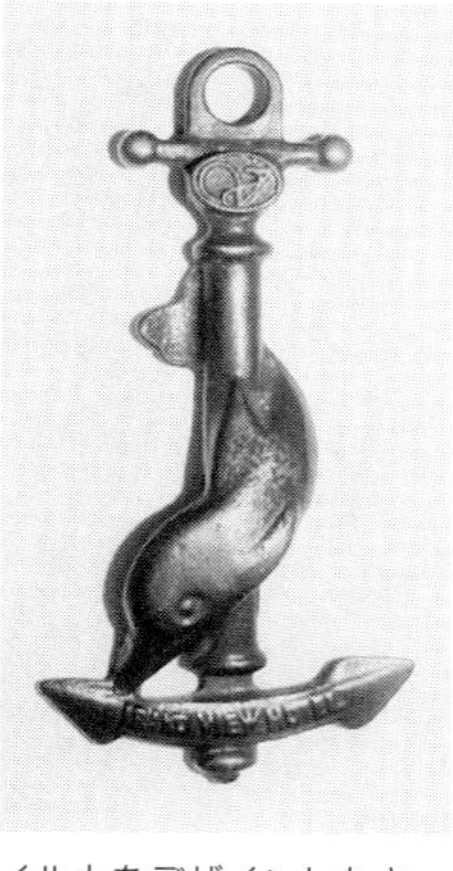

イルカをデザインしたキーホルダー

『ウインドー（WINDOW）』というPR誌に掲載されていたイタリアン・レストランの「地中海」という店のシンボル・マークにイルカを二頭、組み合わせてデザインしたものが使われていた。簡単なようだが、色を二色、上手に使い分けてのデザインが印象に残ったし、ホーム・メイドのピザやパスタなどのイタリア料理と、店名の「地中海」という名がイルカを愛でる優しさをかもしだしているような、雰囲気のあるレストランのように思えて、お邪魔をしたことはないが、なんとなく心に残った（写真参照）。

商標・シンボルマークになったイルカ

イルカは、数ある動物の中でも、イヌ、ネコや鳥、魚と同じように、身近にデザインされたシンボルマークや商標になっている数が多い。

この種のイルカ・グッズ（商品）等を世界中にさがし求めたら、おそらく、星の数ほどとはいかないまでも、かなりの数になるのではなかろうか。

近年は、キャンディー（チョコレート）にまでなって、子供たちを喜ばせているのであるから、そのキャラクターとしての魅力は、はかり知れないものがあるのだろう。本項では、筆者の嗜好でそのいくつかを拾い、日々の暮らしの中で、実際には実物のイルカと出合える機会の少ない読者諸賢のためにも、イルカがいかにヒトに身近な魅力のある動物であるかを紹介したい。

最近はアルコール（酒）類の種類も多い。特に、通称「地ビール」の名で親しまれている各地各様

イルカをあしらったビール（上）と焼酎（下）のラベル

の味と香り、咽ごしの旨みなどを売り物に製造している土産物としての商品をよく見かける。嗜好品ゆえ、甲乙はつけがたくても、販売実績がその人気を象徴していることになろう。

その中の一つにイルカをデザインして、大人を喜ばせているビールがある。「九十九里オーシャンビール」というのがそれ。ビールは酵母の残りかたや、香味、咽ごしの刺激など人それぞれの好みがあるため、ここでは名前だけにとどめるしかない。試飲をすすめるのもいかがなものか……。

四国の高知県には「鯨酔」という銘柄の日本酒はあるが、筆者はイルカにかかわる銘柄については聞いたことがない。

ただし、大分県日田市には「イルカの超音波仕込み」なる意味不明の焼酎がある。ラベルの説明（解説）に、アルコール分二五度、原材料麦・麦こうじなどとあるが肝心要《かなめ》の「イルカの超音波仕込み」についてはー言もふれてないのが残念だ。「本格焼酎」ともあるが、その関係はどこか怪しい。

イルカのイミテーション

模造品にもいろいろある。実物大のものもあれば、拡大したもの、また、ミニチュア（ミニアチュア・縮小模型・縮小型）も。

一般的に博物館（美術館等を含めて）では、こうした模造品をレプリカ（複製品・複写）などとよんでいる。

イルカは水族館の中でも人気者なので、館園のシンボルとしてのレプリカとなり、来館（園）者を迎えてくれるのは、ご存知のとおり。これまでにも、読者諸氏がイルカのレプリカに迎えられたことは多いであろう。

こうした、モニュメント的な「イルカ像」を世界中にさがし求めたら、その集積結果は、おそらく一冊の図録ではおさまらないかもしれない。それ故、本書では国内にある数例を紹介するにとどめるしかないことをお許しいただく。しかも、筆者の独断と偏見というより、これまで、めぐり逢えたイミテーションのイルカを以下に紹介するしかない。

願わくば、この項目は、以後、読者諸氏ご自身により、永きにわたり、あらたに出合えたイルカの「モニュメント像」を付け加えていただき、増補・改訂を楽しみつつ、より一層充実したページが増えることが結果としてあれば、筆者としては、それほど嬉しいことはない。少々、虫がいい話で恐縮

右／「山海」海水浴場のドルフィン（知多半島）
左／「内海」駅前のドルフィン（南知多町）

だと思いつつ……。

愛知県、知多半島の伊勢海（湾）側に、「山海《やまみ》」という海水浴場があり、夏季は大いに賑わう。

この浜辺は「ドルフィン・ビーチ」の愛称でも親しまれ、名古屋方面の人々にも人気がある。

近年は浜も海水もきれいになり、沖を通る船舶が捨てていた廃油ボールなどが流れつくこともなくなった。

浜辺で海水浴客が安全に、楽しく遊ぶのを見守るための監視・救護塔が建てられたが、その監視塔をささえているのが三頭のイルカである。子供たちにも人気があり、親しまれて今日に至っている（写真参照）。

こちらも知多半島の南端に位置する南知多町にあるイルカのモニュメント。

今日、名鉄常滑《とこなめ》線は名古屋から常滑よりさらに南知多町の内海《うつみ》に延長されている。

その、内海駅前の山側構内に建てられているのが、二頭のイルカがのびのびと空中を泳ぎ、遊んでいるようにデザインされているイルカのモニュメントである（写真参照）。

近年、長崎県の壱岐島北部の勝本町沖にある「辰ノ島」のイルカといえば、マス・コミュニケーションで大いにあつかわれたことがあり、ご存知の方々も多く、名高い。

その勝本町に「かつもとイルカパーク」があり、観光客を集めている。平成七年（一九九五年）に開園した。

パークでは、[八]バンドウイルカとオキゴンドウの二種類が遊んでくれる。入江の最奥部分を網で仕切り、観覧用の浮桟橋がかけられており、来園者はそこからイルカに餌を与えることができる。もちろん餌は有料だ。それに、イルカの健康管理やダイエットも考慮しているので、いろいろと制限がある。餌を与える時間は午前中の一〇時と午後三時の一日二回。餌の量は「お一人様一匹」のみ。人数制限も。

イルカのモニュメントの前で写真に収まる観光客（壱岐島・かつもとイルカパーク）

このイルカパーク内には、フラフープで遊ぶ三頭のイルカのモニュメントがあり、来園者にとっては記念写真を撮る、人気スポットになっている（写真参照）。

シャチのモニュメントの前で写真に収まる観光客（鴨川シーワールド）

千葉県の外房海岸、鴨川市にある「鴨川シーワールド」は、イルカやシャチのパフォーマンスやベルーガ（シロイルカ）のパフォーマンスでも全国的に知られている。

ベルーガは北極圏から亜北極圏にかけての寒い海域に生息する。真白い体のためシロイルカの名があり、その鳴き声がカナリヤに似ているところから、捕鯨業者たちは「シーカナリヤ」（海のカナリヤ）ともよんできた。また、高い知能をもっていることでも知られ、仲間どうしで会話をしたり、モノをさがすときには超音波を出してさがすことができるといわれ、そのパフォーマンスには定評がある。

しかし、この水族館では、それ以上に人気があるのは「海の王者」の異名がある「シャチ」で、その大迫力のアドベンチャーをメインにすえている。

したがって、バスツアーの団体客や観光客は、必ずといってよいほど、「鴨川シーワールド」のシン

ギリシアの切手（紀元前110年頃のデロス島のモザイクのデザイン．1970年発行，神谷敏郎・白木靖美『クジラ・イルカと海獣たち』未来文化社，1995年より）

ボルである「シャチ」のモニュメントの前で、集合写真の一枚をパチリとあいなる（写真参照）。

切手の中のイルカ

切手のコレクターはコインと同様に多い。だが、コインのコレクションは経済的な負担が大きいのにくらべ、切手はそれほど負担がかからない場合が多いため、収集しやすい。

その理由は、切手は使用目的をはたしてしまえば特別なコレクターでないかぎり、その価値を認めないからである。とすれば、コイン・コレクターより、スタンプ・コレクターのほうが多いのは当然といえよう。

別項の「古代のコインとイルカ」でも述べたが、「イルカを図案化したコイン」の数は多く、それだけでも一冊の書物になりそうだと記した。ところが、「イルカを図案化したスタンプ」はさらに多く、それは、一冊の本になりそうだという話ではなく、すでに書物として刊本があるのだから驚かざるを得ない。

その本は『クジラ・イルカと海獣たち』という題名で、「切手ミュージアム」というシリーズのサブタイトルがついている。

この高著は、切手のコレクターとして著名な畏友の加藤和宏氏から恵贈されたものだが、一四〇頁ほどある本の半分は、カラーの切手で埋めつくされているから、ものすごい。世界で、イルカの切手を発行している国を、ざっとかぞえただけで四一カ国（信託統治領などを含めて）ある。イルカに関する切手を発行している国々は世界中にあり、しかも一国でイルカの切手を何枚も発行している国が多いのに驚く。

なぜ、このようにイルカたちの切手が多いのか、それは、わからない。しかし、ただたんに人気があるということでは、すまされないように思える。

同書の筆者も明記しているが、本の題名に「クジラ・イルカ類」と書くと、両種は動物学的な分類のように思われてしまうことがある。だが、イルカは小型のハクジラの愛称なのである。

したがって、クジラとイルカのちがいということではなく、クジラ類のうち大型の種類をクジラとよび、小型の種類をイルカといって親しんでいるにすぎない。

もう少し、同書の解説を引用すると、

「クジラ類七八種類のうち六七種類はハクジラで、全体の八六パーセントをしめている。（残りの一一種類がヒゲクジラ。）

ハクジラのうち体長が一五メートルにもなるマッコウクジラと、一二メートル前後になるツチクジラを除いた六五種は、いずれも体長が一〇メートル以下の中型や小型の種類である。体の大きさが五メートルから八メートル前後のアカボウクジラやオウギハクジラ、シャチやコビレゴンドウなどが中型種であるが、体長がおよそ四メートル以下の小型のハクジラをイルカとよんでいる。」

とみえる。

閑話休題。上掲の高著を拝読して、まず気になることは、世界のおよそ四一カ国でイルカに関する切手が発行されているにもかかわらず、わが国では、イルカにかかわる切手が一枚も発行されていないことである。

食材として食文化もあり、常日頃、イルカには大変お世話になってきた国民が日本人であり、言葉をかえれば、イルカと共に生きてきたといっても過言ではない地域も多い。それがどうしたことなのだろう。

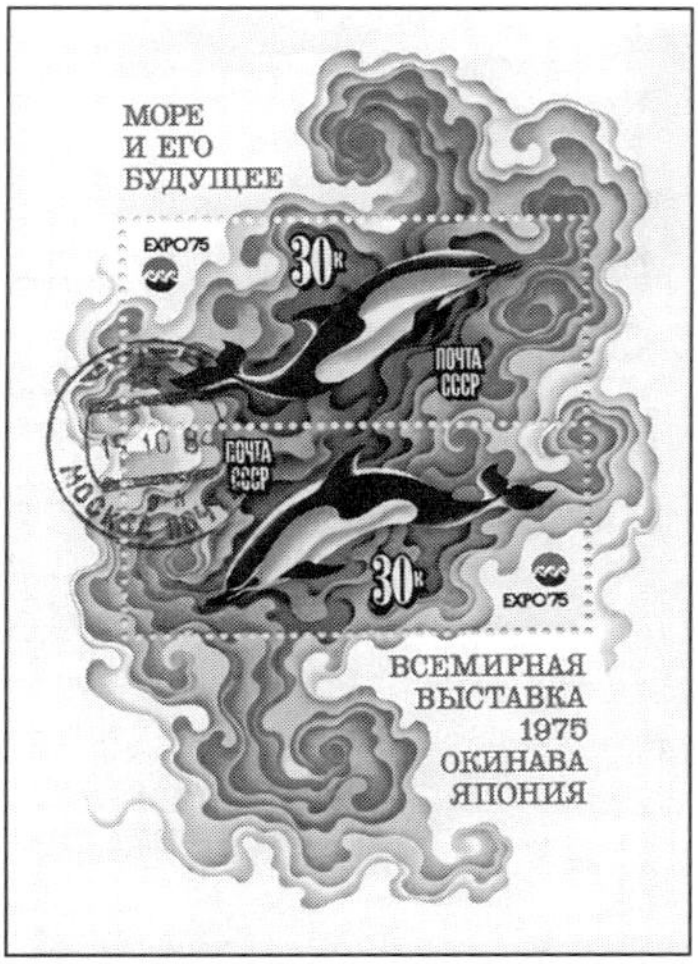

ソ連のイルカ切手（筆者蔵）

かつて、沖縄国際海洋博覧会というイベントが一九七五年におこなわれた。その際、筆者も日本政府出展の「海洋文化館」というパビリオン建設に大きくかかわったことがあった。当時、郵政省が記念切手を発行したが、そのときの図案はトビウオだけ。唯一、当時のソ連が「海洋博」のため

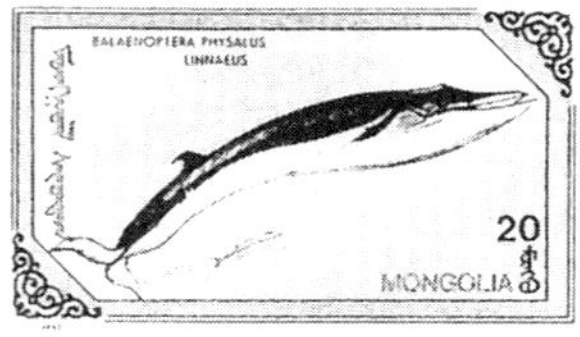

ナガスクジラ

ザトウクジラ　×0.9

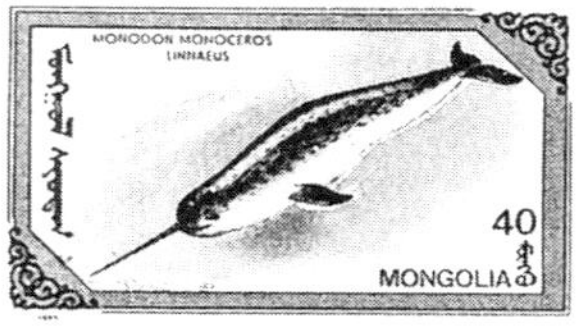

イッカク（おす）

×0.8

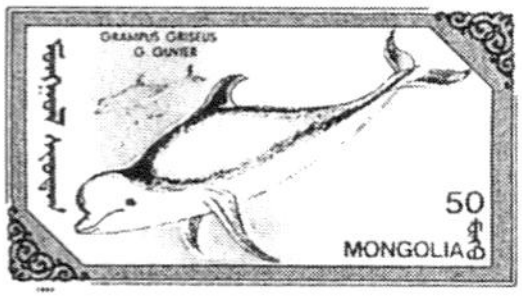

ハナゴンドウ　×0.9

ハンドウイルカ　×0.9

ハンドウイルカの群《む》れ。切手はイシイルカ
（8種《しゅ》の発行年は1990）

タイセイヨウカマイルカ　×0.9

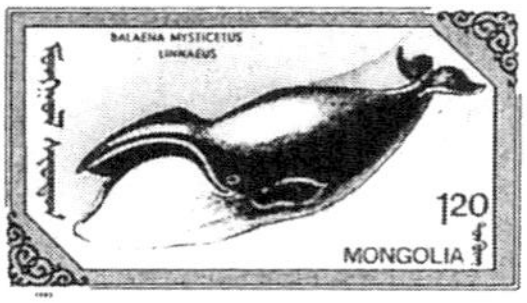

ホッキョククジラ　×0.9

モンゴルのイルカなどの切手（前掲『クジラ・イルカと海獣たち』より）

モンゴルの切手．コロンブスのサンタマリア号と舷側ではねるシャチ（1992年発行．前掲『クジラ・イルカと海獣たち』より）

に発行した記念切手のデザインにイルカが主役をはたしたことが想い出される（写真参照）。わが国は、海洋国だの、日本人はイルカと共生してきたとかいう、当時の、うたい文句はどうしたのかと不思議に思うのは筆者ばかりではあるまい。

それとは逆に、海に面している国でもなく、そうかといってカワイルカが生息している国でもないモンゴル国で一〇種ものイルカの切手が発行されているのには驚かざるを得ない。その種類は、ハナゴンドウ・ハンドウイルカ・タイセイヨウカマイルカ・イッカク（おす）や、イシイルカを中心にハンドウイルカの群れをあしらった小型シートの切手まで発行している。いずれも一九九〇年発行のもので、そのほかにクジラ（ザトウクジラ・ナガスクジラ・ホッキョククジラ）も。イルカ・ファンとしては、適《あっぱれ》としかいいようがない（写真参照）。なお、モンゴル国では一九九二年にコロンブスの乗ったサンタマリア号の切手を発行しているが、この切手にも舷側に二頭のシャチがジャンプするデザインを使っている（写真参照）。

思うに、わが国とモンゴル国は、イルカの切手だけのことではなく、日本の国技である相撲の世界においても同様のことがいえる。

今日、国際化の潮流はどこにでもあり、グローバル化も良く、国技に参入もけっこうだが、このところ、モンゴル国出身者が国技の代役をはたしてくれているような感がある。代役をつとめてくれるのは相撲だけで、イルカの切手まで、日本の代役をはたしてくれているような現状はまずかろう。

もう一つ前掲書を拝読して気になるのは、地中海に面した沿岸で、イルカの切手を発行している国が意外に少ないことだ。

かつて、地中海世界の覇権をかけて争ってきた、古代の雄々しい国々の輝かしい栄光はどこへ行ってしまったのだろうか。

それでもギリシアには一九七〇年代に発行された「イルカに乗った少年」の切手がある。この切手のデザインは、デロス島に残る古代のモザイクが原図になっている。モザイクは紀元前一一〇年頃のもの（一八七頁参照）。

また、数が少ない中では貴重ともいえる、キプロス島で一九九三年に発行された「イルカときそいあって、共に波乗りをしている青年」の切手も特筆しておきたい。

蛇足ながら、地中海沿岸の国々による切手の発行ではないが、オランダが一九二九年に発行した切手の中に「イルカに乗ったコドモ」がいる。この切手は「児童慈善用付加金つきの切手」として発行された。すでに一〇〇年も前になる古い切手だ（一四一頁参照）。

また、さきに、わが国ではイルカを図案化した切手を発行したことがないと記したが、それは、生きているイルカの生態的なデザインの切手という意味で、例外が一つだけあることを付言しておかなければならない。

その切手は、あの有名な名古屋城の金の鯱《しゃちほこ》を図案化したもの。一九五九年に名古屋開府の三百五十年記念に発行された（二四〇頁参照）。

シャチはサカマタともよばれ、海に棲む強い魚（哺乳類）として防火の効があるとされ、棟飾りに使われる。鯱瓦《しゃちがわら》の名もある。城郭建築の棟飾りに多いことは、よく知られている（二三九頁「火伏とイルカ」の項参照）。

V　自然の中のイルカ

イルカの生物学

「知多イルカ」の発見――地質・古生物学とイルカ

昭和五九年（一九八四年）五月一四日のことである。

「イルカ初の全身骨格化石・知多半島の地層から発見」。

このような見出しで、『中部読売新聞』が、大々的に写真入りで報道した。この記事は、「イルカ・ファン」にしてみれば、大変な大ニュースなのだが、当地の人々の目にはほとんどふれなかったらしい。それは一部の人しか読んでいない新聞のせいもあったためだともいう。それ故、さほど話題にもならなかったようだ。

まず、当時の新聞記事を紹介しよう。

「約千五、六百万年前のイルカの化石が十三日、ほぼ完全な形で発見され、一部が発掘された。体長は約二メートル。数千万年前に出現した〈原始イルカ〉と現代のイルカの中間に当たる絶滅種。イルカの部分骨化石の発掘例はあるが、全身骨格は初めて。

イルカの進化過程のナゾを探る画期的な資料として、関係者らの注目を集めている。発掘は二十日も行われる。

化石が出たのは〈師崎《もろさき》層群豊浜累層〉。この地層は、新生代第三紀中新世中期にたい積していることから、約千五、六百万年前に生息したイルカの化石とわかった。

発掘にあたった森勇一教諭や、指導した堀川秀夫教諭らは〈当時の日本は、四国や九州の一部を除いてほとんどが海底だった。この地層も水深二百〜四百メートルの海の底。発掘されたイルカは《原始イルカ》と現代イルカの中間の一種〉と推定している。

この日は発掘が完了しなかったため、種属の決定や現代のイルカとの関係などは明らかにならなかったが、頭の骨や歯などを詳細に検討すればナゾの多いイルカの進化過程を解明する重要な手がかりになる。

イルカ以外でも、大型動物の全身骨格発掘例は少なく、岐阜県瑞浪市の化石博物館によると、東海地方ではこれまでにやはり中新世の〈瑞浪層群〉(瑞浪市)で、クジラやイルカ、オットセイなど海生動物の部分骨が発掘された例はあるが、全身骨格の化石はまだ発見されていない。

(後略)

亀井節夫京大教授(古生物学)の話
〈イルカの全身骨格化石の発見は、大変珍らしい。これからじっくり調査すれば、頭の形などから、聴覚の発達具合や行動、生態を知ることができ、現代のイルカとどのような点に相違があるかを確かめる手がかりになる〉。」
以上は、当時の愛知県知多郡南知多町の郷土研究会が発刊してきた『みなみ』(第三八号)からの

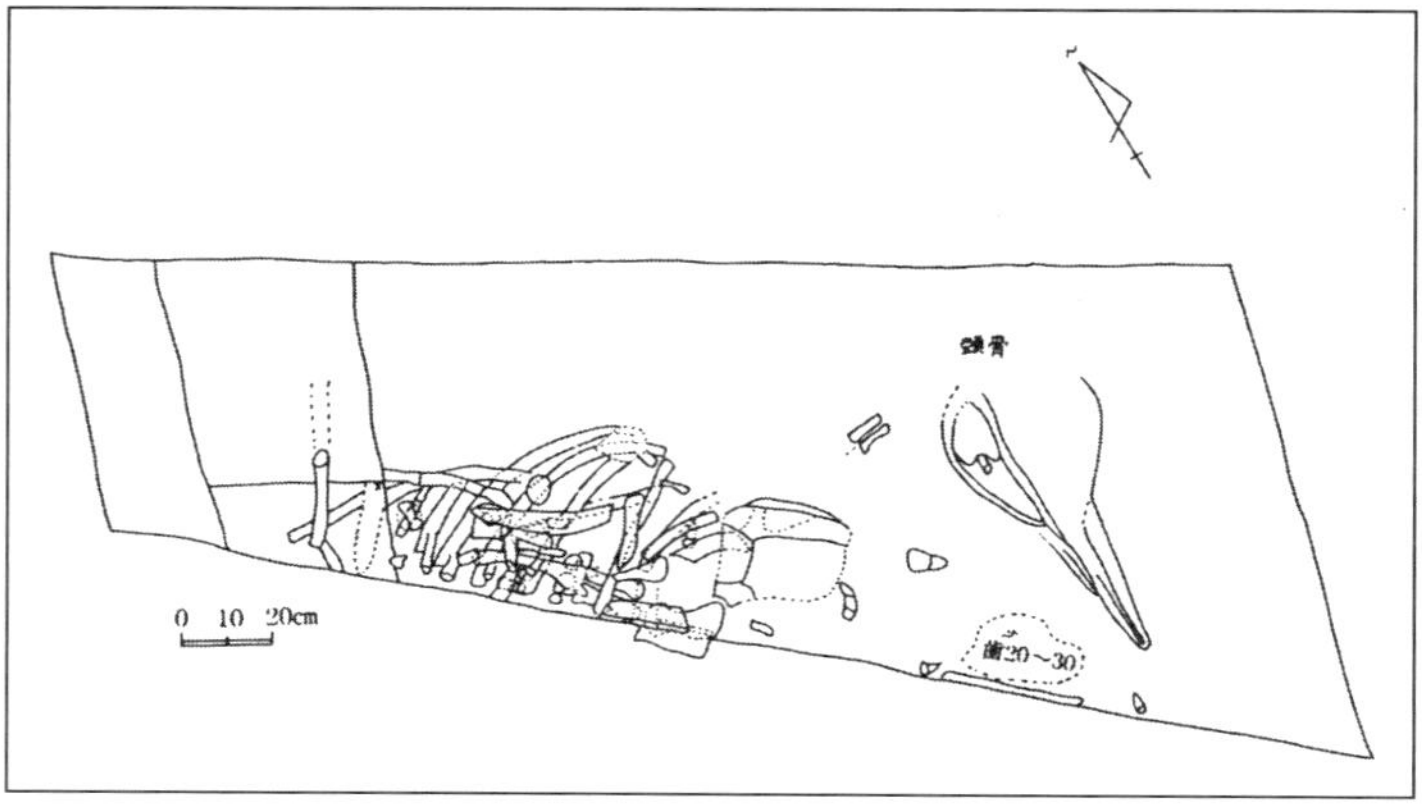

イルカ化石発掘現場の平面図（服部俊之製作，箕浦敏久「知多イルカの発掘」より）

イルカ化石の産状（上掲「知多イルカの発掘」より）

引用である。

同号には、あわせて、「知多イルカの発掘」と題した、調査団の箕浦敏久氏の報告も掲載されているので、以下に引用させていただくことにした。

「(前略)今年の五月の連休に、名古屋で地学関係の集まりがあって、それに参加するために来名した、石井久夫さん(大阪)・真野勝友さん(東京)・小林巌さん(新潟)らが、五月三日に、南知多町で地層の見学をしていたときに、セキツイ動物のものと見られる歯と骨片を発見しました。その日のうちに、化石発見のニュースが報告され、翌日、野尻湖発掘調査団哺乳類グループの堀川秀夫さん(新潟)と三島弘幸さん(東京)が現地を訪れ、イルカの化石であることを確認しました。また、産出状況から見て、全身骨格か、それに近い量の化石が埋まっていることが確実視されました。(中略)

第一回発掘調査(五月一三日・日曜日)

堀川さんらの話から、地元の地学関係者らで発掘を進めて行くことになったが、発見現場の崖が徐々に崩れていることや、近くの道からも骨がはっきり見えていて、通りかかった人が骨を持ち去ってしまうことも考えられたので、五月一三日に緊急発掘を行いました。

発掘現場は、小佐から師崎《もろさき》方面に一・五㎞ほど行った、サン・マリーン・ファミリーと言う工場の近くで、やや急な崖の二メートルほどの高さのところに、白い骨が細長く露出していました。

化石を前にして、発掘参加者二〇名で、発掘方法を話し合い、化石のまわりの岩を削って、大きなブロックごと取り出すことになりました。ここの岩石はかたく、割るのに苦労しましたが、化石のある面を掘り始めると、肋骨やセキツイ骨などが次々に出てきました。（中略）
日本での、イルカの化石の全身骨格の発見は、長野県小県郡泉田村での、シナノイルカの例があるだけで、知多イルカは、それ以来の大きな発見であると言えます。また、シナノイルカは、平面上《（ママ）》に変形しており、今回の化石は、保存状態では日本で一番良好のものと考えられます。
（中略）

第二回発掘調査（六月一七日・日曜日）

第二回目の発掘は、雨のためほとんど発掘できず、次回の準備のために、化石のまわりの岩を削る作業に専念しました。このとき、新たに、尺骨一個を発見しました。
また、この前日に運営委員会を開き、会の名称を、「知多イルカ発掘調査団」と決定しました。これは、今回のイルカの化石は、知多半島を代表するような立派な化石であるという考えからです。（後略）

とにかく、以上のような経過のあと、第三回の発掘調査で「知多イルカ」の化石発掘は終わった。発掘されたイルカの骨は、頭骨一・手根骨二・指骨五・肋骨一八・脊椎骨六・歯二五本以上・下顎骨一・肩甲骨一・橈《とう》骨《（どう）》二・尺骨二・上腕骨二などで、イルカの骨の種類からいえばほぼ出そろったことになる。

なお、脊椎骨は、腰より後ろの部分が、すでに崩落してしまったのか、発見できなかったが、イルカには後足がないので、研究上はそれほど支障がないとの調査結果がまとめられた。

以上が「知多イルカ」発見・発掘の一部始終である。なにしろこの化石の発見で、イルカの化石が海のない長野県内からも発掘されていることが紹介され、驚きであると共に、地球環境の変化、人類の存在などについても考えさせられたし、再認識もさせられた。

イルカは海の哺乳類であり、人間は陸の哺乳類である。地球上の棲み分けからして海と陸とでは、この両者が出合うことはないのだが互いに哺乳類ということで親近感をおぼえたり、両者の間には互いに離れがたい私情のような絆が保たれていることは確かだと思う。

イルカは分類学上からいうと、クジラ目・ハクジラ亜目で、イルカとクジラは分類学上は同じ仲間たちである。だが、一般には、体長七メートルか八メートル以下の種がイルカとよばれている。このことに関しては、以下につづく項で紹介したい。

イルカの種類と特性

イルカの種類は多い。現在、地球上に生息しているイルカはもとより、すでに絶滅してしまった種類を加えると、かなりの数になる（別項参照）。

その、種類の多い理由の一つは、イルカとクジラが分類学上、同じ仲間のためで、別項でも述べたように、体長七メートルから八メートル以下の種を一般的にイルカとよぶためなのである。しかし、わが国で一般にイルカとよばれるのは、真いるか・入道いるか（ぼうずいるか）・鎌いるかの三種である。

それ故、まず、以上の三種について、その特性をみてみよう。

以下、『明治前日本漁業技術史』による。

「〈真いるか〉は、風潮を候《うかがい》て、出没し行く時は、相連つて群をなし、群中前にあるもの形大に、後にあるもの漸次小である。

其群は、少くも幾百幾千、多きは万を以て数ふる程である。真いるかは、海豚中、体軀《たいく》は概して小なるものである。

〈入道いるか〉は、形、真いるかよりも大にして、群をなす事ハ、九乃至十七、八頭に過ぎぬのを普通とするが、稀には百頭内外の群をなしていることがある。其嘴、上短く下長く、噴潮の孔は左右に存する。

〈鎌いるか〉は、形状を以て名を得たるものであつて、性強悍、最も捕へ難いものである。いるかの習性として特筆すべきは、その耳敏にして音響に驚き易く、且其群行する場合には、先導者があつて他は皆之に追随するのである。又海中にある場合、いるかに鉤簎《やす》等を加ふれば、狂暴性を示すが、人体に直接触るる時は柔順そのなすに任す。故に俚俗いるかを指して、娼婦の化生と称する。従つて海豚の究局の捕獲法は、赤手小脇に抱へて陸地に引きあげるにあり。

いるかの捕獲には、上述の如き習性と、是に対応する地形とを利用して行ふものであるが、各種捕獲法中、能登の法を以て理想的とする。

その具体的方法は、『日本水産捕採誌』（別項参照）に詳である故、此処には略すが、その原理とする所は、各地に行はれている立切網と相似ている。（中略）

千葉県安房国に於ては、銛突捕鯨又は突棒漁業の発達と関連し、入道いるかを銛にて突き捕へる事があるけれども、是亦経年得る所数頭乃至十数頭に過ぎぬ。

かくて、海豚漁法は次の如く分類される。

㈠銛突法　是は房州等に行はれる極く少数の海豚を捕獲するに用いられる。

㈡網採法　これに二つある。一は地曳網によるものであり、他は追込法（立切網使用）によるものである。（後略）

以上は前掲書附録「海獣捕獲技術史」による。

イルカの分類

かつて、イルカ漁で知られた伊豆半島西海岸に位置する安良里（村）の聞き書きで、これまで同地で捕獲されてきたイルカの種類について、調査の結果を示した。

本項ではもう少し広い立場で、さらにたちいって、イルカの分類についてみてみたい。とはいっても、本書は文化史であり、自然科学書ではないため、学名の記載や分布、形態や生態、特色などにふれることはさけたことをおことわりしておく。
今日、クジラ（鯨類）は二種（亜目）、すなわち、ヒゲクジラ類（亜目）と、ハクジラ類（亜目）に分類され、一三科七九種が知られている。
一般にイルカの名で総称されるこの中のハクジラ類は、
マッコウクジラ科
コマッコウ科
イッカク科
マイルカ科
ネズミイルカ科
アカボウクジラ科
ラプラタカワイルカ科
の七科に分けられているが、本項では日本の近海に多く生息している種類を中心にすえてみていくことにしたい。
この分類中の主役はマイルカ科で、
ハナゴンドウ
ハンドウイルカ（バンドウイルカ）
マイルカ

カマイルカ
スジイルカ
マダライルカ（アラリイルカ）
セミイルカ
シワハイルカ
サラワクイルカ
ハシナガイルカ
シナウスイロイルカ
カワゴンドウ
コビレゴンドウ
オキゴンドウ
ユメゴンドウ
カスバゴンドウ
シャチ
の一七種類が知られている。
面白いことに、このうちのハナゴンドウからカワゴンドウまでの一二種類には「ドルフィン」（dolphin）の英名が後に付き、コビレゴンドウからシャチまでの五種類には「ホェイル」（whale）の英名が最後に付けられ、よばれていることである。

また、ネズミイルカ科は、

イシイルカ
ネズミイルカ
スナメリ

の三種類が知られており、この種類は「ポーパス」(porpoise)の英名が後に付けられている。スナメリを含めたネズミイルカ科のこの種類は、鼻先というか、口ばしがとがっていないという共通した特徴をもっている。この種類に比較して、ドルフィンと呼称される仲間は、鼻先がとがっている仲間のようであるらしく思われるが、分類学上のことなので、その真偽に、保障、責任はもてないことをおことわりしておく。

また、その他にイッカク科では、

イッカク
シロイルカ

の二種が知られ、共に有名である。

イッカク(一角)は「ナルホェイル」(Narwhal)と英名でよばれるが、日本人はユニコーン(unicorn)といったほうがなじみ深い。その理由は、江戸時代に仙台で医者をしていた大槻玄沢が、『六《ろく》物新志《ぶつしんし》』という、オランダから伝えられた妙薬について書いた本(天明六年・一七八六年刊)があり、

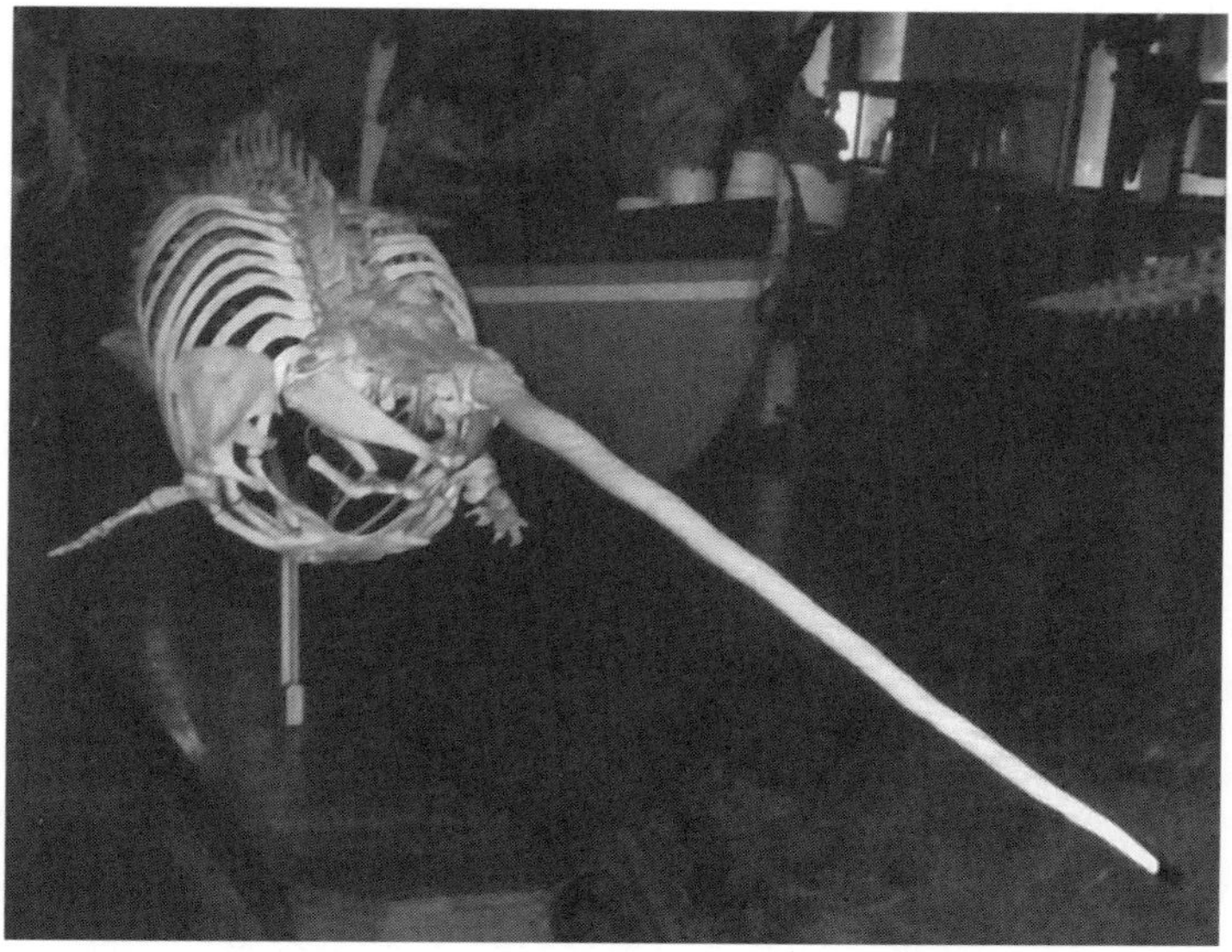

ユニコーンの骨格標本（モナコ公国の海洋博物館蔵．この博物館は，こうした鯨目の骨格標本を多数展示していることで世界的に知られている．筆者撮影）

その中に、人魚などにまじって一角（ウニコウル）が紹介され、広く知れわたったためである。

ユニコーンは北極海に多く生息し、その特長ある螺旋状の長い牙（牡《おす》の上顎《うわあご》の門歯《もんし》の一個）が漢方の解毒剤として使用されたため有名になった。「一角《いっかく》」（ユニコーン）はイルカと同じ鯨目の海獣ゆえ、両者は類似しているところが多い（写真参照）。

同じ北極海方面に生息しているシロイルカもよく知られている。英名での「ベルーガ」（Beluga）は、もとはといえばロシア語で、「ホワイト・ホエイル」ともよばれ、その啼く声が、悲しくも美しいので、「海のカナリヤ」（sea-canary）ともよばれてきたとか（前掲）。

最後に、ラプラタカワイルカ科の一種類、ヨウスコウカワイルカのことだが、一般に、ラプラタ河と聞けば、アルゼンチンのブエノスアイレスに流れ込む河で、大西洋に流れる河口あたりに生息するイルカの種類のように思われがちである。

そういう筆者も、素人の浅はかさで、「ラプラタ河に生息するらしいイルカに、何故、ヨウスコウカワイルカ（揚子江河江豚）の名前がついているのか……」と訝《いぶか》しく思ってきたのであった。しかも、この種類は中国の揚子江（長江）にしか生息していないというのだから……。

ところが調べてみてわかった。

南米アルゼンチンの「ラプラタ河」、「ラ・プラタ」（La Plata, Río de la plata）は、イルカの分類の科や種の名称には関係がないのだ。英名でもラプラタカワイルカ科は Baiji ana Franciscana といい、ヨウスコウイルカは Baiji とよんでいる。

それでは、どうして学名が付けられたのかというと、宮下富夫氏によると、「属名はギリシア語で〈置き去りにされた〉との意味の Leiponi に由来し、分布が限定されていることを意味し、種小名はラテン語で〈旗〉の意の Vexillum と〈持っている〉の意の接尾辞、fer に由来し、中国で本種の背ビレを旗にたとえているため」だという（「クジラの種類・見わけ方」参照）。

学名の Lipotes Vexillifer は、こうしてつけられたとか……。やれ、やれ、めでたしである。

イルカとクジラ

イルカ、クジラという名前や呼び名はあっても、共に海洋哺乳類ということで共通、一致しており、動物学的な分類上からすると相異はない。

両種（名）のあいだに明確な区別というか、ちがいはないのだ。

一般的にいって、小さいのがイルカで、大きいのがクジラという程度の分け方になるほどのちがいなのである。

したがって、イルカのことを「小型鯨類」と呼んだりするし、伊豆半島東岸の稲取では、体長が五メートルもあるオキゴンドウは、ゴンドウクジラの呼び名で親しまれてきた。

それとは別に、伊豆半島西岸の安良里での聞き取り調査の際、「ゴンドウクジラ」と呼ぶと、クジラは普通の漁業権とは別の漁獲（捕獲）許可をとらなければならないし、捕獲していた当時の漁業権行使にかかわる許可証に抵触する行為になるため、「クジラ」とは呼ばず、「ゴンドウイルカ」と呼べば、許可証のとおりに捕獲することができるため、イルカの名前で通用するので、なんら問題はなく今日までできたのだとうかがったことがある。

ようするに、それをクジラとよべば、捕鯨にかかわる許可証も必要になる心配があるということであった。捕獲する漁業者にとってみれば、名前よりも実益が優先されることが大切で、名称などにこだわらないというのが地元の人々なのだ。

こだわるのは、直接的に生活にかかわりのない人たちだけなのかもしれない。

イルカの生態と分布

河川で暮らすイルカ

イルカは海だけにいるのではない。世界中の河川のいくつかにはイルカが生息している。なかでもカワイルカ（カワゴンドウ）がよく知られている。

カワイルカの生息地はインド西部のアラビア海から東部のベンガル湾、さらに東南アジアに至る熱帯から亜熱帯にかけての広い範囲に分布しており、オーストラリア北部沿岸にもいる。

同種は、海にも生息するが、沿岸の浅海域が暮らしの中心らしく、研究者によれば、大海、沖合ではあまりいないらしい。

この種類は、河川に生息するといっても清流に暮らすのではなく、河口の汽水域から泥水の濁った河川の上流域を生活圏としている。インドのガンジス河口からガンジス河、同じくインドに近いアッサム地方からパキスタンに流れるプラマプートラ河、ミャンマーのイラワジ河口から河川の上流にかけて、ベトナムのメコン河口からメコンの上流にあたるカンボジアのトンレサップ湖に近い上流まで、かなりさかのぼるため、別名（英名）を河川の名前をつけイラワジ・ドルフィンともよばれる。この種類は、上述のガンジス・プラマプートラ水系に分布することから、ガンジス・カワイルカの名前でよばれることもある。

また、同じ種類のドルフィンがボルネオ島のマカッサル海峡へ流れ込むマハカム河にも生息していることが知られている。

同じように汽水《きすい》（海水と淡水の混合した低塩分の海水）や濁った海域を主な暮らしの場としているシナウスイロイルカもいる。もとより、シナウスイロイルカは海産種なのだがマングローブ（林）などのある濁った海水の場所を好んで暮らしているという。

昭和初期頃までは東京湾内でもよく見かけたといわれるネズミイルカ科のスナメリも河川にも生息しており、中国の長江（揚子江《ヤンツーチャン》）では、河口から数百キロも上流に生息していることが確認されている。スナメリの生息分布は、こうした大河のほか、日本からペルシア湾に至る広く、暖かい海域とされている。

中国のヨウスコウカワイルカの切手
（1980年発行）

しかし、中国の揚子江（長江）といえば、なんといっても有名なヨウスコウカワイルカ（揚子江河江豚）であろう。この種類は、同水系にしか分布、生息しないとされる。

揚子江の河口から湖北省の宜昌《イーチャン》の近くまでが生息域とされ、かなりの広い分布を示しているが、近年はその数が減少しているらしい。

このように、カワイルカはアジアや東南アジアのほか、南アメリカに分布している。

南米に生息しているアマゾンカワイルカは、アマゾンとオリノコ水系に分布している。

このほか、ラプラタカワイルカは、ブラジル南部からアルゼンチン北部の沿岸域にかけても生息している海生種でもあるという。

ところで、河川に生息しているイルカのことだが、「海のイルカ」については、イルカ・ウオッチングなどで、よく知られ、人気もある反面、河川に生息しているイルカの生態（生息状況など）は、ほとんど知られていないといっても過言ではない。

その、知られていない理由の一つは、河川に棲むイルカは泥水で濁った場所に棲んでいることが多いため、生態を確認しにくいということにある。しかし、「メコンのマーメイド」という愛称でよばれるイラワジ・ドルフィンとなれば、筆者としては、ぜひともその「暮らしぶり」を探りたいと出かけてみたのだが……。

場所はカンボジアからラオス国境にまたがるメコン河のスツントレン付近。現地は、思ったより河幅が広く、豊富な水量をたたえている。乾期に入ったばかりの一一月初旬のためなのだろうか。おまけに泥水で流れもゆるやかであり、メコンのマーメイド（イラワジ・ドルフィン）は、この河の中でも比較的水深のある場所で暮らしているという。現地のガイドも、船をチャーターしてウオッチングに出かけても「呼吸をするのを見るだけでも、限りなくゼロ・パーセントに近いだろう……」という結果に終わってしまった。

ただ、唯一の収穫は、「メコンのマーメイド」の情報として、二〇〇一年にオーストラリアのジェ

イラワジカワイルカ（*Tonle Sap* より）

ームズ・クック大学のイザベル・ビアズリー教授らが学生たちと調査をおこなっていた際、偶然にも川漁師のしかけた漁網にマーメイドがかかって溺死し、捕らえられたという写真を観ることができたことであった。この写真のほかにも生態写真は何枚かあり、C. Poole, *Tonle Sap* という書物中に紹介されている。こうした写真資料により、カンボジア国内を流れるメコン河流域でも、南はクラチエから北はスツントレン付近に、今日でもイラワジカワイルカが暮らしていることが確認されている。貴重な調査結果であり、写真といえる。

「カワイルカ」を漢字で表記すると、「河海豚」となる。なんともいいようのない漢字だ。『和漢三才図会』が普及して以来、わが国では、「海豚《かいとん》」や「海豚魚」、あるいは「鯆《いるか》」はもとより、「河豚《かとん》」（ふぐ）などの漢字をあたりまえのよう使ってきたのだが、こうしたことは、いかがなものか……。そろそろ、漢字表記も考え直し、見直す時代にきているのではないかと思う。

もとより、中国ではイルカを「江豚《こうとん》」と表記しており、これは『和漢三才図会』にもみえる。「江」は、特に大きな河という意味があるので、「江豚」は、揚子江（長江）流域に生息しているヨウスコウカワイルカを意識した作字・漢字なのであろう。本書では「揚子江河江豚」とした。「河海豚」はおかしい……。ところで、中国から輸入した「江豚」にみあう語彙としてのカワイルカがわが国には生息していないため、海で暮らすイルカを「海豚」と表記して、それにあてたのであろう。それにしても、『和漢三才図会』をまとめあげた編者の寺島良安はなかなかの知恵文殊というか、すぐれものである。ちなみに、『和漢三才図会』は江戸時代の正徳二年頃（一七一二年頃）にまとめられた。

中国宋代の詩人蘇軾《しょく》（東坡《とうは》居士）が、彼の作品の中であつかっている飲食物の中に、魚介として「河豚《ふぐ》」がみえる。そして、鳥獣（鶏・鴨《あひる》を含む）の中に「江豚《いるか》」と記されている。

篠田統《おさむ》氏の著作『中国食物史』によると、北宋時代に生きた東坡は、元豊二年（一〇七九年）、宋代の政争のあおりをうけて、湖北省の団練副使という卑職に左遷され、五年におよぶ陰鬱な生活を送り、妻子を養うため、友人の好意で貸し与えられた郡の東の畑を耕作し、よって「東坡（坡は低い岡の義）居士」と名のったのだという。それは彼が四六歳のときで、元豊四年（北宋・一〇八一年）だったというから「江豚」の語彙も古く、すでに約千年も前から使われてきたことがわかる。

イルカはどこにいるか

わが国でイルカ・ウオッチングができる主な地域といえば、別項で掲げた伊豆七島中の御蔵島を筆頭に、いくつかの地域を挙げることができる。

近年、静岡県（伊豆半島）の東海岸で、過去において伝統的なイルカ漁をおこなってきた川奈や富戸でイルカ・ウオッチングを観光資源にしようとする動きが高まり、バンドウイルカ(八)・カマイルカ・スジイルカなどに出合えるようになった。しかし、御蔵島のように、年間をとおしてというわけにはいかない。季節は一一月・一二月の冬期に限られてしまう。それに、川奈崎から出航しても伊豆大島の近くまで出かけなければイルカの群れに逢えないこともある。

以下、比較的よく知られた国内におけるイルカ・ウオッチングの海域についてみよう。

北海道の噴火湾に突き出した地球岬は、夕映えの美しい岬として知られる。アイヌがチケウェー（秘するところ）とよんだことが「地球」の表記になったと伝えられる。

噴火湾は昔からアイヌがクジラ漁をおこなってきた地域として有名だが、カマイルカの多いことでも知られる海域だ。

小笠原諸島の小笠原村は、現在、東京都に属している。父島・母島・兄島・聟《むこ》島列島などよりなるが付近の海域はバンドウイルカ(八)をはじめ鯨類が多い。

この島々は文禄二年（一五九三年）に、小笠原貞頼《さだより》が八丈島のはるか洋上、辰巳《たつみ》（南東）の方角に三つの島影を見たことにはじまる。帰国した貞頼は、徳川家康に島々の地図と物産を献上したところ「小笠原島」の名を許され、以後、小笠原諸島とよばれるようになる。

ちなみに、徳川家康が将軍となり、江戸に幕府を開いたのは慶長八年（一六〇三年）であるから、それ以前のことである。

もとより、「小笠原」の名は源頼朝が建久三年（一一九二年）に征夷大将軍となり、鎌倉幕府を開くにあたり、大いに貢献した小笠原長清《ながきよ》が、今日の山梨県中巨摩《なかこま》郡櫛形《くしがた》町に居城をかまえたことが発祥とされる。

櫛形町は、甲府盆地の西端に位置し、笛吹川に近く、今日では身延線が通っている。この、海のない山梨県出身の、もと武士一族の小笠原家は、のちに、武士の行動規範の基をつくり、流鏑馬《やぶさめ》で有名な小笠原流礼法を伝えてきた名門であることはご存知のとおり。

熊本県の南西部に位置する天草市は、東シナ海・有明海・八代海（不知火海《しらぬい》）の三つの海に囲まれており、天草上島・下島・御所浦島などからなっている。

その下島・五和町二江《ふたえ》について、

「二江は早崎海峡（瀬戸）をはさんで長崎県の島原半島に向かいあっている。また、近くの苓北《れいほく》町（富岡）とともに漁業のさかんな町である。眼前に通詞《つうじ》島がせまり、沿岸漁場に恵まれた位置にある。」

この一節は、拙著『日本蜑人《あま》伝統の研究』（法政大学出版局）によるものだが、文面中の通詞島はイルカ・ウオッチングの海域として知られており、バンドウイルカが多い。(八)

二江はこれまで、伝統的な裸潜水漁により、アワビ等を採取する海士《あま》が稼働する地として知られてきたが、近年は通詞島、富岡（苓北町）をはじめ、近くの宮津（鬼池港）、天草松島と共に、見る人の

イルカと握手するこども．楽しい思い出がまた一つ増えた（下田海中水族館にて）

心を癒してくれるイルカ・ウオッチングに人気が集中し、観光客もふえつつあるという。が、イルカは「見る人の心を癒してくれる」というのは、見る人（本人）しだいかもしれない。

最近は、五月中旬頃をはじめとして、早崎海峡（瀬戸）に多く集まる野生[八]バンドウイルカを観光資源化したツアーも企画されている。題して、「イルカと遊ぶ天草と雲仙のミヤマキリシマ・群れ遊ぶイルカを間近に……」といった商品名（キャッチ・フレーズ）がその一例である。

しかし、野生のイルカが多く生息する海域というのは、イルカの餌である魚が多いことでもあるため、地元の漁業者と観光業者との共存共栄には問題がないわけではない。

このほかにも、イルカのショーや、イルカと親しむだけならば、東京都の「しながわ水族館」、神奈川県の「江の島水族館」、「八景島・アクアミュージアム」、「油壺マリンパーク」、伊豆半島南端の「下田海中水族館」、「沖縄美《ちゅ》ら海《うみ》水族館」をはじめ、各地に点在する多くの水族館に出かければ、たいていは出合える。

わが国では、イギリスなどとちがい、イルカを水槽の中で飼育したり、ショーをさせることに、あまり抵抗はないといえようか。

蛇足ながら一言。「イルカはどこにいるか」ということに関して、面白い伝説があるので、場ちがいだが紹介しておきたい。

石川県の能登半島の先端に近い珠洲市寺家にある須須神社（三崎権現ともいう）にかかわるもの。「この神社の祭神（瓊々杵尊《ににぎのみこと》・天照大神の孫）は鹿（一説には獅子とも）に乗って戦いに赴いていたが、ある時、当地の浦人に〈シカはいるか〉と尋ねたという。浦人は誤って、〈江豚《いるか》がいる〉と答えたので、以来、神の使いの鹿は江豚に代わってしまい、鹿は海辺の大岩になってしまったのだと。したがって、それ以後、三崎の神の使い（乗り物）はイルカに変わったため、浦人はイルカを食べることを忌むようになったと……。」（『須須神社誌』助筆）

イルカ・ウオッチング

イルカの仲間は、世界中、どこの海にも生息・分布しているといっても、普通に陸（岡）で暮らしている人々がイルカに出合える機会はめったにない。

それでも、筆者が小・中学生当時、夏休みを伊豆大島で過ごすために静岡県の伊東港から東海汽船の「あけぼの丸」や「橘丸《たちばな》」に乗ると、途中、川奈崎の鼻を通過する頃になると、イルカの群れやカジキの大きな背鰭や尾鰭をよく見かけ、デッキに集まった乗船客と共に拍手をして喜んだことが想い出される。だが、近年はイルカの数が減少したせいか、こうした機会はほとんどない。

そうした僥倖とは別に、最近は、イルカ・ウオッチング、クジラ・ウオッチングなどと称して、レジャーやスポーツを兼ねたダイビングや、観光船上から、野生の「イルカ見物」ができる地域や場所もふえてきた。

しかし、そうはいっても、どこでも、いつでもイルカに出合えるわけではない。それ故、本項ではイルカに出合える可能性が多い場所や、その季節などについて以下にまとめた。

関東地方（東京・横浜など）の最も近い場所でイルカに出合える海といえば千葉県の銚子沖などだが、イルカに逢える確率となると、まったく保障できない。

東京・横浜の近くとはいえないが、交通の便がよく、しかも確実に、そして、年間を通してイルカ・ウオッチングが可能な場所といえば伊豆七島中の御蔵島《みくら》であろう。

筆者も御蔵島でイルカ・ウオッチングを楽しんだ経験がある。

東京（浜松町）の竹芝桟橋を夜の一〇時近くに出航する八丈航路の東海汽船に乗船すれば、翌朝の五時に三宅島、六時には御蔵島に到着できるので、寝ているうちに目的地だ。ただし、御蔵島は周囲が断崖のため、風波があると上陸できない。「里」とよばれる地域に小さな桟橋が一つあるだけ。したがって、島は見えても下船できないこともしばしばある。

船会社も「条件つき」という呼び方で、竹芝では乗船を許可してくれるものの、下船・上陸の保証はない。それは、帰りの船も同じなのだ。いくら予約で乗船券を求めておいても、船会社は一切、責任を負ってくれない。

イルカ・ウオッチングの、より確実な日程を組むのであれば、羽田から飛行機で三宅島まで飛び、三宅島から予約したヘリコプターで御蔵島に行くという方法しかない。三宅島から御蔵島間はヘリコプターで一五分。旅費はかかるが、このほうがより、確実である。しかし、この方法でも天候しだいということになる。

御蔵島は年間をとおしてイルカ・ウオッチングが楽しめるという、まさに周辺すべてがイルカだらけの「イルカの島」といった感がある。しかも海底には「イルカ根」というポイントも。

平成二〇年現在、島周辺には、およそ一六〇頭ほどのミナミハンドウイルカが確認されており、それぞれの群れは一〇頭以下で行動していることが多いらしい。

島の住民たちもこれまでは、春はカツオ・ヒラマサ・メジ、夏はタカベ・アジ・トビウオ、秋から冬にかけては、戻りガツオ・カンパチ・シマアジと、豊富な魚種に恵まれた漁業での暮らしだったが島の港や桟橋が整備された平成七年（一九九五年）頃からは漁業協同組合が民宿・観光協会と一体になり、イルカ・ウオッチング（ドルフィン・スイーム）に力を入れるようになった。

御蔵島でイルカ・ウオッチングを楽しむのに季節を問わないのは、イルカが島の周辺に棲みついているためである。

一説には、イルカの餌が豊富で、子育てをおこなう環境がととのっているために定住生活をしてい

朝食にタカベをゲットしたハンドウイルカ（御蔵島にて，鈴木直美氏撮影・提供）

るともいわれている。

それに、御蔵島の人たちにとって、イルカがいるのは昔からあたりまえのことで、漁をするときも、イルカを追いはらったり、邪魔にしたり、いじめたりしなかったことにもよる。いってみれば、永い間に培われてきた島民とイルカとの良好な絆があり、世代をこえたお互いの信頼関係のようなものが蓄積、成立している結果ともいわれる。そのため、島周辺で、イルカをゆっくり観察できる環境がととのっているといわれるのだ。

事実、筆者も、波打際の数メートルしかはなれていない、水深二メートルから三メートルの場所で、数頭のイルカが遊んでいる姿に出合ったときは驚かされた。

普通、イルカ・ウオッチングは、午前・午後など、波が高くなければ、約二時間ほど楽しめる。船は二〇フィートほどの大きさでイルカ・ウオッチング専用に改造されている。船頭さんの案内で島周辺をめぐれば、かなりの数のイルカと遊ぶことができる。

世界の海でイルカと出合う

早朝のウオッチングに出かければ、まだ、イルカが数頭、海底で寝ているところに出合ったり、ラジオ体操でもしているかのように海底の岩礁に体をこすりつけ、ウオーミングアップをして遊んでいるところに出合ったりと面白い。

イルカが朝食をとっている場面に数回も出合ったという友人もいる。

御蔵島周辺にはタカベ・トビウオ・ムロアジなどが豊富なので、タカベやトビウオを口にくわえ、捕食しているところを写真におさめた友人も（写真参照）。

また、若いイルカは特にダイバーに興味を示し、一緒に遊んでくれたり、カメラを向けると、のぞきこんだりするようなポーズもとったりと、サービス精神旺盛である。運が良ければ海亀やエイなどにも逢える。

筆者が訪れたのは一〇月初旬であったが、島周辺の海面（表層）水温は二六・三度と暖かかった。船頭さんによると、年間をとおして水温が二三度以下にさがることはなく、夏季の六月下旬から九月上旬にかけては二八度もあるという。黒潮が躍る、こうした海況もイルカ・ウオッチングに適しており、近年は人気上昇中で、来島者のための観光資料館もオープンしたし、民宿や土産物店もふえた。

この島では、イルカ・ウオッチングの船に乗らなくても、桟橋や見晴し台からイルカの群れを見かけることができるのも嬉しい。

世界中の、どこの水族館に出かけてもイルカは飼育されているといえるほど、人気は高い。魅力もある。特に、こどもには愛されつづけている。

その人気の秘密を探ると、人なつっこくて、可愛らしい。イルカ・スマイル（笑顔）をいつもたやさない。人の心を癒してくれるなどが多い。ジム・ノルマンも『イルカの夢時間』の中で、

「単に頭がよく、異種間コミュニケーションの能力を持っているというだけでなく、思いやりの心、明るい性質、可愛らしさのすべてを備えているのだ。イルカのあのほほえみに、われわれはひとたまりもなく参ってしまう。」

と記している。

しかし、このところイルカとヒトとの関係（かかわり・あり方）を批判する声も多く聞かれるようになった。

例えば、ジム・ノルマン自身も同書の中で、

「異種間コミュニケーションを含む初期の行動研究の大多数は、水族館で飼われているイルカを使って行われた。これらの研究のおかげで、イルカの複雑な社会行動や言語の可能性を初めて垣間見ることができる。科学者でない普通の人々は、イルカがいかに芸達者で機敏かを水族館で目のあたりにした。多くの水族館は、教育的サービスという名目でその存在を正当化してきた。しかし結局、どの水族館のパフォーマンスや調査研究も、ちっぽけなコンクリートの中に閉じ込められて、餌のために離れ業を強いられた時、普通の元気のいい社会的動物がどのように行動する

かを示したにすぎない。水族館のイルカの〈真実の姿〉は幸せそうな芸人のふりを続ける雇われ芸人だ。」（傍点は筆者による）

と批判して、野生のイルカによる野外研究の必要性を強く主張している。

また、野生イルカとの交流記をまとめた『イルカを追って』の中で著者のホラス・ドブズは、「もともと広大なアフリカの草原が自然の生息地である動物たちを、イギリスの公園に拘禁すること、さらには動物園の小さな檻の中に閉じこめることは、道徳的に許されることだろうかと、わたしは思った」としたうえで、水族館でイルカを飼育するのは、監獄の中のイルカと同じようなものにすぎないと批判している。

その著書の中で、彼はさらにリック・オバリー（広く知られたテレビ番組のフリッパーを訓練した）の言葉を引用し、「イルカを水族館に入れて働かせるのは、倫理的にヒットラーがユダヤ人を強制収容所に入れたのとほとんど変わらない」として、世間にうったえた。

こうした世界中の潮流の中で、わが国における動物園・水族館協会（動水協）は、それなりの動きを示しているが、イルカに関しては、他国の自然保護、動物保護団体ほど、俊敏な反応をみせてはいない。それは、わが国におけるイルカとヒトとのかかわりが、長い間の食文化や宗教（仏教を中心とした）思想などを背景にしていることの影響ともいえよう。

上述のように、現実には水族館でのイルカ飼育があたりまえのように継続されている一方で、イルカの水族館飼育に反対する声が大きくなっていることは確かだ。それ故、今後はますますこの傾向は高まり、広がりをみせていくであろう。

そうなると、水族館でイルカとふれあう機会はせばまり、イルカと出合える場所は野生のイルカが泳ぐフィールドに限られてしまう。そこで、世界中の海にイルカは生息しているとはいえ、どこの海域に、どの季節に出かけたらイルカに出合えるのか、その主な海域を以下に示してみる。

世界、七つの海のイルカ・ウオッチングとはいかないまでも、どこの海に行けばイルカと共に遊べるかをみよう。もちろん、「自然の中で暮らす、野生のイルカ」である。

近年、カリブ海のクルージング観光は、ますます人気上昇中であるという。その理由の一つが、イルカに出合えるからだ。

フロリダ半島に近いカリブ海のバハマ諸島や西インド諸島、大アンチル諸島にはイルカが多い。しかも、美しいカリビアン・ブルーの海の中でイルカと一緒に泳げるとなれば、少々の経済的負担もそれほど苦にならない。

バハマ諸島は、現在、イギリス領。

グランド・バハマ島ではマダライルカに出合える。共に泳いだり、遊んだりできる。また、リトル・バハマ・バンクには、(八)バンドウイルカが多い。

バハマのナッソー沖で楽しめるドルフィン・エンカウンターは特に人気がある。ブルー・ラグーン島にいるイルカを訪れるプログラムも準備されており、内容は二つある。

第一は、ごく小さな子でも楽しめるものだ。浅いプールにイルカを呼び、イルカをなぜたり、餌を与えたりできるクロース・エンカウンター（出合い）。

第二は、ライフジャケットを着てイルカたちと戯れることができるスイム・ウィズ・ドルフィン。イルカとキッスをしたり、二頭のイルカが両足の裏をそれぞれ押して泳ぎを助けてくれるといったサービス満点のエンカウンターだ。季節は六月から一〇月までが最も良い。ただし風のない日に限られる。アメリカ本土の最南端、フロリダ半島キーズ（サンゴ礁列島）のドルフィン・リサーチ・センターもよく知られている。

フロリダ・キーズにはイルカと触れあえる施設、設備がいくつかある。その代表ともいえるのがドルフィン・リサーチ・センターで、イルカをはじめとする海洋哺乳動物の生態研究や調査もおこなっているので有名だ。

同センターのイルカ飼育は、マリン・ワールドなどのイルカ水槽とはやや異なった自然環境をつくっているのが特色である。自然の環礁に低い網を張ってはいるが、より自然にちかい状態でイルカを飼育することに努めている。

ここでも、いくつかのプログラムが用意されているが、その代表的なものは「イルカとの出合い」。数人がグループをつくり、イルカと一緒に泳ぎながら、それぞれ交流を深める。そして、その体験の結果をグループごとに話し合い、ヒトどうしの交流につなげていく。最後に、こうした体験をお互いに話し合うというプログラムは、心に病をもつ人たちの治療に役立ち、高い効果をあげているとか。

このほか、フロリダ半島の内陸部に位置するオーランドにあるユニバーサル・オーランド・リゾートの「シーワールド・アドベンチャーパーク」は「海の友達と遊ぼう……」などのキャッチ・フレーズでイルカやシャチのショーをおこなって人気があるが、このような施設は、紹介すれば枚挙に遑《いとま》がない（二五七頁の写真参照）。

フロリダ半島より北のジョージア州に近いサウス・カロライナ沖にあるヒルトンヘッド島周辺でも（八）バンドウイルカに出合える。

バハマ諸島の東端に位置するタークス・アンド・ケイコス諸島はイギリス領。大西洋に浮かぶ三〇あまりの島々からなり、タークス・アイランド海峡の東にタークス諸島、西にケイコス諸島と分かれている。（八）バンドウイルカが多い。

中南米（中央アメリカ）のホンジュラスはカリブ海と太平洋にはさまれた国。アンソニーズ・キー・リゾート、ロアンダ島に（八）バンドウイルカが多い。

アメリカの西海岸は日本人観光客の多い場所だが、カリフォルニア沿岸にもイルカが多く生息している。モントレー付近にはマイルカ・（八）バンドウイルカ・カマイルカ・ハナゴンドウなど種類も多い。水族館もある。

アメリカの西部海岸沖（西太平洋を含む）にイルカが多いのは、餌となるカツオやキハダマグロの稚魚・幼魚が多いためといわれる。実際、イルカのいる場所にはマグロ・カツオがいるため、イルカを目安に漁網を巻けば、マグロ等が漁獲できるのだ。

その他、アット・ランダムだが世界各地のイルカに関する若干の情報を提供したい。

カナダの太平洋岸、バンクーバー周辺ではカマイルカに出合うことができる。スタンレイ・パーク内に水族館があり、シャチの曲芸が人気。

オーストラリアでは、(八)バンドウイルカと出合えるところが多い。モンキー・マイア、ロッキンハム、ハミルトン・リゾートなどがその主なところだ。

「異種間コミュニケーション」に関して造詣の深いジム・ノルマンは自著『イルカの夢時間』の中で、オーストラリア西海岸のモンキー・マイアの(八)バンドウイルカについて、「(八)バンドウイルカが、浅瀬を泳ぎながら、波うちぎわを歩き回っているイルカ見物の連中を眺めている」と表現しているのはイルカがヒトを観察し、「イルカを見物に行っているヒトが、逆にイルカに見られている」ことで、おかしく、笑いをさそう。

ニュージーランドでは、カイコウラでハナジロ、カマイルカなどに出合える。

ハワイ島のドルフィン・ウオッチングはワイコロアのヒルトン・ワイコロア・ビレッジや島の沖にもハシナガイルカが多い。オアフ島の東端にはシー・ライフ・パークがあり、イルカとの体験プログラムがいくつもある。また、オアフ島のコオリナ・リゾートのマリーナからイルカ見物の観光船も出ている。イルカには九〇パーセント以上の確率で出合える。

日本人観光客の多いグアム島のタモン湾、ヌサ・ビーチのハシナガイルカも人気である。

グアムでは観光客のために、人気のある「イルカ・ファン・ツアー」や「イルカ・ウオッチング」というツアーが用意されており、クルーザーで外洋に出て、自然の中でイルカが楽しげに跳ねたり、伸びやかに泳ぎまわる感動の出合いを満喫できる。野生のイルカとの遭遇率も九五パーセント以上と高いのが嬉しい。

なお、グアム島からヤップ島経由で飛行機約二時間のパラオ（現地名ベラウ）共和国には「ドルフィン・ベイ」があり、「ドルフィン・パシフィック」とよばれるイルカの研究や、イルカの能力を体感できる施設の管理、運営のほか、環境教育をおこなっている非営利事業がある。ここでは、イルカのトレーニング体験、イルカの背びれにつかまって、引っ張ってもらう「ドーサル・トウ」をはじめ、イルカについて学び、イルカと遊ぶ、数々の楽しいメニュー（プログラム）があり、子供から大人まで、年齢をとわず楽しむことができる。

インドネシアのバリ島では、ロビナ・ビーチ、ヌサ・ビーチなどでハシナガイルカと遊ぶことができる。日本人観光客も多い。

同じ、ハシナガイルカに出合える場所について、前掲書でジム・ノルマンはブラジルを挙げている。広いブラジルの中でも、大西洋に突き出しているリオ・グランデ・ド・ノルテのサンロケ岬の周辺や、さらにその沖合に点在するロカス諸島、フェルナンド・デ・ノロニヤ諸島（いずれもブラジル）が主なところ。

大西洋では、モロッコの沖合に点在するカナリア諸島（スペイン領）のテネリフェ島周辺でマゴンドウに出合えることがよく知られているという。

ヨーロッパの最西端に位置する岬はロカ岬で、観光スポットとしても名高い。

ヨーロッパの最西端，ポルトガルのロカ岬を風雨を押して取材中の筆者

ロカ岬の沖合に位置して点在するアゾレス諸島はポルトガル領。アゾレス諸島周辺ではマイルカに出合える。

近年、日本人の旅行熱は高く、イルカに逢いたいとなれば世界中、どこへでも出かけてしまう。

最後の楽園といわれたフランス領のタヒチなど近いものである。新婚旅行でも人気だ。タヒチ島のパペーテから正面に望めるモーレア島ではハシナガイルカと遊ぶことができるし、インド洋に浮かぶ碧の楽園、モルディブ諸島でもハシナガイルカに出合える。

紅の楽園、レッド・シー（紅海）も遠くはなくなった。

以上のようにみてくると、世界中の海でも、イルカが沿岸に多く生息している地域と、いない地域があることがわかる。ようするに、ヒトの暮らしの中で、イルカが共に暮らしている地域がある一方で、イルカなど見たこともない沿岸のヒトたちもいることがわかる。

イルカが比較的多い地域はシロイルカやシャチをのぞけば、おしなべて、気候が温暖な地域といえよう。

タヒチ（モーレア島）ではハシナガイルカに出合うことができる

しかし、そうともいえない事例もある。野生のイルカとの交流記をまとめたホラス・ドブズ著の『イルカを追って』の中で出合えたイルカはイギリス中西部の港町リバプールの沖一三〇キロメートルほど北西の洋上にあるマン島にあらわれた雄の[八]バンドウイルカで、ウェールズ、コンウォールと移動したことが記されている。

このように、イギリスの海岸沿いに移動しているイルカがいたことも見逃せない。

以上、雑駁ながら、イルカと出合える主な海域についてみた。イルカは「元気がある」というイメージのほかに、「蘇生する」、「再生する」、「活力をとり戻す」ためのシンボルでもある。「東日本大震災」後の、今だからこそ、日本人はイルカのように「黄泉《よみ》の国からかえった」気持で、元気を出さなければならないだろう。そのためにもイルカに出合い、「元気」をもらいたいものだ。

VI　イルカをめぐるエピソード

「イルカ」の語源と由来

「イルカ」という呼び名の語源について、細田徹氏は中村庸夫編『Flippers』(光琳社出版)の中で新井白石の語源研究書『東雅』を引用し、イルカが流す血の臭い「チノカ」(血臭)が変化したもの、あるいは、大石千引著の『言元梯《げんげんてい》』を引用し、イルカが浮いたり沈んだりするので「イリウク」(入浮)が変化したものと諸説あるが、定説はないようであるとしている。

『古事記』の中にも「入鹿魚」の「血臭」については記されている。イルカ漁の漁場は大量の血が流れるため、浜辺一帯が血の臭いでくるまれるため、このような「チノカ」(血臭)が転じて「イルカ」になったというのが一つの説である。

また、イルカは海面に頭を出して、浮いたり沈んだりを繰り返すので「イリウク」(入浮)が転訛して「イルカ」になったという説をも紹介しているとも。

そのほかにも諸説あり、イルカの「イル」は「イオ」(魚)で、「カ」は食用獣を意味するとも、古くは「ウロコ」を「イロコ」とよび、「イル」や「イロ」・「イヲ」は魚をあらわす古語とするなどの語源説も加わる。

さらに、イルカは入江にはいってくることが多く見かけられるので、「イルエ」(入江)がイルカに転じたという説もあるらしい。

観音崎自然博物館の河野えり子さんに細田氏が引用された文献も含めて、『語源由来辞典』で調べていただいたところ、「諸説あるが未詳」だと。その、諸説の内容は前掲の説明とほぼ同じだが、「行く」を意味する「ユルキ」が転じたとする説があった。

あわせて、「食べ物の神は〈ウカノミタマ〉(食稲魂)とよばれ、〈ウカ〉には〈食〉の意味があり〈稲〉が陸上の食〈ウカ〉とすれば、水中の〈ウカ〉が〈イルウカ〉や〈イロウカ〉とよばれ、転じて〈イルカ〉になったと十分考えられる」と、民俗学徒的な説明も加えられている。

「イルカ」という語彙の表記

中国の古文献や、『和漢三才図会』にみえる「イルカ」の表記に関しては、「河川で暮らすイルカ」の項で述べた。したがって、ここでは、それ以外の「イルカ」という語彙の表記だけを掲げるにとどめたい。

中国の河川にはカワイルカが生息しているので、「江《大きい川》の豚」と表記すれば、豚のイメージからして、なんとなく肥満体の動物を思いおこすことができる。読者諸氏も肋《あばらぼね》骨の出ている痩せたブタやイルカは見たことがないと思う。

しかし、わが国の河川にイルカは生息していないので、『三才図会』が中国から入ってきたときに「江豚《こうとん》」では具合がわるいため、「海の豚」(海豚《かいとん》)あるいは「海豚魚」と表記したことが今日までつづいてきたのである。

他方、今日でも使われている「鯆《ほ》」もイルカと読ませているが、中国では長江《ちょうこう》（揚子江《ようすこう》）の河口付近に多くみられる「スナメリ」にあてられた表記である。スナメリもよく江をさかのぼるので、中国では「江獣」ということなのであろうか。日本ではスナメリはイルカ科の「海獣」として認知されているのだが……。

なお、『古事記』に表記されている「入鹿」については人名にもあてられているので、ここでは除外することにした。

イルカの方言

わが国における標準語（一つの国の中で使われる公用文や学校・官公庁・放送など、公の場所や時に用いる言語）について、あらためて考えてみると、大体の語彙・音韻・文法などは東京方言である。

今日では首都（府）以外の地方で使う言葉が「方言」と思われているが、もとをただせば、すべてが地方であったわけだ。

しかし、わが国の中にも、地方だけで使い、標準語（共通語）とは異なる言葉が今日でも数多く残り、使われていることも、ご存知のとおり。

ただ、それは言葉（語彙）のちがいだけで「方言」というのではなく、標準語（公用語）の中には含まれ、かもしだされることのない「心意」が、方言の中にはこめられていることが多い。「イルカにかかわる方言」もその一つである。

倉田一郎が調査した採集手帳をもとに、民俗学者の柳田国男が編んだ佐渡の『北小浦民俗誌』の中に、上述したような「心意」のこもったイルカにかかわる方言の記載がある。

新潟県佐渡の内海府あたりでは、イルカは村人にとって暮らしをよくしてくれるのではなく、逆に漁網を破られたりするため、こまった存在で、やっかいモノとされてきた。前掲書の「鳥と海の霊」という章の中に、

「佐渡では鯨を特にクジラエビスと呼び、他にもなおいろいろのエビスサンがあった。その中でも珍らしいのは、海豚(イルカ)は一名をカエシモンと称して、是が現われると魚群は散乱してしまう。多分は下の方から群のまん中へ、浮き上がる習性をもっているからと思うが、漁民はこれを怖れて海上ではイルカとさえ呼ばず、オエベスまたはオベスサンと唱えて、節分の豆を貯えておいてこれを撒いたりする。カエシモンだのメッコだのという悪称を用いると、いよいよあばれて網を破り、舟をそこなうことがあるともいっている。」

とみえる。

このことに関して、倉田一郎による『佐渡海府方言集』の中には、「オエビス　海豚。漁を妨げ、網をこわす。節分の豆をまくとよいと信じられている。」とみえる。

さらに同書中に、海豚に関して、

「カエシモン　海豚のことである。メッコともいうがこれは蔑称《べっしょう》であるから、それを聞くとなお暴れるので、海上ではオエベスと呼ぶことにしている。このカエシモンがあらわれると漁獲はなくなり、網などをきり破られるので、漁師たちは船中に隠れ慴伏《しょうふく》しているようである。海中でひっくり返ってあばれるからの称呼。」（上掲）

とみえ、カエシモンという方言のおこりや名前の由来について具体的に説明がなされている。

民俗学者の北見俊夫は『離島生活の研究』の中で、新潟県の粟島では「沖ことば」でイルカのことをサンゼンエビスというが、それは三〇〇〇匹もかたまってやってくるからだと紹介している。

地名になったイルカ

対馬暖流の影響をうける壱岐島の周辺にイルカが多いことは、よく知られている。

長崎県壱岐島の郷ノ浦町の初瀬に近い場所に「海豚崎」がある。地元の人々には「海豚鼻《いるかばな》」ともよばれ親しまれてきた地名だ。この岬に立つと、イルカの群れを見ることができることからつけられた地名なのだと思う。

この「みさき」は、筆者の知るかぎり、わが国では唯一のイルカの名前がついた「みさき」だ。

「イルカ島」のこと

三重県の鳥羽市（鳥羽湾）にある観光島の「イルカ島」は、もとからの島名ではなく、新しくつけられた名前である。

鳥羽水族館わきの佐田浜港から観光船で約二〇分のところにあり、島内を一周する観覧でも一時間とかからない。

名前のとおり、「イルカ池」でイルカのショーを楽しんだり、「フリッパープール」でイルカとのふれあいも体験できるレジャー・ランドである。海水浴や磯釣り、バーベキューと、イルカ好き家族なら観光・行楽に最適な島だ。

しかし、上述したように、意図的につけた地名なので、「地名になったイルカ」には加えなかった。これからは「イルカ島」の島名も、しだいに定着していくであろう。

火伏とイルカ

「街や公園・建物を飾るイルカ」の項でもふれたが、「シャチホコ」（鯱）を建物の棟飾りに使うのは、「海に棲むから、水にかかわるため、火伏の効がある」という。が、よく見ると、頭は龍を思わせ、背上に鋭い刺を有する想像上の海魚にすぎない。

ハクジラ類のマイルカ科の仲間に「シャチ」（サカマタ）がいるため、「シャチホコ」の原形は「シャチ」か、あるいはその仲間のイルカだと思われているふしがある。

ここで、イルカの仲間のためにも、弁明しておかなければならないことは、イルカの仲間の表情は温容で、シャチホコのようにコワオモテではないということだ。

シャチホコといえば、まず、想い出されるのが名古屋城であろう。この城は徳川家康がその子義直（尾張徳川氏）の居城として築いたもの。

全国の諸大名が城郭建築の工事を助けた中で、天守閣だけは加藤清正が独力で造営したものだと伝えられている。さらに閣上を「金の鯱」で飾ったため、「金城」の名で呼ばれたというが、太平洋戦争で戦災にあい、その後、復元された。

「シャチホコ」も戦争による空襲にたいする防火までは思いの外であっただろう。

名古屋城のシャチホコは昭和三四年（一九五九年）に、名古屋開府三百五十年を記念して、切手になったことがある。名古屋城のシャチホコは南側の棟が雌でやや小さく、北側が雄で大きいのだといわれている。

名古屋開府350年記念切手に描かれたシャチホコ（1959年発行）

近世の城郭建築に造詣の深い畏友の野中和夫氏によると、「鯱《しゃちほこ》（鯱鉾）」や「鴟尾《しび》」は「鴟吻《しふん》」とよぶそうで、上述した名古屋城の鴟吻については幕末に編纂された『金城温古録』の中に詳細な記述があるという。

上述書によると、「その構造は、檜《ひのき》材による寄木造の木芯の表面に金の板を貼付したもので、鴟吻は雌雄があり、北側の雄が八尺五寸、南側の雌が八尺三寸で、創建時の慶長一七年（一六一二年）に

江戸御本丸西丸御櫓唐銅鋳物鴟吻（東京都立中央・日比谷図書館蔵，野中和夫氏提供）

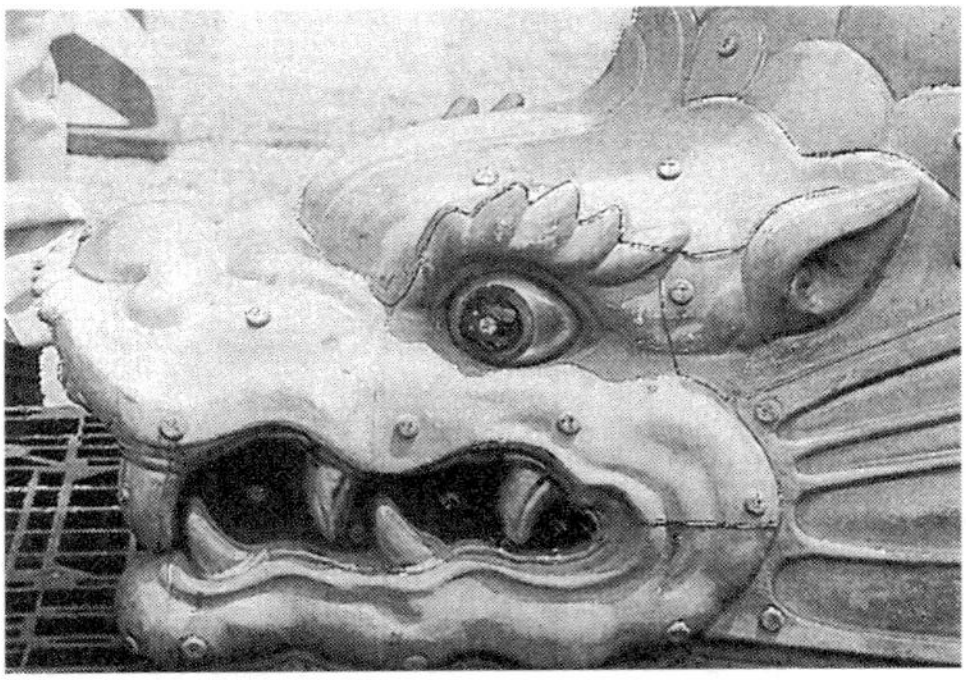
鶴ヶ城天守閣のシャチホコ（瞳には２カラットのダイヤを使用している．『朝日新聞』より）

は一対に慶長大判一九四〇枚（小判で一万七九七五両）が使われた」と伝えられているという。ちなみに、その金の量は純金に換算すると二二五・三キログラムにあたるとも。

古代、わが国において瓦葺宮殿や仏殿の大棟の両端に取り付けられた飾りは、中国からの影響をうけたもので「沓形《くつがた》」（沓を立てたような形に似ているのでそういう）とよばれるが、時代と共に変形し、火伏（防火）にかかわる魚形におちついたとされる。

したがって、近世の城郭建築などには、シャチホコが多い。これは名古屋城の天守閣だけでなく、江戸城も同じだ。参考までに、「江戸御本丸西丸御櫓唐銅鋳物鴟吻　高四尺五寸」（東京都立中央図書館所蔵）を掲げておく（前頁図参照）。

また参考までに平成二二年（二〇一〇年）六月一一日の朝日新聞の記事を紹介しよう。

福島県会津若松市の鶴ヶ城天守閣の二体のシャチホコが瓦のふき替え工事のため、設置以来四五年ぶりに取り外された。白目の部分と歯に金箔《きんぱく》、全身には銀箔がほどこされた豪華なつくりで、極め付きは瞳の真ん中に輝く大きなダイヤモンド。二カラットほどもあり、作業員から驚きの声があがったという。シャチホコは天守閣が一九六五年に再建されたときのもの。

ちなみに一カラットは〇・二グラム。五カラットで一グラム。丁度、一円玉と同じ重さになる。

わが国以外のイルカ漁

ファナレイ村のハシナガイルカ漁（60 kg 以上ある．竹川大介氏撮影・提供）

ソロモン諸島国のイルカ漁

「イルカ漁」が伝統的におこなわれてきたのはわが国ばかりではない。その一事例を以下に紹介しよう。

竹川大介氏の報文「イルカが来る村・ソロモン諸島」（秋道智彌編『イルカとナマコと海人たち』所収）によると、パプアニューギニアの東側に点在する島々からなる独立国の「ソロモン諸島国」でもイルカ漁がおこなわれてきた（以下、二四七頁「イルカの「歯貨」」の項参照）。

ソロモン諸島国の中でも、イルカ漁がさかんなマライタ島は、首都のあるガダルカナル島の東側に位置する島で、面積は沖縄本島の四倍ほどあるといわれる。

そのマライタ島のファナレイ村はラウ語を話す漁撈民の村で、通称「ラウの人々」とよばれているらしい。イルカ漁は毎年一月頃を中心にはじまるという。

竹川大介氏の前掲報告・論文によると、イルカ漁は村総出でおこなわれる二〇人から三〇人による男達の「集団漁」である。

「漁は毎日早朝の四時頃に寄合小屋（トーフィ）でおこなわれる神への祈りから始まる。祈りを済せると、村の男達はそれぞれ自分のカヌーに乗り、まだ暗い外洋に漕ぎ進める。彼らは、丸木をくり貫いて作られたわずか五メートルほどの小さなカヌーで、海の状態がよければ二〇キロ以上の沖合に漕ぎ出し、分散してイルカを探す。（中略）主要な捕獲対象はマダライルカ（ウヌブル）やハシナガイルカ（ラア）である。イルカ漁を村の言葉で〈アラニキリオ〉という。外洋性のイルカも、餌を獲るために早朝は比較的岸の近くに寄ってくるといわれる。海上に散らばるカヌーのうち、どれかが運よくイルカの群を見つけると、イルカ発見の旗をあげ、イルカたちに気づかれないように群を追走する。ほかのカヌーに乗る人は、水平線のどこかで旗が立つのを確認すると、自分もまた旗をあげ、イルカの群を大きくU字形に取り囲むように船を進める。（中略）適当な時間が経過し全体の陣形が整ったころを見計い、ナギと呼ばれる直径一五センチの二つの硬い石を水中で打ち鳴らす。追い込み開始である。

こうして、カヌーどうしが連携して、イルカの群を外に出さないように、石の音で追い込みな

がら村の近くの入江まで追う。（中略）

何時間もかかって、群を囲い込みながら村までやってくると、浜では女たちがカヌーを用意して待ち構えている。

総勢五〇艘近くのカヌーがラグーンの中にならぶ様子は壮観である。

最後は人々が歓声をあげながら海に飛び込み、浅瀬に追い詰めたイルカを次々に抱きかかえてカヌーに乗せていく。（二四三頁写真参照）

イルカの肉・歯の分配

イルカ漁の季節になると、近隣の村々では、たえずファナレイ村の漁の情報が人づてに伝えられる。そして、イルカが獲れたと聞くと、山に住む人々は焼畑で穫れたイモやバナナを持って浜にくだる。（中略）

祭りや祝い事を除いて肉を食べる機会の少ない彼らにとって、この時期はこの上ない恵みの季節なのだ。

追い込みが終ると、すべてのイルカはいったんファナレイ村の前の浜に集められ、男たちは寄合小屋に集まる。ここで、イルカの総数と誰が漁に出ていたかが確認され、その日の肉と歯の配分が決められる。イルカの肉は、その家族のものが漁に出たか出なかったにかかわりなく村内で均等に分配される。村においては家族単位でイルカの肉が平等に分配されるのである。

そして、分配されたイルカの肉はかたまりのまま大きな葉に包まれて、石蒸し焼きにされる。なんども石蒸し焼きにされた肉はやわらかくなり、保存性も高くなる。

新しく獲れたイルカの歯は、村と教会に対してそれぞれ全体の一割ずつが分配される。そのあと残りの八割を漁に出たもの、漁に出ないもの、未亡人、老人で分ける。

肉の場合と異なり、歯の取り分には差がある。漁に出た者の取り分を一とすると、漁に出なかった者は半分、未亡人や老人は四分の一となる。ただし分配は肉のときと同様、核家族が単位になるので、たとえ一軒の家から親子で二人が漁に出ても、取り分が二人前になるわけではない。

肉の場合はまったく均等に分けられていたものが、歯の場合には、このように立場に応じて分配の割合が異なるのは、一つには食料と財貨の性質の違いからきているものかもしれない。食料であるイルカの肉は多くもらっても家族で食べる量には限りがある。また、彼ら自身の食料分配に対する平等性志向は強い。」

という（次頁「イルカの「歯貨」」の項参照）。

以上のように、イルカ漁は村中総出の集団（協同）でおこなわなければ、成功させることが不可能に近い。それ故、ムラ（村落共同体）が中心になって組織的な漁撈方法を考え、それを実行する必要がある。

マライタ島のファナレイ村は人口約一五〇人ほどの村といわれるが、このような小さな村でも世代交代がおこなわれる中では漁撈方法（技術）に関する教育も欠かせない。

このことは、イルカ漁をとおして村落内の人々の絆を強める役割をはたしてきたということができるのである。

具体的には、漁獲方法の役割分担にはじまり、実際の漁撈活動をとおして、捕獲されたイルカの肉や歯など、すべての有用な部分の分配において、できるだけ公平を保ち、平等分配を前提とし、村落内の共同体的な絆を強め、高めていくために役立っている。

これまで、前近代的な社会（村の暮らし）においては、多かれ、少なかれ、こうした村落共同体的な責任分担や制約があり、そうした絆を保っていくことが村の存続には不可欠であったといえるのであろう。ところが近年、社会的経済的変化にともない、若者たちが村落内から都市（街）へ流出する傾向にあるため、上述した村の絆は弱まりつつある。それはやがて「集団漁」の崩壊につながり、イルカ漁の終焉に結びつくことになろう。

イルカの「歯貨」

「貝貨」とか「貝貨幣」、あるいは「石貨」という名前を知っている人でも、「歯貨《しか》」という名称はあまり聞いたことがないと思う。ちなみに『広辞苑』をみると、「死貨《しか》」（現に流通していない財貨・死蔵の財貨）はあるが「歯貨」はみえない。「貝貨」の見出しはないが、「石貨」の見出しはある。

だが、貝貨や石貨以外に、通貨としての歯貨は存在するのだ。

これまでにも、「貨幣とは何か……」という一般的な定義に関しては、長い年月をかけて経済学や

右／ロダラとよばれる頭飾り（上はカスバゴンドウの歯で最も高価なもの．下はハシナガイルカの歯）
下／ロダラで正装したファナレイ村の娘さん
（いずれも竹川大介氏撮影・提供）

人類学の学者が議論を重ねてきたが、その結果としての意見は、必ずしも一致していない。

「貝貨」のことを長年にわたって調べてきたジエイン・フィアラー・セイファーは自著『海からの贈りもの――貝と人間・人類学からの視点』の中で、次のように述べている。

「貨幣には、四つの基準があるとして、それは、交換の媒体であること、次に価値の尺度であること、そして価値を高めたり蓄積できる一手段になること、さらに、延期された支払いの基準になることである。そのためには均質性、分割性、持ち運びの簡便性、耐久性が必要とされ、これらすべての基準条件が同時に保持されなければならない。

　このような〈現行〉貨幣の定義を、人類学的見地にあてはめてみれば、それらは各国間で特別に決められた複雑な経済機構によってつくられたものにすぎないから、沙漠の狩猟採集民族や熱帯森林地帯の園芸民族のように社会的経済事情がかなり違っている場合、学者が定義したような、すべての基準に合致することはほとんどなく、ニューギニアでは交換にブタが使われたり、〈ヤップの貨幣〉として知られている巨大な石の輪が使われたりするから、これは均質性や分割性はない。ブタに耐久性があるとはいえないだろうし、ヤップの石貨は決して持ち運びに便利ではない。

ようするに、異なった文化の相互間で、貨幣の定義を共通させようとして無理する場合、ある経済学者――形式主義者――は、貨幣とは交換の媒体として使用できるなにものかであると定義するであろうし、また別の学者――現実主義者――は、〈一般的な目的をもった貨幣〉たとえばドル貨幣のように、欲しい物や奉仕を買うことができ、だれでも使える貨幣と、〈特別の目的をもった貨幣〉、特定の交換に特別の人だけに限定して使われる貨幣とに分けて定義するであろう。」

オセアニアの各地には、動物の歯牙が装飾品ばかりでなく、貨幣として通用してきたところが、これまでに多くあった。

ポリネシアにおけるクジラの歯、パプアニューギニアではコウモリの歯やイヌの歯も用いられてきたところもある。

本題のイルカの歯が貨幣として使われ、今日に至っているのはソロモン諸島国の島々である。竹川大介氏の報文によると、今日でも首都ホニアラの街を歩いていると、腕や首にきれいなビーズの飾りを付けている人を見かけるが、そうした装身具の中に、「白い花びらのような細かな飾りがついているものがあり、よくみると、一センチメートルほどの大きさの鋭く尖った小さな歯が、いくつも重なっているのがわかる。これがイルカの歯である」という。

このように、イルカの歯は、ソロモン諸島国では装身具として腕輪、胸飾り、頭に巻くバンド（ロダラという）のほか、足飾りにイルカの歯が使用されてきたほかに、貨幣としても流通しているというのだ。

ソロモン諸島国（Solomon Islands）は昭和五三年（一九七八年）九月二〇日に独立した若い国である。首都はホニアラ（Honiara）。ガダルカナル島にある。主な島は六つあり、ガダルカナル島のほかに、マライタ島、チョイスル（ラウル）島、ニュージョージア島、サンタイザベル島、マキラ（サンクリストバル）島だが、全部で約二五〇〇の島嶼があるといわれ、人口約五万人。民族構成はメラネシア系約九四パーセント。他はポリネシア、ミクロネシア系などが中心の国家。

この数ある島嶼の中でもマライタ島を中心に流通しているのがイルカの歯貨である。

上述した竹川大介氏の報文によれば、

「現在、マライタ島でもっとも流通しているイルカの歯は、現地名でウヌブルとよばれるタイプのもので、これは、マダライルカの歯だという。

そして、ウヌブルよりもやや小さめで、おもに装身具などに使われるのが、ラアと呼ばれるイルカの歯である。ラアはハシナガイルカの歯である。

ほかに、ロボ、ロボアウ、ロボテテフェという名でよばれているイルカの歯があり、それぞれ[八]バンドウイルカ、カズハゴンドウ、スジイルカのものであると考えられている。」

という。

上述のイルカの歯の種類中、ロボアウとよばれるカズハゴンドウの歯は最も価値が高いとされているが、近年は、ほとんど新しい歯を手に入れることはできなくなっているとも。

「通貨としてのイルカの歯は、〈お金〉の代りとして使われ、イルカの歯は一本から流通する。

一本のイルカの歯はニフォイアとよばれ、この一本のイルカの歯（ニフォイア）は、現在（調査当時）四〇ソロモンセント（約二〇円）で使うことができる……。（中略）

マライタ島の中でも、イルカ漁の盛んなファナレイ村では、村の雑貨屋でタバコや缶詰を買うさいもイルカの歯を使うことはできるのだが、むしろこれは例外的である。イルカの歯や貝貨を使った現金的な決算は、小規模なローカルマーケットや個人のあいだでの売買でときどきみられる。」

イルカの歯は、このほかに「特殊交換財」として通用する。

「この形態のイルカの歯は、原始貨幣的な機能をもっともよく示している。

多くの場合、一〇〇〇本の歯がひとつの単位となる。一〇〇〇本の歯はトニイアと呼ばれ、ビーズ状につなぐとおよそ一五〇センチメートルほどの長さになる。」

のだという。

このトニイア（一〇〇〇本が単位のイルカの歯）は、信用が高く、具体的な用途としては結婚のための婚資（結納）や、葬式の際の香典などの社会性の高い贈与や、重要な交換であるブタや土地、家、カヌーなどの貴重財に対する支払いになる。

婚資のために用いる場合は、婿側の父親が、嫁側の父親に対して支払うもので、この支払いは、当人たちが結婚式をおこなう一年前から一カ月前ぐらいにおこなわれるのが一般的なのだという。

また、さきに述べた「装身具」としてのイルカの歯の場合は、基本的には女性の所有物で、祭りや儀式の際に女性たちは、イルカの歯や貝貨を組み合わせた装飾品を身にまとう。これらの品々は、結婚や母親の死に際して、娘や女性親族の手に渡り、装身具は母系的に代々受けつがれるのを常とするということである。

以上のように、イルカの歯は、装身具として、通貨として、特殊交換財としての三つの形態で用いられるが、マライタ島の人々は、イルカの歯をみて、「歯のわずかな曲がり具合や色あい、つやなどから、それが美しい歯であるとか、良くないものであるとかという判断をすることができる人々だ」という。

あわせて、「イルカの歯はマライタ島の一部の村に特権的に伝えられているイルカ漁によって供給されている。有能な漁撈民として知られる〈ラウの人々〉が、現在ではその技術を担っている」。

この〈ラウの人々〉については、前項の「ソロモン諸島国のイルカ漁」を参照していただきたい。

イルカに出合った人々

われわれ日本人の中には、「イルカとヒトは、どこまで関係（コミュニケート）できるのだろうか……」と考えたり、そういうことを実験的にでも実践してみようと思ったり、してきたというヒトはいないようだし、あまり聴かない。風聞すらない。

その理由の一つは、イルカが食文化に結びついているためではないかと思う。

それとは別に、欧米諸国（西洋）のヒトは、古くから肉食文化の伝統はあっても、魚食や捕鯨に結びつく食文化や、特にイルカを食べる慣習が日本人ほど身近でない。

別項でも述べたが、わが国ではイルカを食べる食文化の伝統は古く、日本で最も古い説話とされる『古事記』の中にも「……入鹿魚《いるか》、既《すで》に一浦に依れり。ここに御子、神に白さしめたまわく、〈我に御《み》食《け》の魚《な》給へり〉とまをしたまいき。……」と、日本人の祖先がイルカを食べたであろう記載がみえるほどだ。

それに、東洋の人々と、西洋の人々では宗教・風俗・慣習も異なっていることが多いのだから、当然、思想観《（世界）》というか発想も異なり、「イルカと人生」・「イルカとヒト」についての考え方もちがってくる。

それにしても、ギリシア神話以来、これまでに大勢のヒトたちがイルカと出合った経験をもったり、イルカに助けられたという話は多い。それ故に、「我こそはイルカの仲間……」と思っているヒトも多いのではなかろうか。筆者は、そうしたヒトの中からイルカのことを著した三人を選んでみた。特に意図はないのだが、独断専行による枕頭の三冊（人）は次のごとくである。

ジャック・マイヨール

まず、ジャック・マイヨール著の『イルカと、海へ還る日』（関邦博編・訳）を挙げよう。同書によると、ジャック・マイヨールは、上海のフランス租界に暮らしていた建築技師の父ローラン・マイヨールとピアニストの妻のマルセーユのもとに一九二七年四月一日に生まれた。兄のピールと、妹の三人は、毎年、夏休みには日本の佐賀県唐津の浜辺で過ごしたという。当時は外国人たちの保養地であった。そして、彼が一〇歳（一九三七年）の夏、生まれてはじめて海中でイルカに出合ったのも唐津の海であったと……。

彼は「イルカに最も近い人間」などといわれたことがあり、素潜り（閉息潜水）による潜水時間は三分四〇秒をこえていたという（一般に日本のアマさん〈海士・海女〉の素潜り

マイヨール『イルカと、海へ還る日』
（関邦博編・訳，講談社，1993年）

時間の平均は約五〇秒といわれるので、いかに長い時間かわかる）。そして、水深一〇〇メートルの公式深度に到達した世界ではじめてのヒトであった。

このように、普通のヒトよりはるかに精神力も体力も強く、すぐれていたはずの彼が、ある日、突然に自殺をはかったというニュースが流れたときの驚きは、筆者だけではないと思う。二〇〇一年一二月二二日、イタリアのエルバ島の自宅でのことだった。彼はかつて、この島の沖で一〇〇メートルを潜った想い出の地でもあった。享年七四歳の孤独な天国への旅立ちであったと報道された。

素潜りをするために、ヨガによる呼吸法を身につけ、できるだけ長く息を止められるような訓練を積み重ねたりしてきた彼であった。

人間はふだん、呼吸するときは意識しない。ほとんど無意識のうちに息を吸ったりはいたりしている。マイヨールによれば、これと同じ状態に、水中でなるのが理想だという。つまり、息をするのと同様に、息をしないのも無意識になるのである。息を止めても苦しくない。呼吸しないことが自然の状態であるといった境地である。

こうすることで、長い時間、水中でイルカと行動を可能にできると考え、伊豆の禅宗の寺で禅の修行を積んだほどのヒトだった。

上述した自著の中に「イルカのクラウン・ぼくの恋人」、「イルカに近い人間と人間に近いイルカ」と題する目次がある。

マイヨールは上海で一三歳までを過ごしたあと、第二次世界大戦のきざしがみえはじめてきたため、一家は父の出身地であるマルセイユに引き揚げ、そこで高等学校を卒業したが、その後、世界を転々と旅して、三〇歳になった一九五七年、たまたま、マイアミの海洋水族館でイルカの調教師という職についた。そこで出合ったのが一頭の雌のイルカであった。

マイヨールは、「クラウン」という名前のイルカとの出合いについて、

「水族館のプールの私の目の前に水面から頭を出し、優しく微笑んでいる一頭のイルカがいた。私が彼女を認めたように、彼女も私を認めた。あたかも昔からの友だちに出合ったように。これからもずっと友だちでいることが当たり前であるように。〈やあ〉と私は言ってみた。クラウンはククク と鳴き声をあげた。不思議なことに、私には彼女が好意をもって答えてくれたのがわかった。彼女はゆっくりと私に寄ってきた。大きなイルカだ。私のすぐ足元までくると、彼女は垂直に立ち上がり、私の頭の高さまで尾ひれで背伸びをした。……」

と記している。

そして、それ以後、彼女からいろいろなことを学び、同情もする。

「彼らイルカは捕獲され、残りの一生を水槽という〈牢獄〉の中で過ごすよう運命づけられた。自分たちが望んだわけもなく、ただ人間だけの楽しみのために……」、「イルカは単なる動物ではなく、高度な知性を持った愛すべき隣人であり、私たちと何ら違うところのない温かい血〈体温は三六・九度ぐらい〉が流れている友人なのだ」というマイヨールの体験や思いが広がりはじめ、「最近では、イルカのショーを見せ物にしている水族館は減りつつある。イギリスでは三〇館以上あったイルカの

上／取材中の筆者（マイアミ海洋水族館近くで）

下／冬のマイアミ・ロングビーチ

水族館が、一九九一年には二館だけになった」という。
　その後、マイヨールが「クラウン」と別れて、七年が過ぎた。イルカの生涯は二二年から二五年といわれているそうで、そのことから考えると、七年は大変長いことになる。しかし、彼女と再会したとき、クラウンは彼のことをおぼえていたという。だが、マイヨールは、「イルカとヒトのあいだには本当の相互理解など存在しえないのだ」

と結ぶ。読者諸賢はいかがであろうか……。

ホラス・ドブズ

次に、ホラス・ドブズを紹介しよう。彼には自著『イルカを追って――野生イルカとの交流記』(藤原英司・辺見栄訳)がある。本の内容は「イルカとヒトはどこまで関係できるのだろう」という点に集約されるが、この本の中扉に、「わたしの家族であるイルカたちに本書を捧げる」とあるそのいれこみようについて、筆者は敬意を表することを通りこして、笑いをおさえることができなかった。

彼もまた、イルカに関しては、負けず劣らずの「イルカ大好き人間」である。前掲自著の中で、「わたしのイルカに入れあげる生涯の始まりは、クノッソス宮殿跡のイルカの写真をみて、心に強く訴えかけてくるものがあり、古代の美しい絵とともに始まった」と回想している(一二五頁「世界最古のイルカの壁画」の写真参照)。

そして、ヨークシャーへ引っ越し、移った先の自分の家に「イルカ」と命名したほどだ。

『イルカを追って』の内容は、副題にあるように、「野生イルカとの交流記」で、イギリス中西部の港町リバプール沖、およそ一三〇キロメートルほどにあるマン島での野生のイルカ(名前をドナルドとつける)との出合い、交流や、そこから三二〇キロメートルも離れたウェールズの南西端でのドナルドとの再会(モーターボートのプロペラ用金具で、頭頂にひどい傷を負ったので、ドナルドを見分けるのは、その頭頂の傷が目安になった。再会したとき、その地ではデイという名前でよばれていた)や、体験を綴ったものである。

高著の中で注目し、紹介すべきは、

「イギリスでは座礁したクジラとイルカはすべて大英博物館の自然館に報告するように法律で義務づけられている。

その記録によると[六]バンドウイルカは一九一三年から一九六六年の間に一七四頭が座礁している。

一年に三頭の割合である。」

という記録を資料として残し、それを知的財産として共有することだ。

こうしてみると、イルカがときに群れで行動し、その群れをつくることは「野生における相互援助社会である」などと解されることがあるが、群れで座礁する数と比較すると、少ない数だといえる。例えば、最近のことでは、二〇〇九年三月二日の『朝日新聞』（朝刊）によると、

「オーストラリア南東部のタスマニア島の北西にあるキング島に一日夜、クジラ一九四頭とイルカ数頭が海岸に打ち上げられた。豪ABC放送はタスマニア州当

ドブズ『イルカを追って』（藤原英司・辺見栄訳，六興出版，1992年）

局者の話として、満ち潮となった二日午後に地元住民やボランティアらの協力を得て、五四頭のクジラと五頭のイルカを海に戻したと伝えた。同放送などによると、クジラは体長五メートル前後の小型のゴンドウクジラ（筆者注・日本ではゴンドウイルカとも）。キング島などタスマニア州北西部では昨年の一一月以降、今回を含めて計四〇〇頭以上のクジラが海岸に打ち上げられているが、原因は分かっていない。」

と報道された（二八七頁「イルカの集団上陸（自殺）」の写真参照）。

ホラス・ドブズは著作の中で、「もともと広大なアフリカの草原が自然の生息地である動物たちをイギリスの公園に拘禁すること、さらに動物園の小さな檻の中に閉じこめることは、道徳的に許されるだろうか」と訴え、さらに、「イルカを一般に公開して見せるために水族館で飼うことについての道徳的な是非は、考えてみる価値がある主題だ」として、「わたしは、イルカが人間より高いとはいわないまでも、人間に匹敵する脳と感受性を備えた動物だと信じている。もちろんそれは人間と異なったものだが、もしそうだとしたら、わたしたちはイルカを小さなプールに閉じこめておくどんな道徳的権利をもっているといえるのだろうか……」と自問する（二二四頁参照・再掲）。

また、アメリカのよく知られたテレビ番組のフリッパーを訓練したというリック・オーバリーを紹介し、彼の言葉として、「イルカを水族館に入れて働かせるのは、倫理的にヒットラーがユダヤ人を強制収容所に入れたのとほとんど変わらない」という意見を公にしたことを擁護した（前掲）。

こうした一連の行動や発言がイルカに対する新しい世論を生みだし、育て、イギリス国内における水族館からイルカの姿が消える原動力となった。その内容は前掲の「ジャック・マイヨール」の項で述べたとおりである。

ジム・ノルマン

ジム・ノルマンは三人目に紹介する作家だ。『イルカの夢時間——異種間コミュニケーションへの招待』という自著（吉村則子・西田美緒子訳）がある。その内容は、サブ・タイトルにあるように、人間以外の動物と話すことと、ヒトと環境との関係をとりあげている。ヒト以外に登場するのはイルカだけでなく、カモメ・バッファロー・シカなど多種類におよぶが、本書の中ではイルカに限ってのみ紹介するにとどめたい。

ジム・ノルマン『イルカの夢時間』（吉村則子・西田美諸子訳，工作舎，1991年）

高著の目次に「キヴァーと壱岐」という項目があり、「イルカの血で染まった日本の海」というショッキングな一項があるので、〈イルカに出合った人々〉のうちの一人に加わっていただいた。そのほかに加わっていただいた理由は、一九八〇年三月、長崎県壱岐島で環境保護のためだといって、漁網を破り、一〇〇頭ものイルカを逃がした際、マス・コミユニケーションの注目を集めたが、そのとき、同島に滞在していた一人でもあるからだ。

「キヴァー」というのは淡水魚「ブルーギル」のことで、著者が子供の頃に勝手にそうよんでいた「雑魚《ざこ》の愛称」なのだという。

一一歳の頃、毎日のように近くの湖（コチチュアト湖・マサチューセッツ州生まれというから同州内か）に毎日出かけて、五〇匹も六〇匹も、この何にでも食いつくキヴァーを釣り、その釣ったキヴァーをヤブに放置したまま帰ってきたという。そこに猫が集まってきて、キヴァーをもてあそび、キヴァーが跳ねるごとに騒ぎまわる。そんな遊びを友達としていた。

ある日、友達は爆竹の火薬を集めて、爆弾の格好をしたおもちゃをつくり、キヴァーの中から一番大きくて元気な奴をつまみあげ、口から腹の中へ導火線をつけた手作りの爆弾をタバコをくわえさせたように入れ、火をつけて湖にほうり投げるという危険な遊びをしたことがあった。だが、子供の頃にそうした遊びをしたことを、彼はすっかり忘れてしまっていたという。

しかし彼は、アメリカ人の環境保護グループから、壱岐島でイルカの殺戮《さつりく》をやめさせるために派遣されたときに、壱岐の辰ノ島で日本の漁師がイルカを殺している眼も当てられぬ様子に直面し、ふと子供の頃の自分を想い出す。以下、少々長くなるが彼の著書を引用させていただこう。

「その日の夕方、ホテルの和室に座り、少しでも心の痛みを和げようと熱い酒をすすりながら、わたしは日本人の仲間二人にキヴァーの話を打ち明けた。すると、グループの通訳をしていたアツミも、やはり一一歳のころにカブトムシの足をちぎって遊んでいたと話した。時にはカブトムシの片方の羽をむしりとって放し、まっすぐ飛べなくなってグルグル輪を描くのを見て遊んだそうだ。テツオは、わたしたちの行動を取材するために島に駐在している新聞記者だったが、やはり自分の体験を語ってくれた。彼はケムシを集め、それを生きたまま焚き火の中に放り込んだのだ。そして不運なケムシがじゅうじゅう音を出して焼け、最後にパンとはじける様子が面白くてたまらなかったと白状した。暮れなずんだ薄明りの中、わたしたち三人はおし黙ったまま、それぞれの杯の中を見つめていた。そこには人間の、動物に対する残忍な行為の普遍性が映っていた。忘れている子供のころの記憶をたどっていけば、ほとんどの人に同じような体験があるにちがいないというのが三人の結論だった。（中略）

わたしたちが壱岐の漁民と違う点は、大人になるにつれ幾分か成長してその残虐さを見せなくなることだ。魚をとるのを職業としていると、音楽家や通訳やジャーナリストほど簡単に自分の残忍な性格から抜け出せないのかもしれない。

アツミの説明によれば、日本の子供たちはすべての動物を平等に扱うようにと学校で教わるそうだ。

つまり、ネズミを殺すのと牛を殺すのに違いはないし、イルカを殺すのも一〇〇トンもあるシロナガスクジラを殺すのも同じだ。しかし人間だけは別格で、なぜか自らを動物よりも高い位置に置き、殺すこと、そして死というものの本来平等であるべき倫理から一歩身をひいて生きている。これは仏教国の学校での基本的な仏教の教えである。

アツミは正しかった。わたしたち環境保護グループのメンバーは、壱岐の漁民がイルカを殺すという一つの行動だけを取り上げて非難しようとすれば、日本中どこへ行ってもソッポを向かれることをすぐに悟ったのだ。国じゅうを一つの大きな家族とみなす文化では、非難の声があがるはずはなかった。わたしたちは外国人であり、よそ者で、しかもイルカは〈特別だ〉という誤った感傷的な思いを盾にとって、働きものの漁民をこらしめようとしていることになる。

しかし、一九世紀の半ばにアメリカ人が日本で牛肉を売り始めるまで、日本人はほとんど肉を食べることはなかった。ここで話はややこしくなってくる。アメリカ人が動物の肉を食べることを勧める一方で、それまで食べていた別の動物の肉を食べていることを責めたのだ。

本来、日本の文化では、羊、牛、豚などの獣肉は食用の対象から外されていたが、クジラとイルカはその仲間に入れてもらえなかった。その理由は、日本人がクジラやイルカを魚だと信じていたという単純なものだ。とても大きな魚。空中で息をするが、それはやはり魚とみなされた。このような考え方が今日もなお続いているのは、日本の捕鯨産業が水産庁の管轄になっているという事実からも明らかだ。現時点では、日本海洋哺乳動物委員会というものができていない。米国では一九七二年に保護法が制定されて以来、海洋哺乳動物委員会が独立してクジラやイルカを担当している。日本の役人は世界中からの反論にもかかわらず、まだクジラ類を魚と規定したいらしいが、多くの日本の人々は今ではそうでないことに気づいている。……（中略）

アメリカのマグロ漁業では、壱岐の一〇倍から一〇〇倍ものイルカを毎年捕まえて殺しているのだから、壱岐に集まってきたアメリカ人の環境保護運動家は国粋主義者だという主張がある。

新しく参加したボランティア・メンバーは、壱岐に到着するとまずイルカの捕獲に責任のある漁業協同組合の小畑氏と対面することになった。小畑氏はまるでスフィンクスのようにアメリカ人の若者一人ひとりの目を覗き込んで、独特の質問をあびせる。〈あなた方は、お仲間の漁民が一〇倍もイルカを殺しているというのに、なぜわざわざ壱岐まで来たんですか……〉と。これはやっかいな質問だ……。まず、サンディエゴの漁業を〈仲間の〉ものだと考えている人は、環境保護グループにはほとんどいない。それに、壱岐はアメリカから何千キロも離れてはいるが、アメリカ人が広い海のまん中の見えないところでイルカを殺しているのにくらべて、まだ手が届くのだ。質問に対して若者が〈日本人は意図的にイルカを殺していますが、アメリカ人は偶然なのです……〉と模範的に答えても、小畑氏はまたもやスフィンクスのごとく、それ以上聞く耳を持たない。それにしても、アメリカのマグロ漁民が漁獲高を上げたい一心で釣り糸と釣り針《(ママ)》という優しい漁法をやめ、魚を選ばず根こそぎにする大規模な巻き網を使い始めたためにイルカを殺す結果になったのが、はたして偶然と言えるだろうか。

〈わたしはイルカを愛しているのです。だから殺されているところならどこにでも行きます……〉という答えは、なぜか、小畑氏の気に入った。これなら彼にも理解できたのだろう。壱岐の漁民は宗教心が厚いらしい。わたしたちアメリカ人は現代の巡礼として壱岐に上陸したのだ。カルト（崇拝者）である。このカルトのメンバーは〈イルカ愛好家〉ドルフィン・ラバーだ。」

（（　）内は筆者による）

そして著者は最後に、

「環境保護論者は、日本人とは相容れないはずだ。イルカは漁民の敵である。だから、イルカを救おうとする者は漁民の敵でもあるのだ。漁民は決してお遊びでイルカを殺しているわけではない。その肉を食べるために殺しているのでもない。まったく死活問題なのだ。イルカは日本の魚を食べ尽してしまう。人間だって食糧が必要だ。従ってイルカを救おうとする人は、空腹の日本国民に食糧を供給する漁民の、生計を立てる道をふさごうとしているのであって、イルカ愛好家は、日本人の敵にほかならない。」

と自著の中で結んでいる。

ジム・ノルマンは前述したように、壱岐におけるイルカの撲殺をやめさせ、クジラ類にもっと優しくなってもらうために、いくつもの環境保護団体によって日本に派遣された一人であり、自称イルカ愛好家であり、異種間コミュニケーションの研究者でもある。たんなる闘争家（運動家）ではないのだ。だからこそ、彼の意見に耳を傾けなければならないと思う。

癒しか、それとも逃避か

「イルカ大好き人間」（イルカ愛好家）は、前項であつかった三人に代表されるように、イルカに出合うと癒《いや》されるという。

三人のように入れこまなくても、よく、ヒトは動物（特にペット）に癒されるという。海では、ダイビングで出合う数々の魚や哺乳類などだ。とりわけ、「イルカとの出合いによって、心や気持ちが癒された」というヒトは多い。

しかし、よく考えてみると、こうした、「ヒト」と「ヒト以外」の他の動物との出合いによる心の癒しというのは、出合いの機会や行為が非日常的で、しょっちゅうあるからでなく、ときたまあるから新鮮な気持ちで受けとめられるだけであって、それはいってみれば、現実（ふだん）からの逃避ではなかろうか。やはり、ヒトはヒトの社会（世の中）にあって喜びも悲しみもあり、心（気持ち）を癒したり、癒されたりするのであって、その他の動物に求めるべきではないのだと筆者は思っている。正しくは「求めるべき」というのではなく、「求めることなどできないのだ」といったほうがよい。幻想的に癒されたと思っているのである。だから持続性がない。

「ヒトはヒトによって、心を癒したり、癒されたりする」。それが持続性のある心の癒しで、刹那的な癒しでなくなる。だから、イルカを大切にする以上にヒトを大切にすべきなのだと思う。

また、ヒトは動物以外にも、例えば花に、植物に心が癒されるときく。そもそも「癒す」とか「癒される」ということの意味はなんなのだろう。『広辞苑』によれば、「癒す」とは「病や飢渇《きかつ》（うえとかわき）や心の悩みをなおす」とみえる。とすれば、健全な精神や健全な身体のもちぬしにはかかわりのないことなのだ。

別項でもとりあげたが、ジム・ノルマンはイルカについて、「単に頭がよく、異種間コミュニケーションの能力を持っているというだけでなく、思いやりの心、明るい性質、可愛らしさのすべてを備えているのだ。イルカのあのほほえみに、われわれはひとたまりもなく参ってしまう。……イルカはペットなんかではない。仲間なのだ」と。

そして、イルカの目の前にいると、なぜ人々は励まされ、元気になり、しかも幸せになるのだろうか……ともいう。そこにヒトとイルカの「癒す手段として両者の関係を見ることもできるだろう」と語る。「イルカは恩師なのだ」とも……。

はたして、そういう思いは、万人に共通して通用するのだろうか。普遍概念とは思えない。

幻影・イルカの国旗

アンギラ島（Anguilla Island）は、アングイラ島ともよばれる。

西インド諸島東部の小アンティル諸島北部、リーワード諸島中の島である。サンゴ礁の低平な島で、島の名前は東西に長いその形からアンギラ（スペイン語のウナギの意）に由来するという。

その、アンギラ（島）の（国）旗には、写真のように三頭のイルカがデザインされているのである。

一九八〇年には、イルカをデザインした旗の切手まで発行しているのだ。

住民の方々には失礼ながら、世界的には、あまり知られていないアンギラという島はどのような島なのであろうか……。

イルカが描かれたアンギラ（島）の旗（前掲『クジラ・イルカと海獣たち』より）

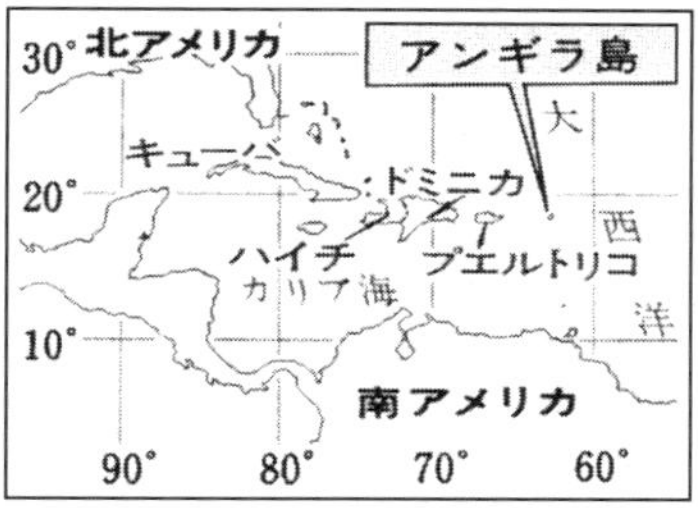

アンギラ（島）の位置（左／旺文社百科事典『エポカ』，1985年より．下／『タイムズ世界地図帳』第11版，2003年より）

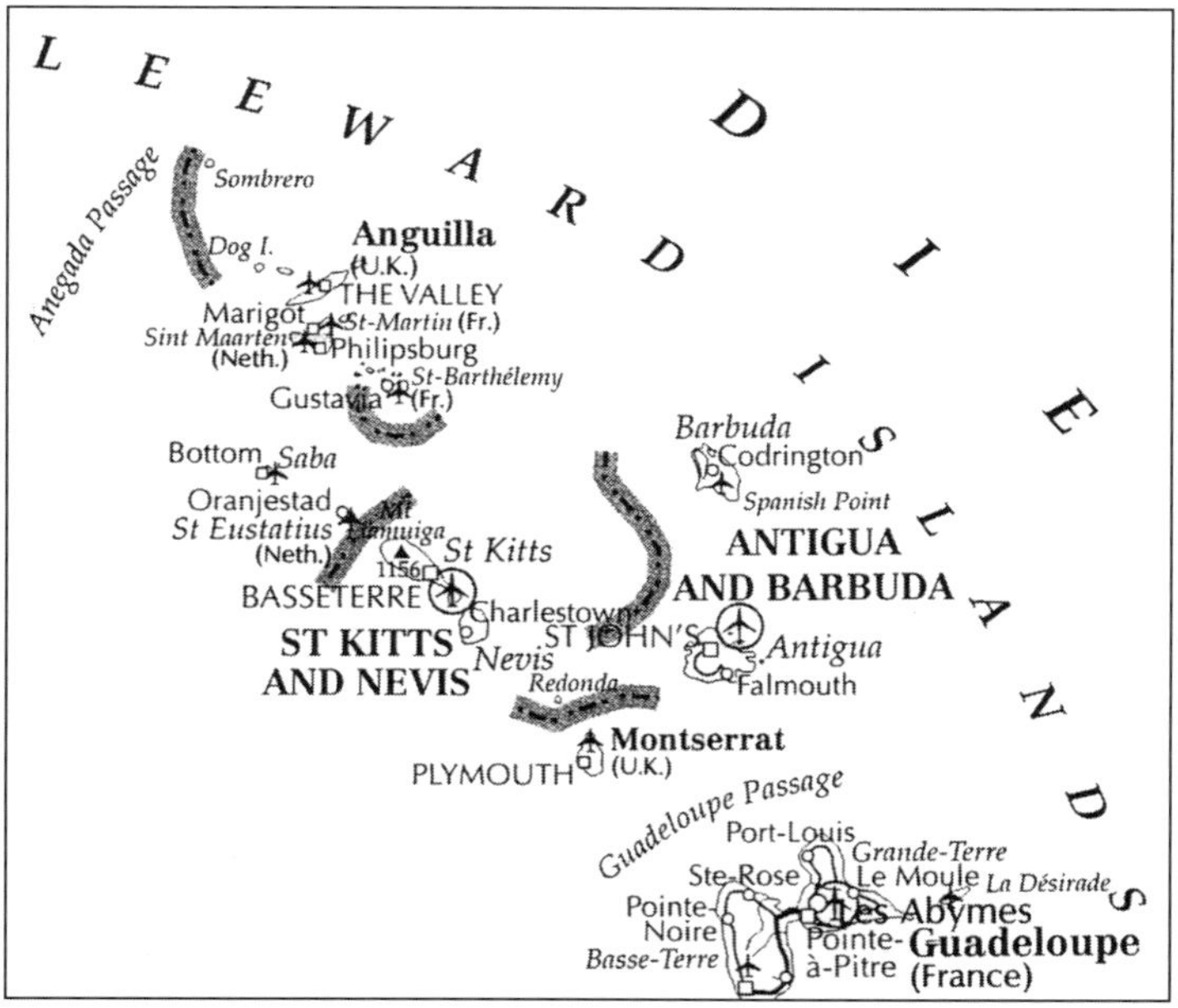

『ブリタニカ国際大百科事典』によると、アンギラ（島）は、

「一六五〇年以降イギリス領。一九六七年に、近くにあるセントクリストファー、ネビスの両島と共にイギリス領セントクリストファー＝ネビス＝アンギラとして西インド諸島連合州に加盟、完全な内政自治権を得たが三ヶ月後、一方的に他の二島からの分離を宣言、一九八〇年正式に離脱し、単独のイギリス属領となった。

　主産業は漁業、牧畜、製塩で、面積九一平方キロメートル、人口約七三〇〇人（一九九〇年推計。」

とみえる。

また、『旺文社百科事典』によると、アンギラ（島）は、

「イギリス領。面積九〇平方キロメートル、人口約六五〇〇（一九七七年）。全島民がインディアン。とりたててあげる産物はない。一九六七年、隣接のネビス、セントキッツなどの諸島とともに、イギリス連邦の一員に加わったが、一九七六年にアンギラのみ独立宣言を行った。イギリスは軍隊を送って武力支配を強行、以来事態は表面上は鎮静を保っている。」

と、『ブリタニカ国際大百科事典』（もとはイギリスの百科辞典）では書きにくいところまで記述している。

さらに、平凡社の『世界大百科事典』によると、アングイラ（島）は、

「平坦で白いサンゴ礁に囲まれた面積九一平方キロメートルの小島。人口は約一万（一九九四年）。

首都はザ・バレー。

農業適地は少ないが、綿花や食料作物が主に栽培されている。

一六五〇年からイギリス領植民地であり、一九六七年隣島のセント・キッツ・ネビスとともに西インド連合州に加入したが、同年独立を宣言した。しかしイギリスは承認せず、一九六九年他の二島と分離してイギリスの属領とし、一九七六年二月アングイラの新憲法でこの地位が確立した。」


とみえる。

以上のように、独立にかかわる内政的なことはさておき、アンギラ（島）も独立国となれば、イルカを描いた国旗の誕生となったのであろうが、残念ながら独立国の国旗になれなかった経緯は前掲の引用文からおくみとりいただけたと思う。

しかし、国旗としては幻影でもアンギラ（島）の旗に描かれたイルカは顕在である。

随筆の中のイルカ

「岬」のことだけを書いた随筆を集めた本がある。中上健次編による『日本の名随筆』（全一〇〇巻）という中の一冊だ。

その中に編者自身による「天満《てんま》」と題する作品があり、イルカのことが記されている。

「天満」は和歌山県（紀伊半島）の熊野灘に面した那智勝浦に近い地名である。近くには、江戸時代から近海の捕鯨で名高い「太地《たいじ》」がある。

それにしても、「名随筆」集との表題の中に編者が自身の作品を加えるのは、いかがなものかと思うのは筆者ばかりではあるまい。内容は以下のとおりだ。

「（前略）霊異と言えば、牛もイルカも、人間の変成したものに私にはみえたのだった。

いや鯨もそうである。だが食べ物である事に変わりはない。

人は食べ物に窮すれば人すら食う、とは大岡昇平、武田泰淳の文学が提出した人間への問いかけでもあった。

食べ物、たとえば動物を人の変成したものと比喩的にみるのは仏教か、原始的なアニミズムによるのだろうが、それは一種世に氾濫する婦女子向けセンチメンタリズムと混同されやすいが、『日本霊異記』にあらわれた霊異のことごとくは、その仏教とアニミズムの混淆である。こう思うのだった。

牛を屠殺する者は、それを生命を持った牛としてとらえ屠殺する、と。牛は苦しさにあがく。あがくことによって体内から血が出る。従って、われわれの口にする牛肉に血の味はない。牛肉のみならず豚もニワトリも血を抜く。山で狩ったイノシシの肉が、くさみがあり荒い味がするのは、往々にして血抜が不充分だからだ。

イルカの話をききに行って、三軒《さんげん》さん（太地の湾を利用して養殖真珠業を営む・著者注）に、イルカの生肉のさしみ、内臓のゆでものを出された。それをうまいと食べる私は、その屠殺する者について考えないわけには行かなかった。屠殺してよいのである。狩りをしてよいのである。浄化も浄福も、屠殺し血の味を味わった後にある。」(以下、後略)

ヒトの墓標になったイルカ

ドイツ、オーストリア、イタリアなど、ヨーロッパの霊園を散策して気がつくことは、同じ墓標が一つとしてないといってよいほど個性的であることだ。特にウイーンの中央墓地など、その典型だといえるだろう。

しかし、近現代のわが国で墓碑といえば、どの墓地でも、三段重ねの台上に角形の竿石《さおいし》を立てた形を思い浮かべることができるほど統一的で個性がなかった。日本国中どこの村や街を旅しても、また、車窓から見る墓地の風景もほとんど同じだったといってよい。

ところが近年、各地の寺院などに個性的な墓碑が建立されるようになってきた。

これまでにも、わが国に、個性的な墓がまったくなかったわけではない。筆者が記憶している墓碑の中にも、伊豆八丈島には酒樽を模した古そうな墓碑があった。生前、よほど酒好きの流人だったのかと想わせせられたものである。

また、近年は逆に高野山金剛峯(峰)寺などでは企業碑(顕彰碑)等、自社(己)宣伝的な墓碑が

イルカ親子の墓標（神奈川県観音崎・鴨居山能満寺）

急増したために寺院側で制限をもうけ、多少は周囲から浮き上がらないように配慮した碑の建立がおこなわれるようになってきたという。しかし、宇宙ロケットなど、すでに建てられているものは、どうにもならない。

全国各地、「オリジナル墓石」をさがせば、いろいろあるにちがいない。

新奇な、こだわりをもったデザインの墓石もけっこうだと思うが、周囲の雰囲気（佇《たたず》まい）を大切にしたり、お寺さんの了解をとるなどの気づかいも必要だろう。

ところで、東京湾の咽喉ともいえる観音崎灯台に近い旧鴨居村の鴨居山能満寺（曹洞宗）には、世界に唯一であろうと思われるイルカ親子の新しい墓碑が建立されている。

あるとき、筆者がイルカの墓標のそばに立っていると、近所の男の子たちと思しき数人がやってきて、「おじさん、これ、イルカのお墓……」と聞くので、「そうじゃないよ……、これはヒトのお墓だよ、ヒトもイルカも天と地を往来《いきき》できるからね。それにお互い、生まれかわることもできるし……」と、答えてあげると、「フーン」という返答をして帰っていった。

その返事の様子から、これは子供たちに、まったく理解できていないのだということを感得したことがある。

あらためて考えてみれば、子供たちに、死後の世界のことなど、わかるはずがないのである。大人だってそうなのだから。

もとよりイルカはヨーロッパ（特に地中海周辺諸国）では、再生の象徴として神聖視されてきた経緯があり、海や水にかかわるシンボル的な装飾として、建物などの彫刻に用いられたりしてきた。また、水とのかかわりをもつイルカは、火伏のカミの通力をそなえ、象徴的役割をもはたしてきたのである。

しかし、子供たちにこんな話をいくらしたところで、理解してもらえるはずがない。

願わくは、その子供たちが、成人したときに、もう一度、イルカの墓碑を参詣するか、想い出すかしてもらいたいものだと祈るだけであった。

イルカの群れ

水族館でのイルカによる見世物は世界中どこへ行ってもおなじみだが、自然の中で、イルカが群れで遊泳（波乗り）したり、餌をさがして食べる場所（索餌場）にたちあい、イルカの様子を直接、目の当たりにすることのできるヒトは少ないだろう。それは当然のことで、一般の人は船で沖合を航行することなど、ごく限られているのだからしかたがない。

それはイルカ・ウオッチングなどを別にして、筆者も同様なのである。長年にわたり、海とかかわりあいのある方々の暮らしや歴史、文化の所産についてみとどけることに努めてきた筆者ですら、そのような機会は今までに一度きりしかなかった。

しかも、そのときは真夜中で、あわせて千葉県の銚子沖でのサバ漁操業中のことでもあったためか、イルカの群れを目撃したという実感が記憶の中からどうしても、もどってこないのである。

そこで当時、筆者が三浦三崎の『三崎港報』という地方紙に「漁場探訪」の連載記事を掲載していたルポルタージュの内容を引用し、イルカの群れ居る様子を回想してみたい。

「(前略) 午後七時過ぎにはじまったサバ一本釣だが、魚影がしだいに薄くなってきたので、第一回の操業は中止らしい。

やがてエンジン音が星空を突いて鳴りひびくと、八幡丸は大きく旋回し、フルスピードで走りだした。漁場を変更するのだ。

胴の間におりた筆者を迎えて〈お疲れでしょう。これから夜食です〉と、いたわるように声をかけてくれる船長兼漁撈長の吉岡幸次郎さんの精悍な顔は、いつもとかわらず満面に笑みをたたえて、疲労の影は微塵もみられない。日焼した広い額に潮風のはこんだ水滴が光り、髪は集魚灯の下で黄金色に輝いている。

満天の星空の下で、星を凌駕するほどに輝く金色の真珠を思わせる水滴を見ていると、漁撈の厳しさが現実のものとは思われない。

目指す漁場は、北緯三五度三〇分、東経一四一度だ。

もう夜中の一二時をまわった。飛沫を浴びながら大きな食器をかかえこみ、熱い味噌汁をすする胴の間の食事ほど食欲をそそるものはない。それに、五月も中旬だというのに、食器を持つ手の掌の温もりが心までも暖めてくれる。

食事が終ってから、船が第二回の操業をする漁場に到着するまでミヨシ（水押）の船室にゴム合羽を着たままもぐりこんで甲板員の人たちと一緒に休憩することにした。

男世帯は気楽なものだが、しんどい稼業である。船に乗っていると話題はしぜんと陸（オカ）の話しにかわっていくのもむりはない。（中略）

二時近く、第二回目の操業が始まった。

準備万端、船頭が漁場を決めるカンにくるいはない。この調子で一本釣がつづけば大漁はまちがいない。

全員、一回目の操業にまさる活動ぶりである。緊強した気分に一〇分、二〇分と時間が飛ぶようにすぎさっていく。

筆者もサバを三〇〇匹までは数えながら釣り上げたが、その後は数えるのをやめた。甲板員たちは普通、一人で一トンは釣る。

やがて一時間が無意識のうちに流れたころだった。

突然、〈イルカだ……〉という叫び声がブリッジの方から聞こえると、今まで元気に廊下（舷《ふなばた》）

で竿をあやつっていた全員の顔に〈キタカ〉というような不安に満ちたひとすじの暗い影がさしこめたようにみえた。

〈先生、イルカの大群だ……〉といわれたときにはじめて、今までヒトとみじかな、親しみをもちつづけてきた人気者の芸人としか思っていなかったイルカに、いいしれぬ憎悪の念をいだいたのはたしかである。

〈チキショウ、サバが逃げる……〉と、じたんだを踏んでいるあいだにもイルカの大群は接近してくるのだ。

やがて、蜘蛛の子を散らすように、サバの魚影は見えなくなってしまった。

イルカがくれば、サバは逃げてしまうのである。イルカを敵視するということなど、それまでは考えてもみないことであった。

〈イルカは低水温に洄游する習性をもっているのですが、サバが親潮に乗って南下してくると、イルカも餌をもとめて南下をはじめるようです。昔から銚子沖はイルカの多い場所でした。この一帯は、イルカばかりでなく、寒流と暖流の出合う場所ですから、あらゆる魚族が多く生息しているのです。

銚子は〝大漁節〟にも唄われたように昔からイワシ漁の本場です。

寒暖両流が接合する潮境には、植物性プランクトン・動物プランクトンが多く繁殖するので、そのプランクトンを餌にするイワシがそこへ集まります。そしてまたイワシをあさりにイルカが集まってくるといった自然界の厳しい食物連鎖がイルカを集めることになったのです。

しかし、最近はイワシが減少してしまったので、イルカもひもじいおもいをしなければなりません。それが《ひもじい時の不味《まず》いものなし……》で、イワシにかえてサバをクラウようになったのです。

だからサバ漁業にとってイルカほど大敵はありません〉と語る漁撈長は、いかにも残念そうだ。

以前は銚子にイルカを専門に捕獲する〈突ン棒〉漁船もあったし、オットセイ漁業者たちがオットセイの捕獲期がくるまで鉄砲でイルカをとっていたこともあったという。

しかし、オットセイ保護のため、捕獲が全面的に禁止されたため、イルカを捕獲するものもいなくなってしまった。それ故、今日ではイルカが繁殖する一方であると聞いた。

〈イルカは害になっても益にはなりません。これはサバ漁業者だけではなく、イワシ揚繰網漁業者の場合も同じだといえます。

イルカは神経が過敏だから鉄砲の音だけでも逃げます。こんな状態では、これから先のサバ漁業にも大きな影響を与えるので、水産庁に陳情して、この問題を早急に解決したいと考えているのです。この仕事を以前のオットセイ捕獲業者に委託してもよいし、もし、オットセイを密漁（捕獲）するという懸念があれば水産庁の監督官が同乗してもらってもよいのですから〉という言葉の中には、サバ漁業者を代表した吉岡幸次郎さんの立場がよくあらわれていた。（中略）

昨夜はゆっくりサバの顔をみる暇《ひま》もなかったが、銚子へ入港したあとに水揚げされているサバをよく見ると、いかにもスマートで利口そうな顔つきである。それになんとも若々しく青い色艶だ。〈鯖〉という字はまさに当を得ているように思われる。

今朝の水揚げは千五百貫。まあまあといったところらしい。（中略）

そのころ筆者は、カメラのシャッターをおすだけで、クタクタに疲れてしまい、とても甲板員の皆さんと同じように働くことはできなかった。なれているとはいえ、この厳しい労働に堪えるためには体力だけではなく、強い精神力がともなわなければ、とてもできる作業内容ではない。

吉岡幸次郎さんに案内されて、魚商の〈カギハチ〉を訪れると、私たちを追うように三崎の〈藤次郎丸〉と〈よぜん丸〉の船長兼漁撈長がやってきた。

すぐにお膳を囲んで次の作戦会議ということになったが、その席上、銚子名物のイルカ料理を出された時には、少々複雑な気持で昨夜からの操業を思い出したものである。」（「漁場ルポ・イルカの来襲に姿消すサバ群」『日刊三崎港報』一九六四年・昭和三九年六月二〇日）

夫婦仲の良いイルカ

夫婦の仲よく、常に連れ立つカップルを「鴛鴦夫婦《おしどり》」などとよぶ。が、実際には鴛鴦の雌雄は、それほど仲が睦まじいのではないんだと聞けば、ほっとするような気分になれる。

ところが、「イルカは夫婦仲が良い」とは、巷説としても定評がある。しかし、イルカたりとも、どんなときにも仲が良いとは限らないらしい。

神奈川県三浦市の油壺にある京急《けいきゅう》マリンパークで館長をしていたことのある末廣恭雄氏の著書『食卓の魚・さかな通』の中に、本人が海洋調査船「蒼鷹丸」（二〇二トン）に乗り組んで、五五日間の船上生活をした経験を日記風にまとめた以下の一節がある。

「五月一八日（快晴）　今日は朝から快晴で風なく、海面は鏡のようにおだやかである。午後三時、沖ノ島（玄界灘のほぼ中央に浮かぶ、周囲約四キロの孤島。往古、日本と大陸を結ぶ海の道標で、宗像大社の沖津宮《おきつみや》が鎮座する・筆者注）北方でイルカの大群に逢遇した。船員の一人が、うち一頭の肩に首尾よく銛を打ちこむ。

打たれたイルカはおどろいて海中へ深くもぐる。船員が総出で銛綱を延ばす。イルカが弱るとまたたぐる。延ばしたりたぐったり、時間がどんどん経過するがらちがあかない。〈心臓にぶち込めばこんなに手数がかからないのだが〉と船員の誰かが愚痴をこぼす。そして一同てこずり気味である。

〈あのイルカは雌だなあ〉と船員と船員の会話である。

〈どうして判るのか〉と問えば、〈ほれ、あのイルカのそばをよく見てみなせい〉との答。

筆者もさきほどから気づいていたのだが、手負いのイルカのそばには、なお一頭のイルカがいて、終始前者と行動を共にしているのである。他のイルカが船のさわぎに何処へか行ってしまったのに、このイルカだけは手負いのイルカのそばをはなれようともしない。あたかも生死を共にしようと約束でもしたかの如くである。

〈鯨もそうだが、雌が銛で打たれた際、雄は最後までつきそっているが、雄が打たれた場合、雌はすぐに逃げてしまう。だからあれは雌だ〉とは、経験から割り出した船員の鑑定である。それにしても、イルカの雌は薄情だナ、とおかしくなった。」

何故か、人の世を鏡にうつしだしているような光景が眼に浮かぶ話である。ご婦人方に、反省をうながしたいと願うのは筆者だけではあるまい。

イルカと人魚・ウマ（馬）

海の哺乳動物であるイルカと、海の哺乳動物もどきの人魚とは合性がよいようにみえる。それというのも、イルカが背中に人魚を乗せて遊んだり、一緒に泳いだりしているようなイメージの絵画や彫刻をよく見かけるからだ。

思うに、イルカは一般的にいって、躍動感があり、男性的なイメージが強い。それとは別に、人魚は淑やかで女性的なパーソナリティーをもっているようである。したがって、異種間異性のような印象を与えずにはおかない。

異種間異性は、なにもイルカと人魚に限ったことではなく、イルカの背に乗っているのはヒト（人間）のほうが多く、時代も古くからある（一四五頁「貨幣の中のイルカ」参照）。

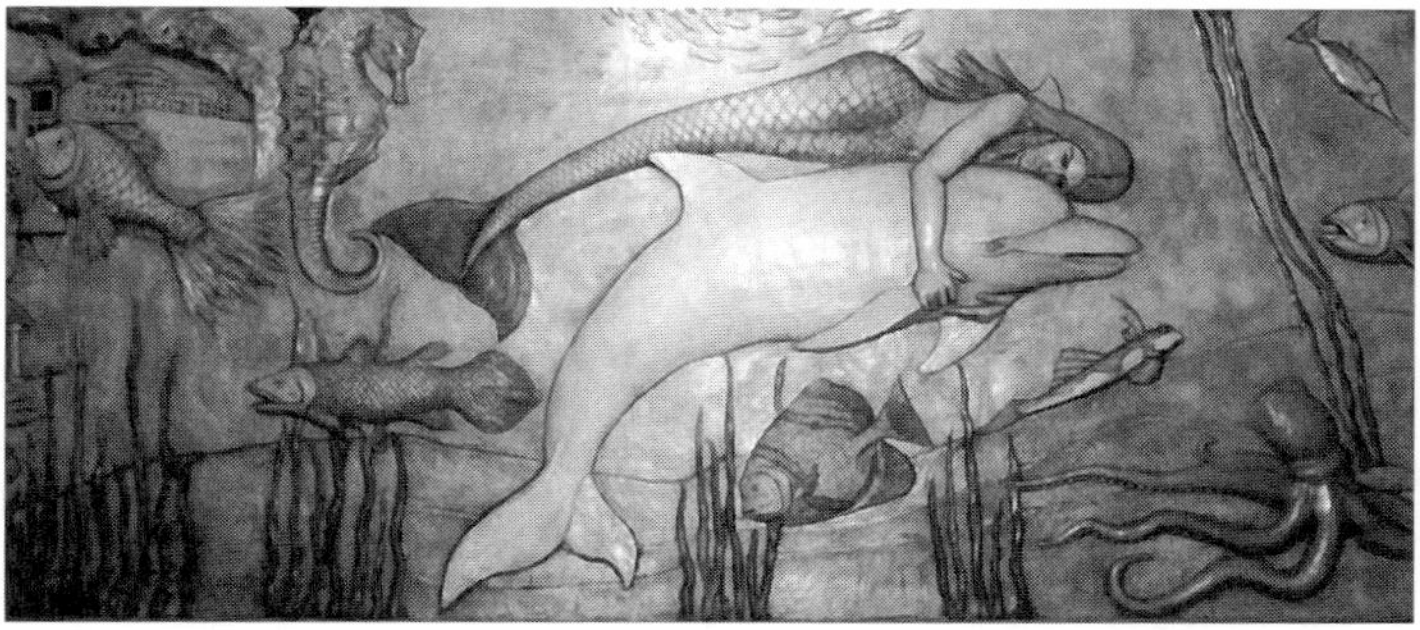

イルカと遊ぶ人魚（トルコ，イスタンブールのレストランにて．地中海沿岸の諸都市では，イルカをモチーフにした絵画や彫刻をよく見かける．イルカは人魚とも仲が良いようで，一緒に描かれていることが多い．筆者撮影）

人間社会の中でも、わが国では東北地方の岩手県あたりに多いオシラサマ信仰にかかわる「馬と娘が恋をしてしまう」といった馬娘婚姻譚《ばじょうこんいんたん》や蚕神にまつわる伝説がある。

こうした話は四世紀頃の中国書、晋の干宝作『捜神記《そうしんき》』（怪奇小説）の伝播、影響とされながらも人魚とヒト、魚女房、鶴女房などの異類女房譚として広く語られてきた。

もとより、ギリシア神話時代における人身魚尾の生きものは「人魚」ではなく、「海神」であったり、怪物（モンスター）としての存在であったであろうから、イルカと戯れ遊ぶ人魚の存在は、ギリシア神話の世界より、ずっとあとになってから、人々の心の中に生まれたものと思われる。

シェークスピアの作品（戯曲）の一編、「夏の夜の夢」の中に、「人魚がイルカの背で歌うのを聞いていた……」とあることから、こうした表現が西洋の文化に大きな影響を与えずにはおかなかったであろう。とすれば、「イルカに人魚を乗せたのはシェークスピアだ」といっても過言ではない。

しかし、このことで重要なのは、人魚を乗せたイルカのことよりも、「乗り物としてのイルカ」の存在に注目すべきである。

古代ギリシア、あるいはその時代の文明を継承したローマ世界において、イルカは海を示唆し、海を象徴する存在として重要視されてきた。それは海（水）が四大元素の一つとして重要視されてきたことを象徴している。また、イルカはギリシア神話に登場するアポロン、ポセイドンなどの忠実なお供として、あわせてヒトを背中に乗せて助けるなど（「ギリシア神話の中のイルカ」参照）、神々に仕えてきた実績がかわれたのであろうこともあって、海の中でも強く、はやく泳ぐことができるイルカは霊魂を冥界へ運ぶ使者としてのメッセンジャー・ボーイの地位をも確保するに至る。

このことは、上述したヒト（人間）と動物（馬）との交婚説話とも共通する部分が多い。すなわち馬は、カミ（神）であったり、カミの乗り物であるとされることから、中国から伝えられた説話の背景に、カミを下ろす際の、あるいはカミと一体化するための心意が共通にかかわっていたといえよう。

上述した『捜神記』は神祇《じんぎ》（天神と地祇）・霊異・人物変化・神仙（神通力を得た仙人）など、万物組成の元素である五行（火・水・木・金・土）の「元気」に関して掲載したもので内容は奇《あや》しいが、西洋文明の背景にある「ギリシア神話」に比較してみれば、東洋の奇しい『捜神記』の内容も許さざるを得ない。こうしてみると、西洋（地中海世界）においては、イルカが神々の乗り物として、この世と、あの世を往来《いきき》するのと同じように、東洋（中国をはじめ、日本を含めて）ではウマ（神馬）が、神々や霊魂の乗り物として、現世と来世を往来できるという共通した観念を読みとることができる。

「白馬」だ。あわせて、イルカは人魚の友達だから「遊ばせる」のか……。

右／ベトナムのハロン湾
左／ベトナムのイルカのゴミ箱

ゴミ箱になったイルカ

旅に出ると、イルカ・デザインのいろいろなモノに出合うから楽しい。イルカの「芥箱《ごみ》」まであるのだ。逆に、イルカの芥箱など、どこにでもありそうに思うが、さがしても、ありそうでないともいえようか。

筆者が出合った場所は、ユネスコの世界遺産に登録されているベトナムのトンキン湾（ハロン湾）にある観光地の島。周辺には二〇〇〇近い石灰岩の島々が浮かぶ。鍾乳洞のある島には上陸して中に入ることもできる。名前をティエンクン洞（天宮）という。一九九三年に発見された。

「ハロン」とは「龍が降りる地」という意味だと聞いた。それ故、「降竜湾」と表記するのだとも……。ハノイからバスに三時間ほど乗るとバイチャイに着き、そこからは観光船が出航して島々をめぐる。風光明媚な島々がおりなす「海の桂林」を訪れ、ホンガイに渡るか、もとの港にもどる数時間の船旅。

イルカの芥箱は東南アジアのデザインにしては珍しい。最初に見たときはペンギンのデザインかと思ったが、大きな口を開けている姿をよく見ると、足（尾）の下に波がデザインされていたのでイルカと知れた。ペンギンのデザインなら両足をそろえて立っているであろうから……。

イルカの集団上陸（自殺）

「浜辺に二〇〇頭・原因不明」。このような見出しで、二〇〇九年三月二日の『朝日新聞』朝刊は報じた。

内容は、オーストラリア南東部のタスマニア島の北西部にあるキング島でのできごと。一日夜、体長五メートル前後の小型のゴンドウクジラ一九四頭とイルカ数頭が海岸に打ちあげられた。満ち潮になった二日午後、地元住民やボランティアらの協力を得て、五四頭のクジラと五頭のイルカを海に戻したというものだった（一部は前掲「ホラス・ドブス」参照）。

キング島などタスマニア州北西部では昨年一一月以降、今回を含めて計四〇〇頭以上のクジラ・イルカが海岸に打ちあげられているが、その原因はわかっていない、とも。

こうした新聞記事等の報道は、読者諸氏もこれまでに何回となく見聞きしたことで、「またか……」

オーストラリアのキング島の浜辺に打ち上げられたクジラとイルカ（『朝日新聞』より）

と思う程度のニュースかもしれない。

しかし、どうして、このように大量のイルカ・クジラが「集団自殺」と表現されるように浜辺におしよせるのだろうか……。そして、その原因となると「不明・わからない」とされてきた報道ばかりである。たまには、その原因について言及されている報道もあるが、必ずしも明快な答えや理由がはっきりでているとは思えない。

本書は「文化史」であり、文化史学的内容の記述を主眼とするものであるから、上述したような内容に深く言及するのはさけなければならないがまったく無視してしまえるようなテーマでもなかろうと思う。

そこで、この方面の専門家による、これまでの研究成果についてみると、まず、森満保氏による『イルカの集団自殺』という高著が挙げられる。

同書によると、平成に年号が変わった一一月二日の夕方から三日の朝にかけて、長崎県南松浦郡三井楽町の砂浜に約六〇〇頭のゴンウイルカが集団上陸してきたことがあったという（ゴンドウクジラはゴンドウイルカとも呼ばれる・筆者注）。

三井楽町は五島列島の福江島にあり、男たちによる裸潜水漁でアワビ採取のさかんな伝統的漁業集落だ。筆者もかつて、アマ（海士）さんの調査にお邪魔したことがある。しかし、「三井楽」がそれ以上に世に知られているのは、その名が示すように平安時代の昔から、海上はるか彼方にある死者に会える場所「みみらくの島」にあてられているためである。

「みみらく」は「ミイルク」、「ニイルク」、「ミイラク」など、ニライカナイの訛りの地名であるとされていて、『万葉集』にあらわれるほか、『蜻蛉日記《かげろう》』（九七三年）や『大納言経信集』にもみえる。

イルカの集団上陸に関する記録は同書中に、三井楽町の事例をのぞいて四回みられるが、なかでも昭和五七年一月六日に宮崎県の観光地として名高い青島海岸に一三五頭のカスバゴンドウがあがった例を紹介している。カスバゴンドウは日本近海には比較的に珍しい南方の外洋性のイルカであると解説されている。

このほかにも著者は昭和六一年九月一六日に、長崎県壱岐郡石田町の筒城海岸にオキゴンドウイルカ一二三頭が集団上陸した折、原因究明のための調査を実施している。

残りの二回はいずれも宮崎県の青島海岸だが集団ではなく、昭和五八年に二頭、昭和六一年に一頭の専門的調査をおこなったときの報告が記述されている。

ところで著者の森満保氏は耳鼻咽喉科学のスペシャリストで、高著刊行当時は宮崎医科大学教授の要職にあった。

著者は、

「イルカが方向覚を失って集団上陸するというと、一般には東西南北がわからなくなってとか、どちらが陸か海かわからなくなってと誤解されているようである。しかしここでいう方向覚は音源に対する方向覚のことである。何処から音がしているかを認知する感覚のことである。わたし個人は本書に述べているように寄生虫性の聴神経炎によって方向覚が失われ、結果として餌が捕れなくなり餓死寸前の状態で上陸してくるのではないかと強く疑っている。しかしまだ全世界の研究者が追試して承認してくれている訳ではない。」

と述べている。また、「イルカ集団上陸になお残されている謎」と題して、

「次にイルカ達の集団上陸が集団自殺か否かも重大な問題である。イルカが自殺を考えるほどに高度の精神活動を営んでいるか否かわからない。聴覚障害と平衡機能障害のために餌を見つけることもできなくなり、たとえ水面近くで視覚によって餌を見つけても、逃げまわる餌を追って素早く正確に泳ぐことができなくなり、飢餓のために意識朦朧となって、餓死寸前で浜に打ち上げられるとすれば、それは自殺とはいえない。集団病死である。

蝸牛神経のみでなく、前庭神経も傷害されて激しいめまいに見舞われ、泳ぐことも潜ることもできなくなり、さらに荒い波にもまれながら呼吸をするのに呼吸孔を正しく水面に維持できずに誤嚥《ごえん》（あやまって、のみこむ・筆者注）して肺炎を起こす、その苦しさに耐え切れなくなって、体

力に余力を残しながら砂浜に上がって来るのであれば、自殺かもしれない。病苦に悩まされて自殺する人間は少なくないからである。最終的にはイルカに聞いてみるより他にないのではなかろうか。こうした疑問点の解答は臨床医学である私には荷の重い問題である。専門家の研究を待ちたい。」

としており、イルカの集団上陸・集団自殺の現実は、専門家でも今日のところ、手に負えない事実なのだということが明らかになった。

以上のような事例からすると、わが国の各地沿岸におけるイルカの集団上陸は、西南日本にかたよっているようにみえるが、II章の古文献でも紹介したように、『古事記』にイルカの集団上陸に関する都奴賀（敦賀）の記載があるほか、『イルカの集団自殺』によると、『鯨史稿』（大槻清準）の「附鯨海遊志」（巻四）の中に、「辰正月十五日、南部田名部治という所に八七頭のイルカが打ちあげられた」と記されているという。また、年月日は不明だが、奥州の赤前村の浜に一三五頭のイルカが打ちあげられ、三日の間に死に絶えたとも。

こうしてみると、わが国の各地沿岸には、イルカが集団上陸したことが、過去においてはかなりあるものと思われる。

また、特筆すべきは、同書によると、イルカの集団上陸（自殺）を記載した最も古いものは、古代ギリシアの哲学者アリストテレスによるもので、「イルカたちは、なぜかわからないが、何か妄想や幻想にとらわれて、どちらかといえば頻繁に上陸してくる。しかも目につくような理由もないのが常である。」と解説しているのが初見であるとしている。

イルカと食文化

イルカを捕獲して食用にする食習慣があるのは、わが国ばかりではない。中国の古書に食材として「江豚《いるか》」がみえることは別項でもふれたとおりである。

また、メラネシアでは広くイルカを捕獲して、食用にしてきた。

日本人はイルカを魚類と同じように思って捕獲してきたので、鯨と同じようになんの抵抗もなく食膳に供して今日に至っている。

筆者が住んでいる東京湾の咽喉を扼《やく》する、観音崎灯台の近くの渚に自然博物館があり、そこで主任研究員をしている河野えり子さんは、以前、三浦三崎の油壺マリンパークでイルカやアシカの飼育・調教や研究をしていたことがある。

彼女によると、「水族館でイルカが息を引き取っても、涙を流して悲しむヒトはすくない」という。ところが、「アシカが他界したとなれば、雰囲気は一変し、葬送に参列したかのようだ……」と。その、見送ることに対するちがいは、「イルカは、姿や形が魚のようだが、アシカは手足がある猫や犬のようなペットに似た存在として認識されているために、嘆きや悲しみが増すのであろう」とも。

筆者も以前、中国旅行中に、中華料理店前の食材を入れた檻の中に、ネコをはじめ四足の動物の数々がいたのには抵抗があったのを執筆中に想い出した。食習慣がヒトの気持ちを変えるだけではなく、宗教、環境保護などの考え方の異なるヒトが大勢いる地球上では、食文化にかかわるトラブルはまだ当分は解決されないというか、人類の永遠の課題なのかもしれない。

地中海をとりまく世界では、イルカを神として、あるいは神の使いとして崇《あが》めてきた。その代表的な人々が、古代ギリシア人であったり、ローマ人であった。だが、そうした人々の影響を最も大きくうけているにもかかわらず、隣国のトルコではイルカを捕獲して食用にする食習慣が今日までつづいているらしい。ジム・ノルマンは著書『イルカの夢時間』の中で、「トルコでイルカが食用に捕獲されたということが広く報道された」と記している。

わが国でも、同じようなことが話題になるような昨今である。しかし、イルカには失礼ながら、その人気は失われてはいない。民俗学者の外立ますみさんの実体験を以下に紹介しよう。

「師走の声を聞くようになると、静岡市街地の魚屋やスーパー・マーケットでは、白いトレイにパック詰めしたイルカの切り身が店頭に登場する。我が家では、この頃から春先のまだ寒い時期まで、月に一度程度はイルカの煮物が晩の食卓にあがる。イルカ肉と角切りにしたコンニャクにショウガを入れた味噌仕立てである。

静岡市内で聞いてみると、清水区の知人の家では、大根とイルカ肉を醤油仕立てで煮る。また最北の井川では、以前は行商が正月過ぎに生肉の塊を売りに来た。ここでは、まず脂身をいためそれに赤身・大根・ジャガイモを入れて醤油仕立てで煮たり、味噌汁の実にもしたという。イル

冬のイルカ煮（『静岡県民俗学会会報』より．外立ますみさん撮影）

カは体を温める効果があるといわれ、とくに産後など女性の血の道によいという。

　写真は、食べたことがないので食べてみたいという近所の友人のために、つい最近作ったものである。

　イルカ・コンニャク・ショウガに加え、ゴボウを多めに入れてくさみを消す工夫をした。友人宅では、祖母は作っていたが、母の代になると、イルカが好きでないので作らなくなり、彼女は一度も食べたことがなかったという。

　筆者（外立）の母は半農半漁の村出身（静岡市駿河区石部）で、おそらく祖母が作ってきたようにこの料理を作り続けているのだろう。なぜ、この料理を作るのか、と聞いても明確な答えをもらったことがないが、祖母の味を懐かしく思い出しながら作っているように思う。

　その作り方を聞いてみた。

〈イルカ煮〉の作り方は、まず、ぶつ切りにしたイルカの肉（赤身・皮つきの脂肪）とコンニャク（ゴボウも）とを別々にゆがいてアクを取り除いておく。そしてそれらと薄切りのショウガを鍋に入れ、さらに鍋の底がほんの少し隠れる程度の水を入れ、火にかけながら、砂糖を入れる（ここで、味醂や酒を入れればさらにまろやかな味になる）。最後に味噌を加減しながら入れ、ひと煮立ちしたらできあがりである。

イルカを煮ていると、アンモニア臭のような特有の匂いがする。それが苦手だという人もいるが、その匂いが帰宅間際、家に近づくと漂ってくるので、子どもの頃は（少しがっかりして）〈今晩はイルカだな〉と家に着く前からわかったものである。

また、皮と脂肪の層がついた部分は、いったんは口に入れて噛み、ジューシーな脂肪の部分が口の中でなくなると皮を食べずに出す。白く半透明の脂肪は〈これがないと……〉というほど好きな人もいる。

県内（静岡）では、かつてイルカを捕獲していた伊東市川奈で、煮物のほかにタレ（醤油に浸けて干した保存食）やイルテキ（イルカ肉のステーキ）も食べたという。」

以上は、外立ますみさんによる「冬のイルカ煮」（『静岡県民俗学会会報』第一三四号）からの引用である。

また、同じ民俗学者で静岡産業大学の教授である中村羊一郎氏は「イルカ漁をめぐって」（『静岡県・海の民俗誌』所収）という論文の冒頭で、

「伊豆の港にイルカがあがったというニュースが流れると、その翌日、近所の魚屋の店頭にイルカの身（肉とは呼ばなかった）が並ぶ。たいてい、その晩はイルカの味噌煮というのが、我が家

の冬の一コマだった。イルカの身は黒い皮に厚い脂肪層がつき、さらに赤黒い肉質がつく。牛蒡《ごぼう》やコンニャクと一緒に煮込んだイルカの身は、食べると温まるといわれていた。

ところが、イルカを日常的に食べる地方はじつはたいへん限られているのである。静岡県内でも、伊豆から駿東地方にかけてと、清水、静岡あたりがイルカを好んで食する地域であって、特に県西部の方ではほとんど食べないということである。それは、好き嫌いで食べないということではなく、魚屋で売っていないから食べる習慣もなかった、というのが正しいらしい。つまり、イルカは捕獲される地域が限定されていることと、そこからの販路が伝統的な（歴史的な）流通路以外に出なかったため、たいへん局部的な食品になっていたということになる。」

と記している。

上述した河野えり子さんの同僚の中には、水族館などでイルカをみると、「ワ……おいしそうなイルカ……」というヒトもいるくらいだと……。ちなみにイルカをみると食材だと思うヒトは伊豆稲取の出身者だとか。蛇足ながらご参考までに。

また、東北地方（岩手県下閉伊郡船越村大浦浜）におけるイルカの料理方法などについては、川端弘行氏が聞き取り調査をした結果が「陸中大浦のイルカ網」の中にみえる。

「この地では、〈取れるイルカは、真イルカ、ゴドーイルカ、カメヨ、サオ、スズメなどである。漁期は、年中イルカは見えているが、取るのは正月頃から春にかけて取る。暖かくなれば値が安くなるので取らない。

食べ方は、肉はイルカ汁、サシミ、スキ焼、ショウユ漬、ミソ漬（漬けにはニンニク、タマネギ）、塩炊き、塩漬けして（少し干し）焼く。

内臓は、キモはサシミ、ミソ漬、塩煮、肝臓・マメ（背骨についている）・ハラマキ（内臓を巻いている）は、ミソ漬けにして焼く。腸は、焼いて食べるとうまく味わうことができる。〉（話者・佐々木養太郎氏・昭和一〇年生）

別の話者（川端タキヨ氏・大正二年生）によれば、〈我が家のイルカ汁は、肉を二センチ角程度に切り、熱湯を（塩を一ツマミ入れて）通す。皮付のアブラは二×二センチ、厚さ〇・五センチ位にする。

ナベで空炊き（イタメて）してアブラを出す。ニンジン、ゴボーは二×二×〇・三センチ位に切る。ジャガイモは、二センチ弱の角にして、これをアブラに入れて炒める。

少し火を通して水を適量に入れて煮る。大根は二×二×〇・三位に切る。下茹をしておいたのを入れる。それが炊けたら、しょうゆ、酒、塩で味付けする。そして、トーフ（二×二×〇・七位に切って）を入れる。味がしみるように約一〇分以上煮る。火から鍋を下げるときにネギをはなす。大根の代りに凍大根を使うのも良い。

また、各家庭によって、入れる具や、野菜の切り方が違い、その家庭の味を作る。

内臓は、肉も同じにすることもあるが、しょうゆ漬、味噌漬（ニンニク、根しょうが、酒で味付）、キモはサシミ、腸は塩茹にして食べるとおいしい。肉はサシミにもする。〉という。」

以上に述べたごとく、日本の各地にはイルカを食材として食卓にのせる地域がある一方で、同じ国内でも、イルカをカミの化身、あるいは使いとみなし、尊い動物として崇め、畏敬の念を通りこして畏怖をいだき、それ故、イルカを捕獲してはならない、口にしてはならないとする伝承地もある。

例えば、石川県珠洲市の須須神社（三崎権現）では、イルカを神の使いとし、また、「イルカの三崎参り」といって、須須神社の鳥居の前の海にイルカが群れをなして集まることがあったという。『石川県珠洲郡誌』には、当時（万治三年・一六六〇年）、須須神社の宮司であった猿女君友胤《さるめのきみともたね》の著したとされる「縁起」を引用して、

「此浦ニ古ヨリ江豚最モ多シ、因テ以テ此神之使者ト為ス、三崎人民之ヲ忌ミテ喰ハズ、若シ之ヲ犯サバ則チ癲狂癩瘡《てんきょうらいそう》之病ト為リ、死ニ至ラザル……」

とみえる。

また、山形県鶴岡市の鼠ヶ関《ねずがせき》の岬にある厳島神社に祀られている弁天様にかかわる伝承として、別項（一〇二頁「イルカの捕獲と儀礼」参照）でも述べたが、一二月の末から一月にかけて海豚がやってくるのを「イルカの宮詣り」とよび、二頭がいつも湾内に入ってきて、三べん廻って帰っていく。これは絶対に捕らない、という伝承がある。捕獲しないということは、捕って食べないということなのである。

イルカの捕獲と環境問題

今日、わが国のように、イルカを捕獲する食文化のある伝統的な国に対し、多くの自然・環境保護団体から批判の声があがっていることはご承知のとおりである。だが、食習慣・食文化にかかわる問題は、宗教や生活文化等の史的背景や、永い伝統のうえに継続されて今日に至っているのだから、内容はどうあれ、お互いに尊重しあうしかなかろうというのが筆者の意見だ。

むしろ、イルカと自然保護や環境問題を考える場合、イルカを捕食しないのに、イルカに対して危険と損害を与えるほうが問題は大きいといえるのではないだろうか。

アメリカ合衆国のように、イルカと食文化とのかかわりはないが、マグロを食材として確保するために多くのイルカを殺してきた事実のほうが問題なのである。ただ、その行為が日本のように、沿岸各地で、大勢の人々の見守る前で展開されるのでなく、はるか沖合のマグロやカツオの漁場でおこなわれているために、人目にさらされることが少ないため、あまり知られていないということにすぎない。したがって問題にされにくいというだけのことなのである。

それでは、イルカに危害を加えてきたマグロ・カツオ漁法とはどのようなものなのか次にみていくことにしよう。

遊泳速度のはやいマグロやカツオを捕獲するためには、まず、漁船が高速性能であること、漁（魚）網がより大型であることが条件となる。

一般に「マグロ巻網漁」とよばれるこの漁法は、魚群を網で取り囲むために、およそ二〇〇〇トンもある大型巻網漁業用の「巻網漁船」が建造されてきた。漁場は「世界の海でイルカと遊ぶ」の項でふれたように、主にアメリカの西部海岸沖（西太平洋を含む）であり、メキシコに近いサンディ（ジエゴなどが漁業基地の一つになっている。

この漁法は、漁船上からヘリコプターを飛ばして魚群を見つけたり、ソナーやレーダーを使うほか、イルカの群れを肉眼はもとより望遠鏡を使って発見することにはじまる。

イルカの群れを発見すると、全速力で群れに接近し、親船から小型艇をおろし、巻網の一端を小型艇が引きながら、素早くイルカの群れを囲い込む。網の長さは約二〇〇〇メートルもある。

そのあと、網の裾の部分に取り付けてある金属環に通してあるワイヤー・ロープをしめると、網全体が袋状になるように工夫されているため、いわゆる「巾着網《きんちゃくあみ》」状になり、中に入った魚群やイルカは逃げ場を失う。

最後は、親船の船尾にあるスリップ・ウェーとよばれる傾斜面のある部分から漁獲物は網と共に引きあげられるのだが、この漁法には大きな問題があるのだ。

たしかに、この漁法は大型化された近代漁法で効率的である。しかし、幼魚から成魚まで、すべてを獲りつくしてしまうので、西部太平洋のマグロ資源が枯渇してしまう恐れがあると指摘されている。

同じような巾着網による漁法は、わが国においてもイワシ・サバ・カツオ・マグロなどの洄游魚を捕獲するため、普通におこなわれてきた。

しかし、この漁法が社会問題として取り沙汰される理由は、アメリカの漁法の次の点にある。さきにも述べたように、アメリカの漁は、イルカを発見すると巻網漁を開始する。それは、イルカが餌としてカツオやキハダマグロの幼魚を好んで捕食するためだとされている。事実、イルカを網で取り囲む（イルカ巻きといわれる漁法による）と、必ず、その下にキハダマグロやカツオがいるといわれる。

アメリカの漁業者がおこなっている漁法は、このイルカが群泳する水面下にはキハダマグロなどがいることに目をつけ、「イルカ巻き」をおこなって、イルカごと巻網で囲い込むのが「マグロ巻網漁」なのである。

群れをなして泳ぐイルカは周囲を網で閉ざされると、パニック状態になり、そのため、多数のイルカが「巻網」に突っこんだり絡まったりして死亡したため、前掲のとおり、自然保護団体から強い非難の声がよせられてきた。

『イルカの夢時間』によれば、アメリカでは「一九六〇年以降、ゆうに数百万頭にものぼるイルカが巻き添えになって殺されてしまった。不必要な殺戮ゆえに、多くの環境団体がツナの缶詰を食べるのをやめようと呼びかけているのだ」と。

その結果、健康食品として人気のあったマグロの缶詰も不買運動のあおりをうけて売上げが低下し

「ドルフィン・セーフ」のマークを付けたマグロの缶詰（ツナ缶）

たため、缶詰業者はボイコットをさけるために、マグロの缶詰（ツナ缶）に「ドルフィン・セーフ」のマークを付けるようにした。ようするに、イルカのマークが付いている缶詰の中味は、「イルカに害を与えずに捕獲したマグロです……」という意味なのである。

「イルカ巻き」による漁法の場合には、巻網に入ったイルカの追い出しがおこなわれるが、漁（魚）網によって傷ついたイルカの多くが、死においやられることは当然ともいえよう。

しかし、上述したように、西太平洋の人知れぬ漁場でおこなわれているマグロの巻網漁であるため消費者にまで、その状況、実態は伝えられない。それとは別に、わが国におけるイルカ漁は、すべてが各地沿岸の入江へ追い込む、いわゆる沿岸漁なので、人目につきやすく、批判の対象にもなりやすい。

前掲、別項の「イルカに出合った人々」で紹介したジム・ノルマンは『イルカの夢時間』の中で、

「アメリカのマグロ漁業では、壱岐の一〇倍から一〇〇倍ものイルカを毎年捕まえて殺しているのだから、壱岐に集まってきたアメリカ人の環境保護運動家は国粋主義者だという主張がある。（中略）イルカ

の捕獲に責任のある漁業協同組合の小畑氏は〈あなたのお仲間の漁民が一〇倍ものイルカを殺しているというのに、なぜわざわざ壱岐まで来たんですか〉、これはやっかいな質問だ。まず、サンディ（ジ）エゴの漁業を〈仲間の〉ものだと考えている人は、環境保護グループにはほとんどいない。それに、壱岐はアメリカから何千キロも離れてはいるが、アメリカ人が広い海のまん中の見えないところでイルカを殺しているのにくらべて、まだ手が届くのだ。

　質問に対して若者が〈日本人は意図的にイルカを殺していますが、アメリカ人は偶然です〉と模範的に答えても、小畑氏は（中略）それ以上聞く耳を持たない。

　それにしても、アメリカのマグロ漁民が漁獲高を上げたい一心で、釣り糸と、釣り針《ママ》という優しい漁法をやめ、魚を選ばず根こそぎにする大規模な巻網を使い始めたためにイルカを殺す結果になったのが、はたして偶然と言えるのだろうか。」（再掲。一部省略）

と記しているのは、まさに、上述した「イルカ巻き」のことなのであり、必然の結果なのだ。

　ちなみに、著者ノルマンは、壱岐のイルカ騒動の際、アメリカの自然保護団体から、反対運動をおこなうために日本におくられてきた一人であった。

　和歌山県の太地町で伝統的におこなわれてきたイルカ漁を告発した映画の「ザ・コーヴ」（入江）なども、日本の沿岸で撮影したほうが、入江に追い込まれたイルカや海が血で染まった場面など、センセーショナルな画面に効果があると考えたのだろう。

　日本人には日本人としての食文化の伝統があり作法もある。自然保護に対する哲学もある。それは世界中のどこの国の国民も同じだ。別に気にすることもなかろう。

筆者はイルカを捕獲しろとも、するなともいわない。それは、本書がイルカを保護する運動の思想を高揚するための啓蒙書でも普及書でもないためである。

また逆に、イルカを好んで捕食する食文化を正当化するために編まれた書物でもないからである。

世の中には、学問や研究等は、その研究対象や課題に対して積極的な意見を述べるべきであるとか、立場を明確にして、主張を強くおしとおすためのものだと心得ている人々もいる。賛成とか反対とかを明言して、立場をはっきりさせろとも……。

しかし、本書（「文化史」〈誌〉）は、まず、これまで、イルカとヒトとがかかわってきた事実を、あるがままに俎上に乗せ、その事実の集績を記載することがはじまりであり、その後のことは読者諸賢の判断にゆだねるべきだと考える。

このように考える根拠は、ヒトにとって、確かに自然保護や文化財保護は重要な課題であり、積極的に推進することが必要であることは論をまたない。

しかし、そのかかわり方は、ヒトによって立場のちがいもあり、主義主張も異なる。

それ故、筆者の立場は中立でありたいと思う。決して自分の都合をみての日和見主義なのではない。

エピローグ――イルカよ永遠に

「イルカは大好き……」という人はいても、「嫌いだ……」という人がいるのを聞かない。だが、ペットとしてのイヌやネコなどは、好きな人もいれば、嫌いな人もいるというのが普通なのだが……。イルカは、水族館のパフォーマンスで人気者だ。しかし、個人的に、あるいは身近にペットにすることができにくい動物だから、「好嫌」の感情をいだくには距離がありすぎて、そうした気持ちにまで至らないのかもしれない。あるいは、人々に直接的な危害を加える動物でないため、「嫌いになる理由」も特にないということか……。

いずれにせよ、「ヒトとイルカのかかわり」(互いの存在)をあらためて考えてみると、

(1)イルカはヒトが生きていくための糧に供されることで、食料として役立ってきたことが挙げられよう。水産資源として重要かつ有用であることは、わが国ばかりでない。

次に、(2)縄文文化の時代の井戸尻遺跡(静岡県伊東市)で発見された事例のように、イルカの頭蓋骨が祭祀に用いられたという事実から、信仰の対象となり、なんらかの心理的なささえとして役立ってきたことが挙げられよう。こうしたことは、アイヌの「熊祭り」(熊送り)と同じように、(1)で示

した、イルカを捕獲して食に供するという物質面で役立つということに関係して、霊（タマ）をカミ（神）の世界に送り還すとか、再生を願いつつ感謝の意を表する儀礼としての行為のあらわれとして暮らしにかかわったとみられる。また、「信仰」の対象としてのイルカは、他の魚類等を沖から追い込んできてくれるカミの化身（福の神）であり、イルカ自身が「エビス」（恵比須）でもあったのである。このようにイルカは精神面でもヒトと深くかかわりをもってきた。

しかし、近年はその反面でイルカは他の魚を捕食してしまうなどの漁業被害をひきおこし、こうした問題が拡大している現状もある。

イルカは昔からこのようにヒトに福や幸をもたらしてくれるため、信仰心に結びつき、特別なあつかいをされてきたふしもある。だが、時と場合によっては逆の場合もあるのだ。そこには、日本人の動物観が凝縮、投影されてきたようにうかがえる。

そして、近年に至っては、(3)暮らしの中にとり入れられた各種モチーフとしてのイルカがいる。図案化され、デザイナー・ブランドになった商品から、子供たちに夢を与えてくれるような楽しく可愛らしい日用品に至るまで、さまざまにデザインされ、暮らしを豊かにするために一役かってきたイルカである。イルカの形をしたビスケットやチョコレートがあることはご存知のとおりである。

さらに、近年において注目すべきは、(4)イルカのもつ能力開発にともなう商品化（人間生活との深いかかわり）である。例えば、水族館等におけるイルカの曲芸も、ヒトが考え出した商品開発の一端とみることが可能であろう。イルカの能力を軍事・戦略目的に活用しようとするのも同じだ。

そして最後は、(5)ヒトに楽しみを与え、心をなごませる、遊び相手としてのイルカの存在である。今日ではイルカとヒトが共存して病の治療にも協力してもらえることが実証的に確認されてきた。特に野生のイルカに注目が集まってきている。

したがって最近では、イルカに限らず、動物に対する人々の認識も変わりつつあり、これまでの人間中心の世界が見直され、ときには軍事目的に利用されるなどの動物実験の廃止や、水族館等でのイルカの飼育やショーの廃止論など、「動物社会の権利を守る運動」も高まりつつあり、人間と動物とのかかわりについてヒトが考え、反省するような先駆的役割をはたしたのが、主役ともいえるイルカであった。したがって、上述したような新たな時代が展開されるにあたり、イルカは偉大な業績を残してきたといえよう。

しかし、こうした議論をイルカを料理した食卓をかこみながらおこなったり、牛肉のステーキを賞味しつつおこなうのでは矛盾もあり、限界もある。そんなことでは、ヒトの独断的思考もはなはだしいといわざるを得ないし、そうした人々の意見に耳をかたむけるべきではない。

「ヒトとイルカとのかかわり」について考えれば、まだいろいろあるかもしれない。だが、こうして、あらためてヒトとイルカの関係を考え、整理してみると、ヒトにとって、イルカは実に有用であるが、イルカにとってヒトは、無用どころか不用な存在であるとしかいいようがないのは残念なことだと思う。

すなわち、結果・結論をいえば、ヒト（人類）は地球上において、もっと謙虚に生きなければならないということである。ヒトに謙虚に生きるべきことを教えてくれているのが、ヒト以外のあらゆる動物を代表してのイルカであり、イルカは代弁者（スポークスマン）的存在であることを、再認識すべきなのだと思う。

太陽系の周囲を公転する唯一、水のある惑星（地球）に生きる人間（ヒト）は、傲慢に生きてはいけない、「驕《おごり》の心をすて、謙虚に生きよ……」ということをわたしたちに教えてくれたのがイルカなのである。

人類という一生物は、いったいなんだったのか、そういう疑問をも自省させてくれたのはイルカであるといえよう。

もっと、ヒトはイルカのことをいろいろ知らなければいけないと思う。したがって、人間とイルカとのかかわりはなんだったのであろうかという解答や結論をだすのは、まだ、はやすぎるのかもしれない。

引用文献・参考文献

青方文書・史料纂集古文書編『青方文書』続群書類従完成会　一九七五年
赤松友成『イルカはなぜ鳴くのか』文一総合出版　一九九六年
秋元吉郎校注『風土記』(日本古典文学大系2)　岩波書店　一九五八年
浅賀良一「安良里とイルカ漁」『伊豆における漁撈習俗調査』(1)　静岡県教育委員会　一九八六年（日本民俗文化資料集成　第一八巻　谷川健一編『鯨とイルカの民俗』所収　三一書房　一九九七年）
アナスタシア、ダイナ著／K・K翻訳会訳『フリッパー　イルカと少年の夏』ぶんけい　一九九六年
石川県図書館協会『能登志徴』下巻　一九三八年
市古貞次校注・訳『平家物語』(2)　全二冊（新編日本古典文学全集46）小学館　一九九四年
岩手県山田町教育委員会「陸中大浦のイルカ網」『大浦の漁業』(1)　一九九〇年
Williams, Dyfri and Ogden, Jack, *Greek Gold: Jewellery of the Classical World*, British Museum Press, 1994/06.
植木直一郎『須須神社誌』一九二四年
宇津孝『イルカの海　巨樹の森』阪急コミュニケーションズTBSブリタニカ　二〇〇〇年
「海に生きる」『伊豆半島』(岩波写真文庫138)　一九五五年
エスタン、コレット＆ラポルト、エレーヌ著／田辺希久子訳／多田智満子監修『ギリシア・ローマ神話ものがたり』創元社　一九九二年
旺文社編『旺文社百科事典——エポカ』旺文社　一九八五年

大槻青準『鯨史稿』「江戸科学古典叢書」二　恒和出版　一九七六年
笠松不二男・宮下富夫著／大隅清治監修『鯨とイルカのフィールドガイド』　東京大学出版会　一九九一年
笠松不二男・村山司『ここまでわかったイルカとクジラ』（ブルーバックス）　講談社　一九九六年
梶原正昭・山下宏明校注『平家物語』（下）（新日本古典文学大系45）　岩波書店　一九九三年
神奈川県立歴史博物館編集「神奈川県内の分布と形成に関する研究──神奈川県貝塚地名表」　神奈川県立歴史博物館総合研究　二〇〇八年
神谷敏郎・白木靖美『クジラ・イルカと海獣たち』（切手ミュージアム(2)）　未来文化社　一九九五年
カーワディーン、マーク『クジラとイルカの図鑑』　日本ヴォーグ社　一九九六年
川端弘行「陸中大浦のイルカ網」（日本民俗文化資料集成　第一八巻　谷川健一編『鯨とイルカの民俗』第二部「イルカの民俗」所収　三一書房　一九九七年）
木崎盛標『肥前国（州）産物図考』　天明四年　文部省史料館所蔵　復刻版（日本庶民生活史料集成　第一〇巻　三一書房　一九七〇年）　佐賀県立博物館・美術館
北見俊夫「対馬のイルカとり」『民間伝承』一一月号　一九五一年
北見俊夫「新潟県岩船郡粟島」『離島生活の研究』　日本民俗学会編　集英社　一九六六年
釧路市立博物館『釧路市立郷土博物館報』六月号　一九六六年
クラーク、アーサー・C著／小野田和子訳『イルカの島』（創元SF文庫）　一九九四年
倉田一郎『佐渡海府方言集』　中央公論社　一九四四年　（復刻・図書刊行会　一九七七年）
倉野憲司・武田祐吉校注『古事記』（日本古典文学大系1）　岩波書店　一九五八年
倉場富三郎『日本西部及び南部魚類図譜』　『グラバー図譜』　長崎大学水産学部　図譜刊行委員会編　復刻版　一九七一年
グラント、マイケル＆ヘイゼル、ジョン著／西田実他訳『ギリシア・ローマ神話事典』　大修館書店　一

九八八年
栗野克巳・永浜真理子「相模湾のイルカ猟——伊東市井戸川遺跡を中心に」『季刊考古学』第一一号　一九八五年
クレア、マーガレット・セント著／矢野徹訳『アルタイルから来たイルカ』（ハヤカワ文庫）　一九八三年
Kray, Colin M., *Archaic and Classical Greek Coins*, Methuen & Co. Ltd., London, First Published in 1976.
黒木敏郎『イルカと人間』（講談社現代新書）　一九七三年
佐伯弘次「中世対馬海民の動向」　秋道智彌編著『海人の世界』所収　同文舘　一九九八年
酒井久治「マグロ漁とその歴史」　『マグロのすべて　別巻⑴——食材魚貝大百科』　平凡社　二〇〇七年
沢四郎『釧路の先史』　釧路市　一九八七年
静岡縣漁業組合取締所編『静岡縣水産誌』　明治二七年（一八九四年）静岡県図書館協会　復刻版　昭和五九年（一九八四年）
篠田統『中国食物史』　柴田書店　一九九七年
篠原正典『わたしのイルカ研究』　さ・え・ら書房　二〇〇三年
島田勇雄他訳注『和漢三才図会』七（東洋文庫471）全一八巻　平凡社　一九八七年
Schusterman, R. J., Thomas, J. A., and Wood, F. G. (eds.), *Dolphin Cognition and Behavior: A Comparative Approach*, Lawrence Erlbaum Associates, New Jersey, 1986.
末廣恭雄『食卓の魚・さかな通』　北辰堂　一九五七年
鈴木駿太郎『星の事典』　恒星社厚生閣　一九六七年
珠洲郡編纂『石川県珠洲郡誌』　臨川書店　一九八五年
セイファー、ジェイン・F著／杉浦満訳『海からの贈りもの——貝と人間・人類学からの視点』　築地書館　一九八六年（Jane Fearer Safer, *Spiral from the Sea; An Anthropological Look at Shells*, Clarkson N. Potter, Inc.

Publishers, New York, 1982.)
創元社編集部編『ギリシア神話ろまねすく』 創元社 一九八三年
外立ますみ「冬のイルカ煮」(シリーズ食10)『静岡県民俗学会会報』第一三四号 静岡民俗学会 二〇一〇年
タイムズ編『タイムズ世界地図帳』第一一版 雄松堂 二〇〇三年(*The Times Comprehensive Atlas of the World*, Eleventh Editon 2003, Times Books London.)
高宮利行解説『水の女 From the Deep Waters』トレヴィル(リブロポート発売) 一九九三年
竹川大介「イルカが来る村・ソロモン諸島」秋道智彌編著『イルカとナマコと海人たち――熱帯の漁撈文化誌』 日本放送出版協会 一九九五年
竹川大介「ソロモン諸島のイルカ漁――イルカの群を石の音で追込む漁撈技術」『動物考古学』第四号 動物考古学研究会 一九九五年
竹川大介「イルカ歯貨」 秋道智彌他編『ソロモン諸島の生活誌』 明石書店 一九九六年
竹田旦「五島有川湾の漁業組織」『民間伝承』 八月号 一九四七年
竹田旦『離島の民俗』(民俗・民芸双書27) 岩崎美術社 一九六八年
武田祐吉譯註『古事記』(角川文庫) 一九五六年
田辺悟「長崎県南松浦郡三井楽町八千ノ川《はちのかわ》(福江島)の裸潜水漁」『日本蜑人伝統の研究』 法政大学出版局 一九九〇年
田辺悟「漁場ルポ・イルカの来襲に姿消すサバ群」『日刊三崎港報』 一九六四年
谷川健一『神・人間・動物――伝承を生きる世界』 講談社学術文庫 一九八六年
寺島良安『和漢三才図会』 正徳二年頃(一七一二年頃) 和漢三才図会刊行委員会 東京美術 一九七〇年
ドブズ、ホラス著/藤原英司・辺見栄訳『イルカを追って――野生イルカとの交流記』 六興出版 一九九

二年
直良信夫「マイルカの右側橈骨に突き刺った石器」『古代』第八二号　早稲田大学考古学会　一九八六年
中上健次「天満」中上健次編『日本の名随筆92・岬』作品社　一九九〇年
中村庸夫構成『イルカ・ウオッチング』平凡社　一九九五年
中村庸夫『イルカの楽園』ＫＫベストセラーズ　一九九九年
中村羊一郎「イルカ漁をめぐって」『静岡県・海の民俗誌――黒潮文化論』静岡新聞社　一九八八年
中村羊一郎「イルカ漁とイルカ食」『季刊ＶＥＳＴＡ』第二一号　味の素・食の文化センター　一九九五年
中村羊一郎「イルカと女性」『静岡学園短期大学研究報告』第一〇号　一九九七年
中村羊一郎「海豚参詣とイルカ祭祀」『静岡県民俗学会誌』第二四号　静岡県民俗学会　二〇〇三年
中村羊一郎「陸中海岸におけるイルカ漁の歴史と民俗」『静岡産業大学情報学部研究紀要』(上)第九号　(下)第一〇号　静岡産業大学　二〇〇七年　二〇〇八年
中村若枝「神奈川県下の縄文時代貝塚を概観して（序）」『考古論叢　神奈河』第三集　神奈川県考古学会　一九九四年
日本学士院・日本科学史刊行会編纂『明治前日本漁業技術史』日本学術振興会　一九五九年
日本ユネスコ協会連盟編『ターラントの黄金展』カタログ　朝日新聞　一九八七年
農商務省水産局編纂『日本水産捕採誌』水産社　一九一二年
「能登国採魚図絵」『日本農書全集』第五八巻所収
能都町教育委員会編『真脇遺跡』能都町教育委員会　一九八六年
野中和夫編『石垣が語る江戸城』同成社　二〇〇七年
野中和夫「江戸城の鴟吻」『想古』創刊号　日本大学通信教育部学芸員コース　二〇〇八年
ノルマン、ジム著／吉村則子・西田美緒子訳『イルカの夢時間――異種間コミュニケーションへの招待』

工作舎　一九九一年（Jim Nollman, *Dolphin Dreamtime: The Art and science of Interspecies Communication*, 1987.）
バーク、ピーター著／長谷川貴彦訳『文化史とは何か』　法政大学出版局　二〇〇八年（増補改訂版　二〇一〇年）
バートン、モーリス著／垂水雄二訳『動物に愛はあるか――おもいやりの行動学』　早川書房　一九八五年（Maurice Burton, *Just Like an Animal*, J. M. Dent & Sons Ltd., London, 1978.）
バーナム、R・Jr.著／斉田博訳『星百科大事典』　地人書館　一九八四年
羽原又吉「西北九州沿岸住民と中世漁業」『日本漁業経済史』（上巻）　岩波書店　一九五二年
浜野建雄『伊東誌』　私家版　嘉永二年　鳴戸吉兵衛　筆写「鳴戸本」　明治二〇年　『伊東誌』上・下二冊　謄写印刷　「鳴戸本」の復刻・複製　市立伊東図書館　一九六九年・七〇年
日野義彦「大漁湾のイルカ捕り」　『対馬拾遺』　創言社　一九八五年
平石国雄・二橋瑛夫『世界コイン図鑑』　日本専門図書出版　二〇〇二年
福木洋一「川奈とイルカ漁」　『伊豆における漁撈習俗調査』⑴　静岡県教育委員会　一九八六年（日本民俗文化資料集成　第一八巻　谷川健一編『鯨とイルカの民俗』所収　三一書房　一九九七年）
藤原英司『海からの使者イルカ』　朝日新聞社　一九八〇年
Bryden, M. M. and Harrison, *Research on Dolpins*, R. J. (eds.), Claendon, Oxford, 1986.
Franke, Peter R. und Hirmer, Max, *Die griechische Münze* (Aufnahmen von Max Hirmer), Hirmer Verlag, München, 1964.
ブリタニカ編『ブリタニカ国際大百科事典』第二版　TBSブリタニカ　一九九三年
平凡社編『世界大百科事典』改訂新版　平凡社　二〇〇七年
Colin Poole. *Tonle Sap: The Heart of Cambodia's Natural Heritage*, First edition Published in Thailand in 2005 by

River Books Co., Ltd.
細田徹「クジラ・イルカの呼び名」 中村庸夫《つねお》編『Flippers――クジラ＋イルカ／パーフェクトガイド』 光琳社出版 一九九七年
マイヨール、ジャック著／関邦博編・訳『イルカと、海へ還る日』 講談社 一九九三年
マーティン、アンソニー編著／粕谷俊雄監訳『クジラ・イルカ大図鑑』 平凡社 一九九一年
Martin, André, *Mosaïques romaines de Tunisie*, Editions Ceres Productions-Tuns, 1982.
水口博也『イルカと海の旅』（青い鳥文庫） 講談社 一九九六年
水口博也『イルカ・ウオッチング ガイドブック』 阪急コミュニケーションズ 二〇〇三年
水原一校注『平家物語』（下）（新潮社日本古典集成47） 新潮社 一九八一年
美津島の自然と文化を守る会編「対馬の村々の海豚捕り記」『美津島の自然と文化』三集 一九八七年
南知多町教育委員会編『神明社貝塚』 愛知県知多郡南知多町 南知多町文化財調査報告書第八集 一九八九年
箕浦敏久「知多イルカの発掘」『みなみ』第三八号 愛知県知多郡南知多町教育委員会内南知多郷土研究会 一九八四年
宮里尚「名護のピトゥ漁」 名護博物館編『ピトゥと名護人』 名護博物館 一九九四年
宮下富夫「クジラの種類・見分け方」 中村庸夫編『Flippers――クジラ＋イルカ／パーフェクトガイド』 光琳社出版 一九九七年
民俗学研究所編『日本民俗図録』 朝日新聞社 一九五五年
村山司・中原史生・森恭一編著『イルカ・クジラ学』 東海大学出版会 二〇〇二年
村山司『イルカが知りたい』（選書メチエ262） 講談社 二〇〇三年
メルル、ロベール著 三輪秀彦訳『イルカの日』 早川書房 一九七七年

森田勝昭『鯨と捕鯨の文化史』名古屋大学出版会　一九九四年
森田柿園『能登志徴』下巻　一九三八年　石川県図書館協会（復刻　一九六九年）
森満保『イルカの集団自殺』金原出版　一九九一年
山本英康「ピトゥ雑話」『日本民俗文化資料集成』第一八巻「編集のしおり」二〇　三一書房　一九九七年
山本典幸「イルカ漁の民族考古学」『考古学研究』第四七巻第三号（通巻一八七号）考古学研究会　二〇〇〇年
柳田国男編『海村生活の研究』日本民俗学会　一九四九年
柳田国男『北小浦民俗誌』全国民俗叢書⑴　三省堂　一九四九年
柳田国男「知りたいと思ふ事二三」『民間伝承』七月号　一九五一年
柳田国男「海豚参詣のこと」『海上の道』筑摩書房　一九六一年
吉田由美『イルカと泳いだ夏』立風書房　一九九四年
リリー、ジョン・C著／川口正吉訳『人間とイルカ』（サイエンス・シリーズ）学習研究社　一九六五年
リリー、ジョン・C著／神谷敏郎・尾澤和幸訳『イルカと話す日』ＮＴＴ出版　一九九四年
レザーウッド、Ｓ＆リーヴス、Ｒ著／吉岡基・光明義文・天羽綾郁訳『クジラ・イルカ　ハンドブック』平凡社　一九九六年
和田雄剛『静岡いるか漁ひと物語』静岡郷土史研究会　二〇〇四年

あとがき

学生の頃、ジャン＝ジャック・ルソーの書を読んだときのことだと思う。「自然を愛し、自然に学べ。自然は最高の教師であり、最良の教科書である……」という意味の言葉にふれ、感銘を受けたことがある。そして、自然界に篤い想いをよせたこともあった。

あわせて、自然界やそこに生きる動物たちにも興味や関心をおぼえたが、それ以上に、「同じ動物のことに興味をもって調べたり、研究対象にするのなら、ヒトや人間社会のことのほうが、より魅力的だし、やりがいがあるのは当然のことだ……」と思いなおし、社会学を専攻したことを、あらためて正解であったと喜び、よくぞ自身で社会学を選んだものだと自画自賛したことを覚えている。

ふり返ってみると、昭和四三年当時の「日本社会学会」会員名簿の中に、自身の名があることから、まだその頃は民俗学よりも、社会学に強い関心・志向を示していたのだということが自分史としても明らかになったのだと回想される。

だがそれ以後、ルソー（だと思う）の名言は忘却の彼方にあったにもかかわらず、本書を執筆するにあたり、「イルカ」と正面から向かいあってみて、あらためてその言葉には傾聴すべき深い意味というか、重みがあり、本質的・哲学的な思慮があることを再認識させられたような気がした。

「エピローグ」でもふれたように、ヒトは、地球上に動物がいて、それとは別に人間がいるように思っているふしがあり、自然界の一つの種が人類だということを忘れかけているように思われる。「自然史」の発想はそうではない。したがって、人間は常に生物のヒエラルヒーの頂点にいるのが自分たちだと思っているけれどそれはちがう。もとをただせばヒエラルヒーはないのだと思う。

とは言え、現実的にはそういかない場面も多い。事実、自然界の多くの生き物は、人間を恐れていることもあるにちがいない。しかし、こうした地球上の現実は、しかたのないことなのだとしかいいようがなかろう。

今日、人間中心の地球上にあって、「イルカ」は、人類以外のあらゆる生き物を代表し、メッセンジャー・ボーイの役目をひきうけ、われわれにメッセージを送りとどけてくれているにちがいない。その内容は、「ヒトの皆様は、傲慢に生きてはいけません。地球は、あなたたちだけのものではないのですから……もっと、人間は知性（知恵）をはたらかせてください……」というもので、イルカは警鐘を鳴らしている動物であり、警告を出してくれているのだと思いたい。

また、まったく偶然としかいいようがないことだが、本書を脱稿した昨年六月初旬の朝、食卓につくなりワイフ（彌榮子）から、「コーヴの日本での上映が中止になった」というニュースがテレビで流れたことを伝えられ、複雑な気持を抱いた。

ご存知のとおり、「ザ・コーヴ」（入江）は映画の題名で、二〇一〇年三月に、和歌山県の太地のイルカ漁を告発した長編ドキュメンタリーとしてアカデミー賞を受賞したが、評価された以上に、反発も多かった。映画の上映をめぐっては、町が上映中止を求めていた結末である。

このニュースが代弁するように、今日、イルカの捕獲に関しては、「伝統的な生活をささえ、守る営み」とする一方で、「海洋動物の保護」をうったえる人たちとの両極端の対立がつづいている現状がある。

こうした時代的な潮流の中にあって、拙著が少しでもヒトとイルカのことについて考える機会や礎になれば、筆者としては嬉しい。

本書の内容は、文化史という性格上、イルカ自身の自然科学的・生物学的な形態・本能・知能についてや、生態学的内容、分類学に関することなど、できるだけさけたことをおことわりしておく。

この度、イルカと向きあうことができたのは、筆者の人生にとって、むだなことではなかったと思っている。それは、ルソーがいったように、自然をとおしてモノを見たり、コトを考えることができたためであり、自然界の代表としてイルカが代行役をつとめてくれたためだとも思っている。

最後に、本書執筆にあたり、多くの方々にお世話をいただいた。末筆ながらご芳名を以下に記し謝意を表したい。

特に、専門分野はことなるが、千葉経済大学学長の小滝敏之氏には、博学多識から醸し出すアイデイアを、時折うかがうことができたことを感謝したい。

本書を上梓するにあたり資料提供等では河野えり子氏、松月清郎氏、中村羊一郎氏、竹川大介氏、藤井香代子氏をはじめ、編集・出版にあたっては元出版局編集代表の秋田公士氏に深甚なる謝意を表するしだいである。

平成二三年六月二五日

「東海荘」にて

田辺　悟

著者略歴

田辺　悟（たなべ さとる）

1936年神奈川県横須賀市生まれ．法政大学社会学部卒業．海村民俗学，民具学専攻．横須賀市自然博物館・人文博物館両館長，千葉経済大学教授を経て，千葉経済大学客員教授．文学博士．日本民具学会会長，文化庁文化審議会専門委員などを歴任．2008年旭日小綬章受章．著書：『海女』『網』『人魚』（ものと人間の文化史・法政大学出版局），『日本蜑人（あま）伝統の研究』（法政大学出版局・第29回柳田国男賞受賞），『近世日本蜑人伝統の研究』『伊豆相模の民具』『海浜生活の歴史と民俗』（慶友社），『潮騒の島——神島民俗誌』（光書房），『母系の島々』（太平洋学会），『現代博物館論』（暁印書館），ほか．

法政大學出版局

ものと人間の文化史　155・イルカ

2011年8月22日　初版第1刷発行

著　者 © 田　辺　　悟

発行所 財団法人 法政大学出版局

〒102-0073 東京都千代田区九段北3-2-7

電話03(5214)5540 振替00160-6-95814

組版・印刷：三和印刷　製本：誠製本

ISBN978-4-588-21551-3

Printed in Japan

ものと人間の文化史

★第9回梓会出版文化賞受賞

人間が〈もの〉とのかかわりを通じて営々と築いてきた暮らしの足跡を具体的に辿りつつ文化・文明の基礎を問いなおす。手づくりの〈もの〉の記憶が失われ、〈もの〉離れが進行する危機の時代におくる豊穣な百科叢書。

1 船　須藤利一編

海国日本では古来、漁業・水運・交易はもとより、大陸文化も船によって運ばれた。本書は造船技術、航海の模様の推移を中心に、漂流、船霊信仰、伝説の数々を語る。四六判３６８頁 '68

2 狩猟　直良信夫

人類の歴史は狩猟から始まった。本書は、わが国の遺跡に出土する獣骨、猟具の実証的考察をおこないながら、狩猟をつうじて発展した人間の知恵と生活の軌跡を辿る。四六判２７２頁 '68

3 からくり　立川昭二

〈からくり〉は自動機械であり、驚嘆すべき庶民の技術的創意がこめられている。本書は、日本と西洋のからくりを発掘・復元・遍歴し、埋もれた技術の水脈をさぐる。四六判４１０頁 '69

4 化粧　久下司

美を求める人間の心が生みだした化粧—その手法と道具に語らせた人間の欲望と本性、そして社会関係。歴史を遡り、全国を踏査して書かれた比類ない美と醜の文化史。四六判３６８頁 '70

5 番匠　大河直躬

番匠はわが国中世の建築工匠。地方・在地を舞台に開花した彼らの造型・装飾・工法等の諸技術、さらに信仰と生活等、職人以前の独自で多彩な工匠的世界を描き出す。四六判２８８頁 '71

6 結び　額田巌

〈結び〉の発達は人間の叡知の結晶である。本書はその諸形態および技法を作業・装飾・象徴の三つの系譜に辿り、〈結び〉のすべてを民俗学的・人類学的に考察する。四六判２６４頁 '72

7 塩　平島裕正

人類史に貴重な役割を果たしてきた塩をめぐって、発見から伝承・製造技術の発展過程にいたる総体を歴史的に描き出すとともに、その多彩な効用と味覚の秘密を解く。四六判２７２頁 '73

8 はきもの　潮田鉄雄

田下駄・かんじき・わらじなど、日本人の生活の礎となってきた伝統的はきものの成り立ちと変遷を、二〇年余の実地調査と細密な観察・描写によって辿る庶民生活史　四六判２８０頁 '73

9 城　井上宗和

古代城塞・城柵から近世代名の居城として集大成されるまでの日本の城の変遷を辿り、文化の各領野で果たしてきたその役割を再検討。あわせて世界城郭史に位置づける。四六判３１０頁 '73

10 竹　室井綽

食生活、建築、民芸、造園、信仰等々にわたって、竹と人間との交流史は驚くほど深く永い。その多岐にわたる発展の過程を個々に辿り、竹の特異な性格を浮彫にする。四六判３２４頁 '73

11 海藻　宮下章

古来日本人にとって生活必需品とされてきた海藻をめぐって、その採取・加工法の変遷、商品としての流通史および神事・祭事での役割に至るまでを歴史的に考証する。四六判３３０頁 '74

12 **絵馬** 岩井宏實

古くは祭礼における神への献馬にはじまり、民間信仰と絵画のみごとな結晶として民衆の手で描かれ祀り伝えられてきた各地の絵馬を豊富な写真と史料によってたどる。**四六判３０２頁** '74

13 **機械** 吉田光邦

畜力・水力・風力などの自然のエネルギーを利用し、幾多の改良を経て形成された初期の機械の歩みを検証し、日本文化の形成における科学・技術の役割を再検討する。**四六判２４２頁** '74

14 **狩猟伝承** 千葉徳爾

狩猟には古来、感謝と慰霊の祭祀がともない、人獣交渉の豊かで意味深い歴史があった。狩猟用具、巻物、儀式具、またけものたちの生態を通して語る狩猟文化の世界。**四六判３４６頁** '75

15 **石垣** 田淵実夫

採石から運搬、加工、石積みに至るまで、石垣の造成をめぐって積み重ねられてきた石工たちの苦闘の足跡を掘り起こし、その独自な技術の形成過程と伝承を集成する。**四六判２２４頁** '75

16 **松** 高嶋雄三郎

日本人の精神史に深く根をおろした松の伝承に光を当て、食用、薬用等の実用の松、祭祀・観賞用の松、さらに文学・芸能・美術に表現された松のシンボリズムを説く。**四六判３４２頁** '75

17 **釣針** 直良信夫

人と魚との出会いから現在に至るまで、釣針がたどった一万有余年の変遷を、世界各地の遺跡出土物を通して実証しつつ、漁撈によって生きた人々の生活と文化を探る。**四六判２７８頁** '76

18 **鋸** 吉川金次

鋸鍛冶の家に生まれ、鋸の研究を生涯の課題とする著者が、出土遺品や文献・絵画により各時代の鋸を復元・実験し、庶民の手仕事にみられる驚くべき合理性を実証する。**四六判３６０頁** '76

19 **農具** 飯沼二郎／堀尾尚志

鍬と犂の交代・進化の歩みとして発達したわが国農耕文化の発展経過を世界史的視野において再検討しつつ、無名の農民たちによる驚くべき創意のかずかずを記録する。**四六判２２０頁** '76

20 **包み** 額田巖

結びとともに文化の起源にかかわる〈包み〉の系譜を人類史的視野において捉え、衣・食・住をはじめ社会・経済史、信仰、祭事などにおけるその実際と役割とを描く。**四六判３５４頁** '77

21 **蓮** 阪本祐二

仏教における蓮の象徴的位置の成立と深化、美術・文芸等に見る人間とのかかわりを歴史的に考察。また大賀蓮はじめ多様な品種とその来歴を紹介しつつその美を語る。**四六判３０６頁** '77

22 **ものさし** 小泉袈裟勝

ものをつくる人間にとって最も基本的な道具であり、数千年にわたって社会生活を律してきたその変遷を実証的に追求し、歴史の中で果たしてきた役割を浮彫りにする。**四六判３１４頁** '77

23-Ⅰ **将棋Ⅰ** 増川宏一

その起源を古代インドに、我国への伝播の道すじを海のシルクロードに探り、また伝来後一千年におよぶ日本将棋の変化と発展を盤、駒、ルール等にわたって跡づける。**四六判２８０頁** '77

23-Ⅱ **将棋Ⅱ** 増川宏一

わが国伝来後の普及と変遷を貴族や武家・豪商の日記等に博捜し、遊戯者の歴史をあとづけると共に、中国伝来説の誤りを正し、将棋宗家の位置と役割を明らかにする。四六判３４６頁 '85

24 **湿原祭祀** 第2版 金井典美

古代日本の自然環境に着目し、各地の湿原聖地を稲作社会との関連において捉え直して古代国家成立の背景を浮彫にしつつ、水と植物にまつわる日本人の宇宙観を探る。四六判４１０頁 '77

25 **臼** 三輪茂雄

臼が人類の生活文化の中で果たしてきた役割を、各地に遺る貴重な民俗資料・伝承と実地調査にもとづいて解明。失われゆく道具のなかに、未来の生活文化の姿を探る。四六判４１２頁 '78

26 **河原巻物** 盛田嘉徳

中世末期以来の被差別部落民が生きる権利を守るために偽作し護り伝えてきた河原巻物を全国にわたって踏査し、そこに秘められた最底辺の人びとの叫びに耳を傾ける。四六判２２６頁 '78

27 **香料** 日本のにおい 山田憲太郎

焼香供養の香から趣味としての薫物へ、さらに沈香木を焚く香道へと変遷した日本の「匂い」の歴史を豊富な史料に基づいて辿り、我国風俗史の知られざる側面を描く。四六判３７０頁 '78

28 **神像** 神々の心と形 景山春樹

神仏習合によって変貌しつつも、常にその原型＝自然を保持してきた日本の神々の造型を図像学的方法によって捉え直し、その多彩な形象に日本人の精神構造をさぐる。四六判３４２頁 '78

29 **盤上遊戯** 増川宏一

祭具・占具としての発生を『死者の書』をはじめとする古代の文献にさぐり、形状・遊戯法を分類しつつその〈進化〉の過程を考察。〈遊戯者たちの歴史〉をも跡づける。四六判３２６頁 '78

30 **筆** 田淵実夫

筆の里・熊野に筆づくりの現場を訪ねて、筆匠たちの境涯と製筆の由来を克明に記録しつつ、筆の発生と変遷、種類、製筆法、さらには筆塚、筆供養にまで説きおよぶ。四六判２０４頁 '78

31 **ろくろ** 橋本鉄男

日本の山野を漂移しつづけ、高度の技術文化と幾多の伝説とをもたらした特異な旅職集団＝木地屋の生態を、その呼称、地名、伝承、文書等をもとに生き生きと描く。四六判４６０頁 '79

32 **蛇** 吉野裕子

日本古代信仰の根幹をなす蛇巫をめぐって、祭事におけるさまざまな蛇の「もどき」や各種の蛇の造型・伝承に鋭い考証を加え、忘れられたその呪性を大胆に暴き出す。四六判２５０頁 '79

33 **鋏**（はさみ） 岡本誠之

梃子の原理の発見から鋏の誕生に至る過程を推理し、日本鋏の特異な歴史的位置を明らかにするとともに、刀鍛冶等から転進した鋏職人たちの創意と苦闘の跡をたどる。四六判３９６頁 '79

34 **猿** 廣瀬鎮

嫌悪と愛玩、軽蔑と畏敬の交錯する日本人とサルとの関わりあいの歴史を、狩猟伝承や祭祀・風習、美術・工芸や芸能のなかに探り、日本人の動物観を浮彫りにする。四六判２９２頁 '79

35 **鮫** 矢野憲一
神話の時代から今日まで、津々浦々につたわるサメの伝承とサメをめぐる海の民俗を集成し、神饌、食用、薬用等に活用されてきたサメと人間のかかわりの変遷を描く。四六判292頁 '79

36 **枡** 小泉袈裟勝
米の経済の枢要をなす器として千年余にわたり日本人の生活の中に生きてきた枡の変遷をたどり、記録・伝承をもとにこの独特な計量器が果たした役割を再検討する。四六判322頁 '80

37 **経木** 田中信清
食品の包装材料として近年まで身近に存在した経木の起源を、こけら経や塔婆、木簡、屋根板等に遡って明らかにし、その製造・流通に携った人々の労苦の足跡を辿る。四六判288頁 '80

38 **色** 染と色彩 前田雨城
わが国古代の染色技術の復元と文献解読をもとに日本色彩史を体系づけ、赤・白・青・黒等におけるわが国独自の色彩感覚を探りつつ日本文化における色の構造を解明。四六判320頁 '80

39 **狐** 陰陽五行と稲荷信仰 吉野裕子
その伝承と文献を渉猟しつつ、中国古代哲学＝陰陽五行の原理の応用という独自の視点から、謎とされてきた稲荷信仰と狐との密接な結びつきを明快に解き明かす。四六判232頁 '80

40-Ⅰ **賭博Ⅰ** 増川宏一
時代、地域、階層を超えて連綿と行なわれてきた賭博。――その起源を古代の神判、スポーツ、遊戯等の中に探り、抑圧と許容の歴史を物語る。全Ⅲ分冊の〈総説篇〉。四六判298頁 '80

40-Ⅱ **賭博Ⅱ** 増川宏一
古代インド文学の世界からラスベガスまで、賭博の形態・用具・方法の時代的特質を明らかにし、夥しい禁令に賭博の不滅のエネルギーを見る。全Ⅲ分冊の〈外国篇〉。四六判456頁 '82

40-Ⅲ **賭博Ⅲ** 増川宏一
聞香、闘茶、笠附等、わが国独特の賭博を中心にその具体例を網羅し、方法の変遷に賭博の時代性を探りつつ禁令の改廃に時代の賭博観を追う。全Ⅲ分冊の〈日本篇〉。四六判388頁 '83

41-Ⅰ **地方仏Ⅰ** むしゃこうじ・みのる
古代から中世にかけて全国各地で作られた無銘の仏像を訪ね、素朴で多様なノミの跡に民衆の祈りと地域の願望を探る。宗教の伝播、文化の創造を考える異色の紀行。四六判256頁 '80

41-Ⅱ **地方仏Ⅱ** むしゃこうじ・みのる
紀州や飛驒を中心に草の根の仏たちを訪ねて、その相好と像容の魅力を探り、技法を比較考証して仏像彫刻史に位置づけつつ、中世地域社会の形成と信仰の実態に迫る。四六判260頁 '97

42 **南部絵暦** 岡田芳朗
田山・盛岡地方で「盲暦」として古くから親しまれてきた独得の絵解き暦を詳しく紹介しつつその全体像を復元する。その無類の生活暦は、南部農民の哀歓をつたえる。四六判288頁 '80

43 **野菜** 在来品種の系譜 青葉高
蕪、大根、茄子等の日本在来野菜をめぐって、その渡来・伝播経路、品種分布と栽培のいきさつを各地の伝承や古記録をもとに辿り、畑作文化の源流とその風土を描く。四六判368頁 '81

44 **つぶて** 中沢厚

弥生投弾、古代・中世の石戦と印地の様相、投石具の発達を展望しつつ、願かけの小石、正月つぶて、石こづみ等の習俗を辿り、石塊に託した民衆の願いや怒りを探る。 四六判３３８頁 '81

45 **壁** 山田幸一

弥生時代から明治期に至るわが国の壁の変遷を壁塗＝左官工事の側面から辿り直し、その技術的復元・考証を通じて建築史・文化史における壁の役割を浮き彫りにする。 四六判２９６頁 '81

46 **簞笥**（たんす） 小泉和子

近世における簞笥の出現＝箱から抽斗への転換に着目し、以降近現代に至るその変遷を社会・経済・技術の側面からあとづける。著者自身による簞笥製作の記録を付す。 四六判３７８頁 '82

47 **木の実** 松山利夫

山村の重要な食糧資源であった木の実をめぐる各地の記録・伝承を集成し、その採集・加工における幾多の試みを実地に検証しつつ、稲作農耕以前の食生活文化を復元。 四六判３８４頁 '82

48 **秤**（はかり） 小泉袈裟勝

秤の起源を東西に探るとともに、わが国律令制下における中国制度の導入、近世商品経済の発展に伴う秤座の出現、明治期近代化政策による洋式秤受容等の経緯を描く。 四六判３２６頁 '82

49 **鶏**（にわとり） 山口健児

神話・伝説をはじめ遠い歴史の中の鶏を古今東西の伝承・文献に探り、特に我国の信仰・絵画・文学等に遺された鶏の足跡を追って、鶏をめぐる民俗の記憶を蘇らせる。 四六判３４６頁 '83

50 **燈用植物** 深津正

人類が燈火を得るために用いてきた多種多様な植物との出会いと個々の植物の来歴、特性及びはたらきを詳しく検証しつつ「あかり」の原点を問いなおす異色の植物誌。 四六判４４２頁 '83

51 **斧・鑿・鉋**（おの・のみ・かんな） 吉川金次

古墳出土品や文献・絵画をもとに、古代から現代までの斧・鑿・鉋を復元・実験し、労働体験によって生まれた民衆の知恵と道具の変遷を蘇らせる異色の日本木工具史。 四六判３０４頁 '84

52 **垣根** 額田巌

大和・山辺の道に神々と垣との関わりを探り、各地に垣の伝承を訪ねて、寺院の垣、民家の垣、露地の垣など、風土と生活に培われた生垣の独特のはたらきと美を描く。 四六判２３４頁 '84

53-Ⅰ **森林Ⅰ** 四手井綱英

森林生態学の立場から、森林のなりたちとその生活史を辿りつつ、産業の発展と消費社会の拡大により刻々と変貌する森林の現状を語り、未来への再生のみちをさぐる。 四六判３０６頁 '85

53-Ⅱ **森林Ⅱ** 四手井綱英

森林と人間との多様なかかわりを包括的に語り、人と自然が共生するための森や里山をいかにして創出するか、森林再生への具体的な方策を提示する21世紀への提言。 四六判３０８頁 '98

53-Ⅲ **森林Ⅲ** 四手井綱英

地球規模で進行しつつある森林破壊の現状を実地に踏査し、森と人が共存する日本人の伝統的自然観を未来へ伝えるために、いま何が必要なのかを具体的に提言する。 四六判３０４頁 '00

54 **海老**（えび） 酒向昇

人類との出会いからエビの科学、漁法、さらには調理法を語り、めでたい姿態と色彩にまつわる多彩なエビの民俗を、地名や人名、詩歌・文学、絵画や芸能の中に探る。四六判４２８頁 '85

55-I **藁**（わら）I 宮崎清

稲作農耕とともに二千年余の歴史をもち、日本人の全生活領域に生きてきた藁の文化を日本文化の原型として捉え、風土に根ざしたそのゆたかな遺産を詳細に検討する。四六判４００頁 '85

55-II **藁**（わら）II 宮崎清

床・畳から壁・屋根にいたる住居における藁の製作・使用のメカニズムを明らかにし、日本人の生活空間における藁の役割を見なおすとともに、藁の文化の復権を説く。四六判４００頁 '85

56 **鮎** 松井魁

清楚な姿態と独特な味覚によって、日本人の目と舌を魅了しつづけてきたアユ――その形態と分布、生態、漁法等を詳述し、古今のアユ料理や文芸にみるアユにおよぶ。四六判２９６頁 '86

57 **ひも** 額田巌

物と物、人と物とを結びつける不思議な力を秘めた「ひも」の謎を追って、民俗学的視点から多角的なアプローチを試みる。『結び』、『包み』につづく三部作の完結篇。四六判２５０頁 '86

58 **石垣普請** 北垣聰一郎

近世石垣の技術者集団「穴太」の足跡を辿り、各地城郭の石垣遺構の実地調査と資料・文献をもとに石垣普請の歴史的系譜を復元しつつ石工たちの技術伝承を集成する。四六判４３８頁 '87

59 **碁** 増川宏一

その起源を古代の盤上遊戯に探ると共に、定着以来二千年の歴史を時代の状況や遊び手の社会環境との関わりにおいて跡づける。逸話や伝説を排して綴る初の囲碁全史。四六判３６６頁 '87

60 **日和山**（ひよりやま） 南波松太郎

千石船の時代、航海の安全のために観天望気した日和山――多くは忘れられ、あるいは失われた船舶・航海史の貴重な遺跡を追って、全国津々浦々におよんだ調査紀行。四六判３８２頁 '88

61 **篩**（ふるい） 三輪茂雄

臼とともに人類の生産活動に不可欠な道具であった篩、箕(み)、笊(ざる)の多彩な変遷を豊富な図解入りでたどり、現代技術の先端に再生するまでの歩みをえがく。四六判３３４頁 '89

62 **鮑**（あわび） 矢野憲一

縄文時代以来、貝肉の美味と貝殻の美しさによって日本人を魅了し続けてきたアワビ――その生態と養殖、神饌としての歴史、漁法、螺鈿の技法からアワビ料理に及ぶ。四六判３４４頁 '89

63 **絵師** むしゃこうじ・みのる

日本古代の渡来画工から江戸前期の菱川師宣まで、時代の代表的絵師の列伝で辿る絵画制作の文化史。前近代社会における絵画の意味や芸術創造の社会的条件を考える。四六判２３０頁 '90

64 **蛙**（かえる） 碓井益雄

動物学の立場からその特異な生態を描き出すとともに、和漢洋の文献資料を駆使して故事・習俗・神事・民話・文芸・美術工芸にわたる蛙の多彩な活躍ぶりを活写する。四六判３８２頁 '89

65-Ⅰ 藍（あい）Ⅰ 風土が生んだ色 竹内淳子

全国各地の〈藍の里〉を訪ねて、藍栽培から染色・加工のすべてにわたり、藍とともに生きた人々の伝承を克明に描き、風土と人間が生んだ〈日本の色〉の秘密を探る。四六判４１６頁 '91

65-Ⅱ 藍（あい）Ⅱ 暮らしが育てた色 竹内淳子

日本の風土に生まれ、伝統に育てられた藍が、今なお暮らしの中で生き生きと活躍しているさまを、手わざに生きる人々との出会いを通じて描く。藍の里紀行の続篇。四六判４０６頁 '99

66 橋 小山田了三

丸木橋・舟橋・吊橋から板橋・アーチ型石橋まで、人々に親しまれてきた各地の橋を訪ねて、その来歴と築橋の技術伝承を辿り、土木文化の伝播・交流の足跡をえがく。四六判３１２頁 '91

67 箱 宮内悊

日本の伝統的な箱（櫃）と西欧のチェストを比較文化史の視点から考察し、居住・収納・運搬・装飾の各分野における箱の重要な役割とその多彩な文化を浮彫りにする。四六判３９０頁 '91

68-Ⅰ 絹Ⅰ 伊藤智夫

養蚕の起源を神話や説話に探り、伝来の時期とルートを跡づけ、記紀・万葉の時代から近世に至るまで、それぞれの時代・社会・階層が生み出した絹の文化を描き出す。四六判３０４頁 '92

68-Ⅱ 絹Ⅱ 伊藤智夫

生糸と絹織物の生産と輸出が、わが国の近代化にはたした役割を描くと共に、養蚕の道具、信仰や庶民生活にわたる養蚕と絹の民俗、さらには蚕の種類と生態におよぶ。四六判２９４頁 '92

69 鯛（たい） 鈴木克美

古来「魚の王」とされてきた鯛をめぐって、その生態・味覚から漁法、祭り、工芸、文芸にわたる多彩な伝承文化を語りつつ、鯛と日本人とのかかわりの原点をさぐる。四六判４１８頁 '92

70 さいころ 増川宏一

古代神話の世界から近現代の博徒の動向まで、さいころの役割を各時代・社会に位置づけ、木の実や貝殻のさいころから投げ棒型や立方体のさいころへの変遷をたどる。四六判３７４頁 '92

71 木炭 樋口清之

炭の起源から炭焼、流通、経済、文化にわたる木炭の歩みを歴史・考古・民俗の知見を総合して描き出し、独自で多彩な文化を育んできた木炭の尽きせぬ魅力を語る。四六判２９６頁 '93

72 鍋・釜（なべ・かま） 朝岡康二

日本をはじめ韓国、中国、インドネシアなど東アジアの各地を歩きながら鍋・釜の製作と使用の現場に立ち会い、調理をめぐる庶民生活の変遷とその交流の足跡を探る。四六判３２６頁 '93

73 海女（あま） 田辺悟

その漁の実際と社会組織、風習、信仰、民具などを克明に描くとともに海女の起源・分布・交流を探り、わが国漁撈文化の古層としての海女の生活と文化をあとづける。四六判２９４頁 '93

74 蛸（たこ） 刀禰勇太郎

蛸をめぐる信仰や多彩な民間伝承を紹介するとともに、その生態・分布・捕獲法・繁殖と保護・調理法などを集成し、日本人と蛸との知られざるかかわりの歴史を探る。四六判３７０頁 '94

75 **曲物**（まげもの）　岩井宏實

桶・樽出現以前から伝承され、古来最も簡便・重宝な木製容器として愛用された曲物の加工技術と機能・利用形態の変遷をさぐり、手づくりの「木の文化」を見なおす。四六判３１８頁　'94

76-Ⅰ **和船Ⅰ**　石井謙治

江戸時代の海運を担った千石船（弁才船）について、その構造と技術、帆走性能を綿密に調査し、通説の誤りを正すとともに、海難と信仰、船絵馬等の考察にもおよぶ。四六判４３６頁　'95

76-Ⅱ **和船Ⅱ**　石井謙治

造船史から見た著名な船を紹介し、遣唐使船や遣欧使節船、幕末の洋式船における外国技術の導入について論じつつ、船の名称と船型を海船・川船にわたって解説する。四六判３１６頁　'95

77-Ⅰ **反射炉Ⅰ**　金子功

日本初の佐賀鍋島藩の反射炉と精錬方＝理化学研究所、島津藩の反射炉と集成館＝近代工場群を軸に、日本の産業革命の時代における人と技術を現地に訪ねて発掘する。四六判２４４頁　'95

77-Ⅱ **反射炉Ⅱ**　金子功

伊豆韮山の反射炉をはじめ、全国各地の反射炉建設にかかわった有名無名の人々の足跡をたどり、開国か攘夷かに揺れる幕末の政治と社会の悲喜劇をも生き生きと描く。四六判２２６頁　'95

78-Ⅰ **草木布**（そうもくふ）**Ⅰ**　竹内淳子

風土に育まれた布を求めて全国各地を歩き、木綿普及以前に山野の草木を利用して豊かな衣生活文化を築き上げてきた庶民の知られざる知恵のかずかずを実地にさぐる。四六判２８２頁　'95

78-Ⅱ **草木布**（そうもくふ）**Ⅱ**　竹内淳子

アサ、クズ、シナ、コウゾ、カラムシ、フジなどの草木の繊維から、どのようにして糸を採り、布を織っていたのか――聞書きをもとに忘れられた技術と文化を発掘する。四六判２８２頁　'95

79-Ⅰ **すごろくⅠ**　増川宏一

古代エジプトのセネト、ヨーロッパのバクギャモン、中近東のナルド、中国の双陸などの系譜に日本の盤雙六を位置づけ、遊戯・賭博としてのその数奇なる運命を辿る。四六判３１２頁　'95

79-Ⅱ **すごろくⅡ**　増川宏一

ヨーロッパの鵞鳥のゲームから日本中世の浄土双六、近世の華麗な絵双六、さらには近現代の少年誌の附録まで、絵双六の変遷を追って時代の社会・文化を読みとる。四六判３９０頁　'95

80 **パン**　安達巖

古代オリエントに起ったパン食文化が中国・朝鮮を経て弥生時代の日本に伝えられたことを史料と伝承をもとに解明し、わが国パン食文化二〇〇〇年の足跡を描き出す。四六判２６０頁　'96

81 **枕**（まくら）　矢野憲一

神さまの枕・大嘗祭の枕から枕絵の世界まで、人生の三分の一を共に過す枕をめぐって、その材質の変遷を辿り、伝説と怪談、俗信と民俗、エピソードを興味深く語る。四六判２５２頁　'96

82-Ⅰ **桶・樽**（おけ・たる）**Ⅰ**　石村真一

日本、中国、朝鮮、ヨーロッパにわたる厖大な資料を集成してその豊かな文化の系譜を探り、東西の木工技術史を比較しつつ世界史的視野から桶・樽の文化を描き出す。四六判３８８頁　'97

82-Ⅱ **桶・樽**（おけ・たる）Ⅱ　石村真一

多数の調査資料と絵画・民俗資料をもとにその製作技術を復元し、東西の木工技術を比較考証しつつ、技術文化史の視点から桶・樽製作の実態とその変遷を跡づける。　四六判３７２頁　'97

82-Ⅲ **桶・樽**（おけ・たる）Ⅲ　石村真一

樹木と人間とのかかわり、製作者と消費者とのかかわりを通じて桶樽と生活文化の変遷を考察し、木材資源の有効利用という視点から桶樽の文化史的役割を浮彫にする。　四六判３５２頁　'97

83-Ⅰ **貝Ⅰ**　白井祥平

世界各地の現地調査と文献資料を駆使して、古来至高の財宝とされてきた宝貝のルーツとその変遷を探り、貝と人間とのかかわりの歴史を「貝貨」の文化史として描く。　四六判３８６頁　'97

83-Ⅱ **貝Ⅱ**　白井祥平

サザエ、アワビ、イモガイなど古来人類とかかわりの深い貝をめぐって、その生態・分布・地方名、装身具や貝貨としての利用法などを豊富なエピソードを交えて語る。　四六判３２８頁　'97

83-Ⅲ **貝Ⅲ**　白井祥平

シンジュガイ、ハマグリ、アカガイ、シャコガイなどをめぐって世界各地の民族誌を渉猟し、それらが人類文化に残した足跡を辿る。参考文献一覧／総索引を付す。　四六判３９２頁　'97

84 **松茸**（まつたけ）　有岡利幸

秋の味覚として古来珍重されてきた松茸の由来を求めて、稲作文化と里山（松林）の生態系から説きおこし、日本人の伝統的生活文化の中に松茸流行の秘密をさぐる。　四六判２９６頁　'97

85 **野鍛冶**（のかじ）　朝岡康二

鉄製農具の製作・修理・再生を担ってきた農鍛冶の歴史的役割を探り、近代化の大波の中で変貌する職人技術の実態をアジア各地のフィールドワークを通して描き出す。　四六判２８０頁　'98

86 **稲**　品種改良の系譜　菅　洋

作物としての稲の誕生、稲の渡来と伝播の経緯から説きおこし、明治以降主として庄内地方の民間育種家の手によって飛躍的発展をとげたわが国品種改良の歩みを描く。　四六判３３２頁　'98

87 **橘**（たちばな）　吉武利文

永遠のかぐわしい果実として日本の神話・伝説に特別の位置を占めて語り継がれてきた橘をめぐって、その育まれた風土とかずかずの伝承の中に日本文化の特質を探る。　四六判２８６頁　'98

88 **杖**（つえ）　矢野憲一

神の依代としての杖や仏教の錫杖に杖と信仰とのかかわりを探り、人類が突きつつ歩んだその歴史と民俗を興味ぶかく語る。多彩な材質と用途を網羅した杖の博物誌。　四六判３１４頁　'98

89 **もち**（糯・餅）　渡部忠世／深澤小百合

モチイネの栽培・育種から食品加工、民俗、儀礼にわたってそのルーツと伝承の足跡をたどり、アジア稲作文化という広範な視野からこの特異な食文化の謎を解明する。　四六判３３０頁　'98

90 **さつまいも**　坂井健吉

その栽培の起源と伝播経路を跡づけるとともに、わが国伝来後四百年の経緯を詳細にたどり、世界に冠たる育種と栽培・利用法を築いた人々の知られざる足跡をえがく。　四六判３２８頁　'99

91 珊瑚（さんご）　鈴木克美
海岸の自然保護に重要な役割を果たす岩石サンゴから宝飾品として知られる宝石サンゴまで、人間生活と深くかかわってきたサンゴの多彩な姿を人類文化史として描く。　四六判３７０頁　'99

92-Ⅰ 梅Ⅰ　有岡利幸
万葉集、源氏物語、五山文学などの古典や天神信仰に表れた梅の足跡を克明に辿りつつ日本人の精神史に刻印された梅を浮彫にし、梅と日本人の二〇〇〇年史を描く。　四六判２７４頁　'99

92-Ⅱ 梅Ⅱ　有岡利幸
その植生と栽培、伝承、梅の名所や鑑賞法の変遷から戦前の国定教科書に表れた梅まで、梅と日本人との多彩なかかわりを探り、桜との対比において梅の文化史を描く。　四六判３３８頁　'99

93 木綿口伝（もめんくでん）　第2版　福井貞子
老女たちからの聞書を経糸とし、厖大な遺品・資料を緯糸として、母から娘へと幾代にも伝えられた手づくりの木綿文化を掘り起し、近代の木綿の盛衰を描く。増補版　四六判３３６頁　'00

94 合せもの　増川宏一
「合せる」には古来、一致させるの他に、競う、闘う、比べる等の意味があった。貝合せや絵合せ等の遊戯・賭博を中心に、広範な人間の営みを「合せる」行為に辿る。　四六判３００頁　'00

95 野良着（のらぎ）　福井貞子
明治初期から昭和四〇年までの野良着を収集・分類・整理し、それらの用途と年代、形態、材質、重量、呼称などを精査して、働く庶民の創意にみちた生活史を描く。　四六判２９２頁　'00

96 食具（しょくぐ）　山内昶
東西の食文化に関する資料を渉猟し、食法の違いを人間の自然に対するかかわり方の違いとして捉えつつ、食具を人間と自然をつなぐ基本的な媒介物として位置づける。　四六判２９２頁　'00

97 鰹節（かつおぶし）　宮下章
黒潮からの贈り物・カツオの漁法から鰹節の製法や食法、商品としての流通までを歴史的に展望するとともに、沖縄やモルジブ諸島の調査をもとにそのルーツを探る。　四六判３８２頁　'00

98 丸木舟（まるきぶね）　出口晶子
先史時代から現代の高度文明社会まで、もっとも長期にわたり使われてきた刳り舟に焦点を当て、その技術伝承を辿りつつ、森や水辺の文化の広がりと動態をえがく。　四六判３２４頁　'01

99 梅干（うめぼし）　有岡利幸
日本人の食生活に不可欠の自然食品・梅干をつくりだした先人たちの知恵に学ぶとともに、健康増進に驚くべき薬効を発揮する、その知られざるパワーの秘密を探る。　四六判３００頁　'01

100 瓦（かわら）　森郁夫
仏教文化と共に中国・朝鮮から伝来し、一四〇〇年にわたり日本の建築を飾ってきた瓦をめぐって、発掘資料をもとにその製造技術、形態、文様などの変遷をたどる。　四六判３２０頁　'01

101 植物民俗　長澤武
衣食住から子供の遊びまで、幾世代にも伝承された植物をめぐる暮らしの知恵を克明に記録し、高度経済成長期以前の農山村の豊かな生活文化を愛惜をこめて描き出す。　四六判３４８頁　'01

102 **箸**（はし）　向井由紀子／橋本慶子

そのルーツを中国、朝鮮半島に探るとともに、日本人の食生活に不可欠の食具となり、日本文化のシンボルとされるまでに洗練された箸の文化の変遷を総合的に描く。　四六判３３４頁　'01

103 **採集**　ブナ林の恵み　赤羽正春

縄文時代から今日に至る採集・狩猟民の暮らしを復元し、動物の生態系と採集生活の関連を明らかにしつつ、民俗学と考古学の両面から山に生かされた人々の姿を描く。　四六判２９８頁　'01

104 **下駄**　神のはきもの　秋田裕毅

古墳や井戸等から出土する下駄に着目し、下駄が地上と地下の他界を結ぶ聖なるはきものであったという大胆な仮説を提出、日本の神々の忘れられた側面を浮彫にする。　四六判３０４頁　'02

105 **絣**（かすり）　福井貞子

膨大な絣遺品を収集・分類し、絣産地を実地に調査して絣の技法と文様の変遷を地域別・時代別に跡づけ、明治・大正・昭和の手づくりの染織文化の盛衰を描き出す。　四六判３１０頁　'02

106 **網**（あみ）　田辺悟

漁網を中心に、網に関する基本資料を網羅して網の変遷と網をめぐる民俗を体系的に描き出し、網の文化を集成する。「網に関する小事典」「網のある博物館」を付す。　四六判３１６頁　'02

107 **蜘蛛**（くも）　斎藤慎一郎

「土蜘蛛」の呼称で畏怖される一方「クモ合戦」など子供の遊びとしても親しまれてきたクモと人間との長い交渉の歴史をその深層に遡って追究した異色のクモ文化論。　四六判３２０頁　'02

108 **襖**（ふすま）　むしゃこうじ・みのる

襖の起源と変遷を建築史・絵画史の中に探りつつその用と美を浮彫にし、衝立・障子・屏風等と共に日本建築の空間構成に不可欠の建具となるまでの経緯を描き出す。　四六判２７０頁　'02

109 **漁撈伝承**（ぎょろうでんしょう）　川島秀一

漁師たちからの聞き書きをもとに、寄り物、船霊、大漁旗など、漁撈にまつわる〈もの〉の伝承を集成し、海の道によって運ばれた習俗や信仰の民俗地図を描き出す。　四六判３３４頁　'03

110 **チェス**　増川宏一

世界中に数億人の愛好者を持つチェスの起源と文化を、欧米における膨大な研究の蓄積を渉猟しつつ探り、日本への伝来の経緯から美術工芸品としてのチェスにおよぶ。　四六判２９８頁　'03

111 **海苔**（のり）　宮下章

海苔の歴史は厳しい自然とのたたかいの歴史だった――採取から養殖、加工、流通、消費に至る先人たちの苦難の歩みを史料と実地調査によって浮彫にする食物文化史。　四六判１７２頁　'03

112 **屋根**　檜皮葺と柿葺　原田多加司

屋根葺師一〇代の著者が、自らの体験と職人の本懐を語り、連綿として受け継がれてきた伝統の手わざを体系的にたどりつつ伝統技術の保存と継承の必要性を訴える。　四六判３４０頁　'03

113 **水族館**　鈴木克美

初期水族館の歩みを創始者たちの足跡を通して辿りなおし、水族館をめぐる社会の発展と風俗の変遷を描き出すとともにその未来像をさぐる初の〈日本水族館史〉の試み。　四六判２９０頁　'03

114 **古着**（ふるぎ）　朝岡康二

仕立てと着方、管理と保存、再生と再利用等にわたり衣生活の変容を近代の日常生活の変化として捉え直し、衣服をめぐるリサイクル文化が形成される経緯を描き出す。　四六判２９２頁　'03

115 **柿渋**（かきしぶ）　今井敬潤

染料・塗料をはじめ生活百般の必需品であった柿渋の伝承を記録し、文献資料をもとにその製造技術と利用の実態を明らかにして、忘れられた豊かな生活技術を見直す。　四六判２９４頁　'03

116-Ⅰ **道Ⅰ**　武部健一

道の歴史を先史時代から説き起こし、古代律令制国家の要請によって駅路が設けられ、しだいに幹線道路として整えられてゆく経緯を技術史・社会史の両面からえがく。　四六判２４８頁　'03

116-Ⅱ **道Ⅱ**　武部健一

中世の鎌倉街道、近世の五街道、近代の開拓道路から現代の高速道路網までを通観し、道路を拓いた人々の手によって今日の交通ネットワークが形成された歴史を語る。　四六判２８０頁　'03

117 **かまど**　狩野敏次

日常の煮炊きの道具であるとともに祭りと信仰に重要な位置を占めてきたカマドをめぐる忘れられた伝承を掘り起こし、民俗空間の壮大なコスモロジーを浮彫りにする。　四六判２９２頁　'04

118-Ⅰ **里山Ⅰ**　有岡利幸

縄文時代から近世までの里山の変遷を人々の暮らしと植生の変化の両面から跡づけ、その源流を記紀万葉に描かれた里山の景観や大和・三輪山の古記録・伝承等に探る。　四六判２７６頁　'04

118-Ⅱ **里山Ⅱ**　有岡利幸

明治の地租改正による山林の混乱、相次ぐ戦争による山野の荒廃、エネルギー革命、高度成長による大規模開発など、近代化の荒波に翻弄される里山の見直しを説く。　四六判２７４頁　'04

119 **有用植物**　菅　洋

人間生活に不可欠のものとして利用されてきた身近な植物たちの来歴と栽培・育種・品種改良・伝播の経緯を平易に語り、植物と共に歩んだ文明の足跡を浮彫にする。　四六判３２４頁　'04

120-Ⅰ **捕鯨Ⅰ**　山下渉登

世界の海で展開された鯨と人間との格闘の歴史を振り返り、「大航海時代」の副産物として開始された捕鯨業の誕生以来四〇〇年にわたる盛衰の社会的背景をさぐる。　四六判３１４頁　'04

120-Ⅱ **捕鯨Ⅱ**　山下渉登

近代捕鯨の登場により鯨資源の激減を招き、捕鯨の規制・管理のための国際条約締結に至る経緯をたどり、グローバルな課題としての自然環境問題を浮き彫りにする。　四六判３１２頁　'04

121 **紅花**（べにばな）　竹内淳子

栽培、加工、流通、利用の実際を現地に探訪して紅花とかかわってきた人々からの聞き書きを集成し、忘れられた〈紅花文化〉を復元しつつその豊かな味わいを見直す。　四六判３４６頁　'04

122-Ⅰ **もののけⅠ**　山内昶

日本の妖怪変化、未開社会の〈マナ〉、西欧の悪魔やデーモンを比較考察し、名づけ得ぬ未知の対象を指す万能のゼロ記号〈もの〉をめぐる人類文化史を跡づける博物誌。　四六判３２０頁　'04

122-Ⅱ **もののけⅡ** 山内昶

日本の鬼、古代ギリシアのダイモン、中世の異端狩り・魔女狩り等々をめぐり、自然＝カオスと文化＝コスモスの対立の中で〈野生の思考〉が果たしてきた役割をさぐる。 四六判２８０頁 '04

123 **染織**（そめおり） 福井貞子

自らの体験と膨大な残存資料をもとに、糸づくりから織り、染めにわたる手づくりの豊かな生活文化を見直す。創意にみちた手わざのかずかずを復元する庶民生活誌。 四六判２９４頁 '05

124-Ⅰ **動物民俗Ⅰ** 長澤武

神として崇められたクマやシカをはじめ、人間にとって不可欠の鳥獣や魚、さらには人間を脅かす動物など、多種多様な動物たちと交流してきた人々の暮らしの民俗誌。 四六判２６４頁 '05

124-Ⅱ **動物民俗Ⅱ** 長澤武

動物の捕獲法をめぐる各地の伝承を紹介するとともに、全国で語り継がれてきた多彩な動物民話・昔話を渉猟し、暮らしの中で培われた動物フォークロアの世界を描く。 四六判２６６頁 '05

125 **粉**（こな） 三輪茂雄

粉体の研究をライフワークとする著者が、粉食の発見からナノテクノロジーまで、人類文明の歩みを〈粉〉の視点から捉え直した壮大なスケールの〈文明の粉体史観〉 四六判３０２頁 '05

126 **亀**（かめ） 矢野憲一

浦島伝説や「兎と亀」の昔話によって親しまれてきた亀のイメージの起源を探り、古代の亀卜の方法から、亀にまつわる信仰と迷信、鼈甲細工やスッポン料理におよぶ。 四六判３３０頁 '05

127 **カツオ漁** 川島秀一

一本釣り、カツオ漁場、船上の生活、船霊信仰、祭りと禁忌など、カツオ漁にまつわる漁師たちの伝承を集成し、黒潮に沿って伝えられた漁民たちの文化を掘り起こす。 四六判３７０頁 '05

128 **裂織**（さきおり） 佐藤利夫

木綿の風合いと強靭さを生かした裂織の技と美をすぐれたリサイクル文化として見なおす。東西文化の中継地・佐渡の古老たちからの聞書をもとに歴史と民俗をえがく。 四六判３０８頁 '05

129 **イチョウ** 今野敏雄

「生きた化石」として珍重されてきたイチョウの生い立ちと人々の生活文化とのかかわりの歴史をたどり、この最古の樹木に秘められたパワーを最新の中国文献にさぐる。 四六判３１２頁〔品切〕 '05

130 **広告** 八巻俊雄

のれん、看板、引札からインターネット広告までを通観し、いつの時代にも広告が人々の暮らしと密接にかかわって独自の文化を形成してきた経緯を描く広告の文化史。 四六判２７６頁 '06

131-Ⅰ **漆**（うるし）**Ⅰ** 四柳嘉章

全国各地で発掘された考古資料を対象に科学的解析を行ない、縄文時代から現代に至る漆の技術と文化を跡づける試み。漆が日本人の生活と精神に与えた影響を探る。 四六判２７４頁 '06

131-Ⅱ **漆**（うるし）**Ⅱ** 四柳嘉章

遺跡や寺院等に遺る漆器を分析し体系づけるとともに、絵巻物や文学作品の考証を通じて、職人や産地の形成、漆工芸の地場産業としての発展の経緯などを考察する。 四六判２１６頁 '06

132 まな板　石村眞一

日本、アジア、ヨーロッパ各地のフィールド調査と考古・文献・絵画・写真資料をもとにまな板の素材・構造・使用法を分類し、多様な食文化とのかかわりをさぐる。　四六判３７２頁　'06

133-Ⅰ 鮭・鱒（さけ・ます）Ⅰ　赤羽正春

鮭・鱒をめぐる民俗研究の前史から現在までを概観するとともに、原初的な漁法から商業的漁法にわたる多彩な漁法と用具、漁場と社会組織の関係などを明らかにする。　四六判２９２頁　'06

133-Ⅱ 鮭・鱒（さけ・ます）Ⅱ　赤羽正春

鮭漁をめぐる行事、鮭捕り衆の生活等を聞き取りによって再現し、人工孵化事業の発展とそれを担った先人たちの業績を明らかにするとともに、鮭・鱒の料理におよぶ。　四六判３５２頁　'06

134 遊戯　その歴史と研究の歩み　増川宏一

古代から現代まで、日本と世界の遊戯の歴史を概説し、内外の研究者との交流の中で得られた最新の知見をもとに、研究の出発点と目的を論じ、現状と未来を展望する。　四六判２９６頁　'06

135 石干見（いしひみ）　田和正孝編

沿岸部に石垣を築き、潮汐作用を利用して漁獲する原初的漁法を日・韓・台に残る遺構と伝承の調査・分析をもとに復元し、東アジアの伝統的漁撈文化を浮彫りにする。　四六判３３２頁　'07

136 看板　岩井宏實

江戸時代から明治・大正・昭和初期までの看板の歴史を生活文化史の視点から考察し、多種多様な生業の起源と変遷を多数の図版をもとに紹介する〈図説商売往来〉。　四六判２６６頁　'07

137-Ⅰ 桜Ⅰ　有岡利幸

そのルーツと生態から説きおこし、和歌や物語に描かれた古代社会の桜観から「花は桜木、人は武士」の江戸の花見の流行まで、日本人と桜のかかわりの歴史をさぐる。　四六判３８２頁　'07

137-Ⅱ 桜Ⅱ　有岡利幸

明治以後、軍国主義と愛国心のシンボルとして政治的に利用されてきた桜の近代史を辿るとともに、日本人の生活と共に歩んだ「咲く花、散る花」の栄枯盛衰を描く。　四六判４００頁　'07

138 麹（こうじ）　一島英治

日本の気候風土の中で稲作と共に育まれた麹菌のすぐれたはたらきの秘密を探り、醸造化学に携わった人々の足跡をたどりつつ醱酵食品と日本人の食生活文化を考える。　四六判２４４頁　'07

139 河岸（かし）　川名登

近世初頭、河川水運の隆盛と共に物流のターミナルとして賑わい、船旅や遊廓などをもたらした河岸（川の港）の盛衰を河岸に生きる人々の暮らしの変遷としてえがく。　四六判３００頁　'07

140 神饌（しんせん）　岩井宏實／日和祐樹

土地に古くから伝わる食物を神に捧げる神饌儀礼に祭りの本義を探り、近畿地方主要神社の伝統的儀礼をつぶさに調査して、豊富な写真と共にその実際を明らかにする。　四六判３７４頁　'07

141 駕籠（かご）　櫻井芳昭

その様式、利用の実態、地域ごとの特色、車の利用を抑制する交通政策との関連から駕籠かきたちの風俗までを明らかにし、日本交通史の知られざる側面に光を当てる。　四六判２９４頁　'07

142 **追込漁**（おいこみりょう） 川島秀一

沖縄の島々をはじめ、日本各地で今なお行なわれている沿岸漁撈を実地に精査し、魚の生態と自然条件を知り尽した漁師たちの知恵と技を見直しつつ漁業の原点を探る。 四六判３６８頁 '08

143 **人魚**（にんぎょ） 田辺悟

ロマンとファンタジーに彩られて世界各地に伝承される人魚の実像をもとめて東西の人魚誌を渉猟し、フィールド調査と膨大な資料をもとに集成したマーメイド百科。 四六判３５２頁 '08

144 **熊**（くま） 赤羽正春

狩人たちからの聞き書きをもとに、かつては神として崇められた熊と人間との精神史的な関係をさぐり、熊を通して人間の生存可能性にもおよぶユニークな動物文化史。 四六判３８４頁 '08

145 **秋の七草** 有岡利幸

『万葉集』で山上憶良がうたいあげて以来、千数百年にわたり秋を代表する植物として日本人にめでられてきた七種の草花の知られざる伝承を掘り起こす植物文化誌。 四六判３０６頁 '08

146 **春の七草** 有岡利幸

厳しい冬の季節に芽吹く若菜に大地の生命力を感じ、春の到来を祝い新年の息災を願う「七草粥」などとして食生活の中に巧みに取り入れてきた古人たちの知恵を探る。 四六判２７２頁 '08

147 **木綿再生** 福井貞子

自らの人生遍歴と木綿を愛する人々との出会いを織り重ねて綴り、優れた文化遺産としての木綿衣料を紹介しつつ、リサイクル文化としての木綿再生のみちを模索する。 四六判２６６頁 '09

148 **紫**（むらさき） 竹内淳子

今や絶滅危惧種となった紫草（ムラサキ）を育てる人びと、伝統の紫根染を今に伝える人びとを全国にたずね、貝紫染の始原を求めて吉野ヶ里におよぶ「むらさき紀行」。 四六判３２４頁 '09

149-I **杉I** 有岡利幸

その生態、天然分布の状況から各地における栽培・育種、利用にいたる歩みを弥生時代から今日までの人間の営みの中で捉えなおし、わが国林業史を展望しつつ描き出す。 四六判２８２頁 '10

149-II **杉II** 有岡利幸

古来神の降臨する木として崇められるとともに生活のさまざまな場面で活用され、絵画や詩歌に描かれてきた杉の文化をたどり、さらに「スギ花粉症」の原因を追究する。 四六判２７８頁 '10

150 **井戸** 秋田裕毅（大橋信弥編）

弥生中期になぜ井戸は突然出現するのか。飲料水など生活用水ではなく、祭祀用の聖なる水を得るためだったのではないか。目的や構造の変遷、宗教との関わりをたどる。 四六判２６０頁 '10

151 **楠**（くすのき） 矢野憲一／矢野高陽

語源と字源、分布と繁殖、文学や美術における楠から医薬品としての利用、キューピー人形や樟脳の船まで、楠と人間の関わりの歴史を辿りつつ自然保護の問題に及ぶ。 四六判３３４頁 '10

152 **温室** 平野恵

温室は明治時代に欧米から輸入された印象があるが、じつは江戸時代半ばから「むろ」という名の保温設備があった。絵巻や小説、遺跡などより浮かび上がる歴史。 四六判３１０頁 '10

153 檜（ひのき） 有岡利幸

建築・木彫・木材工芸に最良の材としてわが国の〈木の文化〉に重要な役割を果たしてきた檜。その生態から保護・育成・生産・流通・加工までの変遷をたどる。 四六判３２０頁 '11

154 落花生 前田和美

南米原産の落花生が大航海時代にアフリカ経由で世界各地に伝播していく歴史をたどるとともに、日本で栽培を始めた先覚者や食文化との関わりを紹介する。 四六判３１２頁 '11

155 イルカ（海豚） 田辺悟

神話・伝説の中のイルカ、イルカをめぐる信仰から、漁撈伝承、食文化の伝統と保護運動の対立までを幅広くとりあげ、ヒトと動物との関係はいかにあるべきかを問う。 四六判３３０頁 '11